राजस्थान के प्रमुख वन्य जीव

स्तनपायी, पक्षी, सरीसृप, उभयचारी एवं मत्स्य

राकेश व्यास
204, वाशलेग मेनोर
रूस्तम बाग मेन रोड़
मनीपाल अस्पताल के पास
बैंगलुरु – 560 017 (राज.)

साईन्टिफिक
पब्लिशर्स

प्रकाशक

साईन्टिफिक पब्लिशर्स (इंडिया)
5–ए, न्यू पाली रोड़, पो.बॉ. नं. 91
जोधपुर – 342 001
टेलिफोन – 0291 2433323
फैक्स – 0291 2624154
E-mail: info@scientificpub.com

साईन्टिफिक पब्लिशर्स (इंडिया)
4806/24, अंसारी रोड़,
दरियागंज
नई दिल्ली – 110 002 (भारत)

ISBN: 978-81-7233-977-7

मुख्य छाया चित्रकार – सुनील सिंघल, रवीन्द्र सिंह तोमर, निरंजन संत, शरद अग्रवाल, राजीव तोमर, पी.एम. लाड, अंसार खान, देवेन्द्र भारद्वाज, योगेश जांगिड़, देवेन्द्र सिंह केवलादेव रिक्सा गाइड, छोटू खान, जुगल किशोर तिवारी, रिमल, राकेश व्यास, सुरेन्द्र सिंह चौहान और मनीष आर्य (मुखपृष्ठ)

भारत में मुद्रित

सत्यमेव जयते

वसुन्धरा राजे

मुख्यमंत्री राजस्थान

संदेश

राजस्थान के स्थापत्य, इतिहास और संस्कृति की बहुरंगी छटा के साथ यहां की प्राकृतिक और वन्य संपदा तथा अप्रवासी पंछियों की शरणस्थल बनीं दलदली झीलें भी हमारी धरोहर हैं।

राज्य की जैव विविधता और वन्यजीव, हमारे शांतिपूर्ण सह अस्तित्व के परिचायक हैं। वन्यजीव सरंक्षण अधिनियम आदि के निर्धारित मानदण्डों को राजस्थान परम्पराओं में पालता आया है।

पर्यावरण और प्रकृति संरक्षण की दृष्टि से वन्य जीव और उनकी सुरक्षा बहुत महत्त्वपूर्ण है। अक्सर देखा गया है कि वन्य पशु–पक्षी हमारे आकर्षण के पात्र तो होते हैं किन्तु इनके बारे में सही जानकारी और इनके संरक्षण के प्रति जागरूकता का अभाव रहता है। वन्य जीव–जंतुओं की जानकारी अधिकतर अंग्रेजी की पुस्तकों में होती है जिससे हिन्दी भाषी पाठक इनसे वंचित रहते हैं।

आशा है, ''राजस्थान के प्रमुख वन्य–जीव'' शीर्षक से प्रकाशित पुस्तक पर्यटकों, पर्यावरणविदों और आम पाठकों के लिए बेहद उपयोगी सिद्ध होगी। इससे आम लोगों को सरल भाषा में वन्य जीवों के प्रकार, व्यवहार, आहार, प्रजनन और संरक्षण की जानकारी मिल सकेगी और इससे वे इनके संरक्षण के प्रति और अधिक जागरूक होंगे। शुभकामनाओं सहित।

(वसुन्धरा राजे)

प्राक्कथन

यह हकीकत है कि पृथ्वी एक बहुत बड़ी मुसीबत की ओर अग्रसर है और हम "छठे सामूहिक विलोपन" की ओर तेजी से बढ़ रहे हैं। हाल ही में विश्वभर के विशेषज्ञों द्वारा 5487 स्थलीय प्राणियों के संरक्षण की स्थिति का अवलोकन करने पर यह गंभीर समस्या सामने आई है कि 20 प्रतिशत से अधिक प्रजातियाँ निकट भविष्य में लुप्त होने के कगार पर है। पक्षी, मत्स्य, उभयचर प्राणियों व अनेक अन्य प्रजातियों की स्थिति भी इससे भिन्न नहीं है। वर्ष 2050 तक संभवतया 30 से 50 प्रतिशत प्रजातियाँ के लुप्त होने का अंदेशा है। प्रकृति में प्रजातियों का विलुप्त होना एक स्वाभाविक प्रक्रिया है परन्तु गत शताब्दी में मानवजनित कृत्यों के कारण विलुप्त होने की प्रक्रिया में 1000 गुना वृद्धि हुई है। वर्ष 1996–2008 के मध्य किए गये विशेष शोध प्रयासों, अभ्यारण्यों के समुचित वैज्ञानिक प्रबंधन, प्रजातियों के उनके प्राकृतिक वातावरण में पुनर्स्थापन (रिइंट्रोडक्शन) और कैप्टिव ब्रीडिंग (सुरक्षित वातावरण में प्रजनन) आदि से मात्र 28 प्रजातियों की आबादी में वृद्धि हुई है। इस तरह संकटापन्न प्रजातियों का संरक्षण एवं उनके प्राकृतिक आवास की सुरक्षा एक अति कठिन कार्य साबित हो रहा है।

भारत वर्ष का भौगोलिक क्षेत्र विश्व का मात्र 2.4 प्रतिशत है। उपलब्ध प्रजातियों की संख्या एवं संवृद्धि के आधार पर अत्यधिक जैविक विविधता वाले 12 देशों में भारत एक अग्रणी देश है। विश्व की जैव–विविधता के संरक्षण में भारत की अहम भागीदारी और जिम्मेदारी है। भारत को जैव–विविधता एवं वातावरण की परिस्थितियों के आधार पर 10 क्षेत्रों में बांटा गया है। राजस्थान राज्य में अर्द्धशुष्क एवं शुष्क क्षेत्र प्रमुख रूप से विद्यमान हैं। इस क्षेत्र में कम वर्षा होना तथा समय–समय पर अकाल का प्रकोप भी मुख्य कारण है। शुष्क क्षेत्र में पाई जाने वाली प्रजातियों ने अपनी जीवन शैली को पानी की कम मात्रा में उपलब्धता के अनुरूप परिवर्तित किया है। इन प्रजातियों का विकास होने में हजारों वर्ष का समय लगा तथा इसमें से कुछ प्रजातियाँ या तो पूर्णतः विलुप्त हो गई हैं या उसी दिशा में अग्रसर है। यदि इस क्षेत्र में उपलब्ध प्रजातियों को विलुप्त होने से बचाना है तो उन्हें विस्तृत रूप से समझना अति आवश्यक है। प्रजातियों का संरक्षण इस क्षेत्र के निवासी समुदाय की समझ, सहयोग एवं साझेदारी से ही किया जाना सम्भव है।

वन्यजीव प्रेमी समुदाय, आम नागरिक, विद्यार्थी, वनकर्मी, संरक्षण से जुड़ी संस्थाएं और सामाजिक कार्यकर्ताओं को इस क्षेत्र में पाई जाने वाली अनेक प्रजातियों के बारे में एक ही जगह जानकारी उपलब्ध कराने के

उद्देश्य से राकेश व्यास द्वारा अथक प्रयास कर "राजस्थान के प्रमुख वन्य जीव" पुस्तक का लेखन किया गया है। इस पुस्तिका में राजस्थान के जैव–विविधता के विशेष क्षेत्र, स्थानीय समाज से जुड़ी सामाजिक परम्पराओं जैसे महत्त्वपूर्ण विषयों का संग्रहण किया गया है। विभिन्न स्रोतों से जानकारी के आधार पर राजस्थान राज्य में उपलब्ध लगभग 87 में से 55 प्रमुख स्तनपायी प्राणियों का, 480 में से 325 पक्षियों का, 67 में से 50 सरीसृपों का, 30 में से 14 उभयचारी जीवों का और 114 में से अतिमहत्त्वपूर्ण 14 मछलियों का विस्तृत विवरण दिया गया है।

राकेश व्यास द्वारा राजस्थान के लगभग सभी क्षेत्रों का बृहत रूप से भ्रमण कर वहां पाये जाने वाले वन्यजीवों और वहाँ की वन्य जीव संरक्षण की स्थिति का गहन अध्ययन किया गया है। वे इस क्षेत्र के इतिहास, सामाजिक–परिस्थिति, स्थानीय समुदाय के संरक्षण–मूल्यों को पहचानते हैं। मेरा विश्वास है कि यह पुस्तक राजस्थान की जैव–विविधता के संबंध में जानकारी उपलब्ध कराने में एवं वन्यजीव संरक्षण के संबंध में जागरूकता लाने में सहायक एवं उपयोगी सिद्ध होगी। पुस्तक की सफलता के लिये मेरी शुभकामनायें।

जी. विश्वनाथ रेड्डी
भारतीय वन सेवा
अतिरिक्त प्रधान मुख्य वन संरक्षक
और मुख्य वन्यजीव प्रतिपालक
जयपुर

धन्यवाद

इस पुस्तक को पाठकों तक पहुँचाने में अनेक सहृदय प्रकृति प्रेमी व्यक्तियों का सहयोग प्राप्त हुआ और मैं उन सभी का इस माध्यम से धन्यवाद ज्ञापित करता हूँ। श्री भरत सिंह और श्री पी.एम. लाड जैसे वरिष्ठ प्रकृतिविद सज्जनों का प्रोत्साहन और उनके सुझाव मुझे सदा ही प्राप्त रहे हैं और मैं उसके लिये उनका आभारी हूँ। वन्यजीव संरक्षण और अध्ययन के कार्यों में मेरा साथ देने के लिये सुनील सिंघल, रविन्द्रसिंह तोमर, राजीव तोमर, मनीष आर्य, मनमोहन झा, डॉ. हिम्मत सिंह, राजीव कपूर और अपने अनेक सहयोगियों को जितना भी धन्यवाद दूँ वह कम है। डॉ. सतीश शर्मा और भोलूजी के उपयोगी सुझाव मुझे हमेशा मिलते रहे जिसके लिये वे धन्यवाद के पात्र हैं। कछुओं की पहचान करने में निखिल व्हिटेकर ने सराहनीय सहयोग दिया, जिसके लिये मैं उन्हें धन्यवाद देता हूँ।

डा. जी.वी. रेड्डी ने इस पुस्तक के लिये प्राक्कथन लिखने का और इस प्रयास को प्रोत्साहन देने का जो कार्य किया है उसके लिये में हृदय की गहराई से आभारी हूँ। श्री अरिजीत बनर्जी का उनके हर प्रकार के सहयोग के लिये मैं आभार व्यक्त करता हूँ।

मेरे सभी वन्यजीव प्रेमी साथी और छायाचित्रकार धन्यवाद के पात्र हैं जिन्होंने मुझे उनके छायाचित्र उपयोग करने की अनुमति दी। इनमें श्री सुनील सिंघल, रवीन्द्रसिंह तोमर, पी.एम. लाड, निरंजन संत, शरद अग्रवाल, राजीव तोमर, अंसार खान, मनीष आर्य, देवेन्द्र भारद्वाज, जुगल किशोर तिवारी, योगेश जांगिड़ देवेन्द्र सिंह, सुरेन्द्रसिंह चौहान, केवलादेव, रिमल और छोटू खान का मैं विशेष रूप से आभारी हूँ क्योंकि इनके सहयोग के बिना इतने विस्तृत रूप से चित्रित पुस्तक पाठकों तक पहुँचाना संभव नहीं था।

श्री तनय शर्मा और राजेश ओझा, साइंटिफिक पब्लिशर्स (इंडिया), जोधपुर का मैं हृदय से आभारी हूँ जिन्होंने इस पुस्तक को पाठकों तक पहुँचाने की जिम्मेदारी बखूबी निभाई, उनकी इच्छाशक्ति और प्रयास के बिना यह पुस्तक पाठकों तक पहुंचना कतिपय असम्भव था। मुखपृष्ठ के छायाचित्र के लिए मैं मनीष आर्य का विशेष रूप से आभारी हूँ।

राकेश व्यास

अनुक्रमणिका

प्रस्तावना

राजस्थान के हिन्दी पाठकों के लिये वन्यजीवों की समुचित सचित्र जानकारी के साथ कोई पुस्तक उपलब्ध नहीं है। इस कमी को पूरा करने के लिये मैंने इस पुस्तक को लिखने का विचार बनाया और मेरे इस विचार पर प्रकाशक ने सहमति व्यक्त की, जिसके कारण हम यह पुस्तक पाठक तक पहुंचा पायें। राजस्थान के प्रमुख वन्यजीवों के बारे में उपलब्ध जानकारी को सुरुचिपूर्ण रूप से प्रस्तुत करना और उनकी सही पहचान के लिये जहाँ तक सम्भव हो उनके छायाचित्र देना मेरा ध्येय है। इससे वन्यजीव प्रेमी, विद्यार्थी, पर्यटक और वनकर्मियों को राजस्थान में पाये जाने वाले प्रमुख स्तनपायी, पक्षी, सरीसृप, उभयचारी और मत्स्य श्रेणी के जीवों को पहचानने में सहायता मिलेगी, उनके आचार–व्यवहार के सम्बन्ध में और उनके संरक्षण महत्व के बारे में जानकारी मिलेगी। इस पुस्तक में अधिकांश उन वन्यजीवों के बारे में जानकारी दी गई है जिनका संरक्षण महत्व अधिक है, वे दुर्लभ या स्थानिक हैं तथा वे जिनकी सामान्य रूप से देखे जाने की सम्भावनायें अधिक हैं। मत्स्य वर्ग को वन्यजीव संरक्षण अधिनियम के अन्तर्गत सुरक्षा प्राप्त नहीं है पर स्थानिक और देशज मत्स्य प्रजातियाँ जिन्हें संरक्षण की आवश्यकता है, उनका विवरण इस पुस्तक में दिया गया है। इस पुस्तक में लगभग 55 स्तनपायी, 325 पक्षी, 60 सरीसृप, 10 उभयचारी और 15 मत्स्य वर्ग के प्राणियों का विवरण दिया गया है। पाठकों की सुविधा के लिये वन्यजीवों का विवरण उनके आकार, पहचान चिन्ह, व्यवहार, प्रजनन और संरक्षण महत्व शीर्षकों के अन्तर्गत दिया गया है।

वन्यजीवों के प्रति प्रेम, उनके बारे में जानने की उत्सुकता ही पर्यावरण और प्रकृति संरक्षण के प्रति उठाये गये पहले कदम हैं। तितलियाँ, शलभ, पक्षी, पुष्प आदि सर्वप्रथम हमें आकर्षित करते हैं और इन्हें देखने के लिये हमें केवल अपने वातावरण के प्रति जागरूक होना आवश्यक है। यदि हम अपने आस–पास देखने की आदत विकसित कर लें तो वन्यजीवों को देखने के लिये बहुत दूर जाने की आवश्यकता नहीं है। वे हमारे साथ शहरों और गावों में रहते हैं। अनेक प्रकार की तितलियाँ, पक्षी, सरीसृप और उभयचारी हमारे आस–पास देखे जा सकते हैं, मात्र आवश्यकता है तो रुचि और दृष्टि की। यदि हम इनके बारे में सही जानकारी रखेंगे तो हम अनेक दुर्घटनाओं से बच सकते हैं और ये जीव भी हमारे साथ शान्तिपूर्ण सह–अस्तित्व में रह सकते हैं। उदाहरण के तौर पर सर्पों के बारे में सही जानकारी जहाँ एक ओर हमारी जान बचाने में सहायक हो सकती है तो यह अनेक विषहीन सर्पों को मारे जाने से बचाने में भी सहायक हो सकती है, क्योंकि अधिकांश

सर्प इसी जानकारी के अभाव में मार दिये जाते हैं। इसी प्रकार वन्यजीवों की आदतों और उनकी जीवनचर्या व गतिविधि के बारे में आम पाठक की चेतना इनके संरक्षण में भी सहायक होगी। वन्यजीव संरक्षण अधिनियम के अनुसार कौनसे जीव किस श्रेणी में रखे गये हैं, यह जानकारी वनकर्मियों के लिये विशेष रूप से उपयोगी होगी।

राजस्थान की जैविक विविधता और वन्यजीव पर्यटन के महत्व को देखते हुए, इन विषयों पर आलेख और संरक्षित और असंरक्षित वन्य जीव महत्व के स्थानों की सूची भी इस पुस्तक में दी जा रही है जो कि पर्यटकों और विद्यार्थियों के लिये विशष रूप से उपयोगी होगी।

राकेश व्यास

राजस्थान का जैव-भूगोल और जैविक विविधता

राजस्थान की भौगोलिक परिस्थिति यहाँ की जैविक विविधता का निर्धारण करती है। उत्तर, पश्चिम, दक्षिण और पूर्व राजस्थान की वैविध्य पूर्ण भौगोलिक परिस्थितियों ने यहाँ पाई जाने वाली जैविक विविधता को जन्म दिया है। जहाँ एक ओर उत्तर और पश्चिम राजस्थान में अस्थिर और हवा के झोंकों के साथ स्थान बदलती रेत के धोरे हैं तो दक्षिण में चट्टानी पठार और दक्षिण से उत्तर और पूर्व की ओर अरावली और विंध्य की तलछटी चट्टानें हैं। दक्षिण–पश्चिम में लावा से निर्मित चट्टानें भी पाई जाती हैं। सैंडस्टोन, चूना पत्थर और शेल के भंडार भी पश्चिम और पूर्व राजस्थान गें पाये जाते हैं। पश्चिमी राजस्थान का एक बड़ा भाग ईओसीन काल में समुद्री जल से भरा हुआ था और इस कारण जीवाश्म चट्टानों की मोटी परत यहाँ पर विद्यमान है। राजस्थान को मुख्य रूप से चार भौगोलिक भागों में बांटा जा सकता है – 1. पश्चिमी थार का मरुस्थल 2. अरावली की पर्वत श्रेणी 3. पूर्वी मैदान और 4. दक्षिण–पूर्वी पठार।

1 पश्चिमी मरुस्थल को पुनः चार उप क्षेत्रों में बांटा गया है – रेत के धोरों वाला पश्चिमी थार मरुस्थल, लूनी–जवाई के मैदान, शेखावाटी के रेत के मैदान और निम्न धोरे तथा घग्गर के बाढ वाले कछारी मैदान। इस क्षेत्र में वनस्पतियों की कमी है और जो हैं वे भी रुक्ष क्षेत्र के अनुकूलन वाली प्रजातियाँ हैं। अति सूखे इलाकों में फोग, पौलीगोनोइड्स, हैलोक्सीलोन और लैप्टाडेनिआ की झाड़ियाँ हैं। चट्टानी भाग में सैल्वेडोरा, थोर, ग्रेविआ और कोम्मिफोरा प्रजातियों की बहुतायत है। खुले कंकरीले मैदानों में बेर, कैर, कैलोट्रोपिस, खेजरी, बबूल, बेलेनाइटस आदि के वृक्ष और झाड़ियाँ पाई जाती हैं। थार का मरुस्थल बायोम 13 (सहारा–सिंध मरुस्थल) के अन्तर्गत आता है और इसमें पाये जाने वाले गोडावण, धब्बेदार भटतीतर, रेगिस्तानी चंडूल, हूपू लार्क, ट्रंपेटर फिंच, व्हाईट–ब्रोड बुशचौट, तिल्लोर, क्रीम–कलर्ड कोर्सर आदि यहाँ के प्रतिनिधि पक्षी हैं। रेगिस्तानी लोमड़ी, रेगिस्तानी खरगोश, रेगिस्तानी जर्बिल, लम्बे कान वाला झाऊचूहा और अनेक रेगिस्तानी छिपकलियाँ और सांप इस वातावरण के लिये विशेष अनुकूलन रखते हैं और इस क्षेत्र विशेष के अतिरिक्त और कहीं कम ही मिलते हैं।

2 अरावली की पर्वत श्रेणी राजस्थान के दक्षिण से उत्तर की ओर 690 किलोमीटर तक तिरछी फैली हुई है। इसकी चोटियाँ की समुद्र सतह से ऊँचाई लगभग 1000 मीटर या उससे कुछ अधिक है। इसकी अधिकतम ऊँचाई आबूपर्वत पर 1722 मीटर है। उदयपुर, बांसवाड़ा और डूंगरपुर में

कम ऊँचाई की पहाड़ियाँ और अजमेर, सवाई माधोपुर, टोंक, जयपुर और अलवर में तरंगित निम्न ऊँचाई की पहाड़ियाँ हैं।

3 राजस्थान के पूर्वी मैदान की समुद्र तल से ऊँचाई लगभग 150 से 300 मीटर है। यह मैदान पूर्व की ओर ढलान लिये हुए है और बनास और इसकी सहायक नदियों की कछारी मिट्टी इस क्षेत्र को उपजाऊ बनाती है। चट्टानी और कछारी मिट्टी वाले इलाकों में बबूल, बेल, नीम, पीपल, बरगद, आम, महुआ, खजूर के पेड़ और बेलेनाइट्स व सेल्वेडोरा की झाड़ियाँ मिलती हैं। घाटियों और तरंगित मैदानों में महुआ, आंवला, अर्जुन, ढाक, कैम और बोसवेलिआ आदि वृक्ष प्रमुखता से पाये जाते हैं। अरावली के पूर्व में सफेद या काले धोक और बोसवेलिआ के मिश्रित जंगल देखने को मिलते हैं।

4 राजस्थान का दक्षिण–पूर्व और दक्षिण का इलाका पठारी है, जिसे हाड़ौती, भोराट और चप्पन पठार में विभाजित किया गया है। उदयपुर जिले का बड़ा भाग, सिरोही का पूर्वी और डूंगरपुर जिला भोराट पठार के अन्तर्गत आते हैं। बांसवाड़ा जिला, चित्तौड़गढ़ का दक्षिणी भाग और उदयपुर जिले का कुछ भाग चप्पन पठार में रखे गये हैं। कोटा, बारां, झालावाड़ और बूंदी जिले हाड़ौती के पठार पर स्थित हैं। चम्बल यहाँ की प्रमुख नदी है और काली सिंध, परबन, पार्वती उसकी सहायक नदियां हैं। इस क्षेत्र में काले और सफेद धोक की प्रमुखता है, साथ ही बोसवेलिआ के जंगल भी ऊंचे पठारी स्थानों पर विद्यमान हैं। इसके अतिरिक्त बेल, ढाक, अर्जुन, बबूल, कत्था, कराया, अमलताश, तेंदू के पेड़ और विशाल क्षेत्र में आयातित प्रजाति का अंग्रेजी बबूल बहुतायत से पाया जाता है।

मौसम, समुद्र तल से ऊँचाई और भौगोलिक संरचना के आधार पर विश्व में जैव–भूगोल के 6 अलग–अलग क्षेत्र परिभाषित किये गये हैं। भारतीय उपमहाद्वीप को ऊष्णकटिबंधीय एशिया के ओरिएन्टल क्षेत्र में रखा गया है। भारतीय उपमहाद्वीप को पुनः 10 जैव भौगोलिक उपक्षेत्रों में बांटा गया है, जिसमें से दो याने पश्चिम में थार मरुस्थल और पूर्व में अर्द्धशुष्क उपक्षेत्र राजस्थान में हैं। जैव–विविधता की दृष्टि से इथिओपिअन अंश के स्तनपायी चिंकारा, लकड़बग्घा, रैटल और पेलीआर्कटिक अंश का भेड़िया राजस्थान में पाये जाते हैं। पूर्णतः भारत की सीमा में पाये जाने वाले स्तनपायी, जैसे कि भालू (स्लौथ बिअर), नीलगाय, चौसिंघा, काला हिरण भी राजस्थान में पाये जाते हैं। मरुस्थलीय वातावरण के लिये पूरी तरह अनुकूलित जीव जिनका उल्लेख ऊपर किया जा चुका है, उनका वितरण भारत में पश्चिम राजस्थान और गुजरात के कुछ भाग तक ही सीमित है। स्थानिक जीवों की अनेक प्रजातियाँ संकटापन्न हैं। इनमें से कतिपय जैसे कि गिद्ध, गोडावण, खरमोर तो अति संकटापन्न जीवों की श्रेणी में आते हैं।

पक्षियों के पूर्व अफ्रीकी अंश के सदस्य पक्षी, यथा – तीतर, खरमोर, दोनों स्पैरोलार्क, साईक'स लार्क, कौमन बैबलर, लार्ज ग्रे बैबलर, ब्राउन रौक चौट, रुफस–फ्रन्टेड प्रीनिआ, व्हाइट–नेप्ड टिट और स्पैनिश स्पैरो भी राजस्थान में पाये जाते हैं। इंदिरागांधी नहर परियोजना के कार्यान्वयन के बाद पश्चिमी राजस्थान की जैविक विविधता में परिवर्तन आया है। शुष्क क्षेत्र में रहने वाले जीव अपने पर्यावास के लिये संघर्षरत हैं तो नम क्षेत्रों में रहने वाले जीवों की प्रजातियाँ अब यहाँ पर देखी जाने लगी हैं। पूर्वी राजस्थान के अर्द्धशुष्क क्षेत्र में इंडियन लोमड़ी, इंडियन खरगोश और पेल झाऊचूहा पाये जाते हैं जो कि शुष्क मरुस्थल में पाई जाने वाली प्रजातियों से भिन्न हैं। घास के मैदानों में पाई जाने वाली स्थानिक प्रजातियाँ भी यहाँ पर मिलती हैं, जिनमें रौक बुश–क्वैल, गोडावण, खरमोर, इंडियन कोर्सर, ब्राउन रौक चौट, ग्रीन मुनिआ, इंडियन बुश लार्क, रुफस–टेल्ड लार्क, एशी– क्राउन्ड स्पैरो लार्क प्रमुख हैं। यहाँ के शुष्क पतझड़ी वन क्षेत्र में रेड स्परफाउल, पेन्टेड स्परफाउल, ग्रे जंगलफाउल, भारतीय गिद्ध, सिमिटार बैबलर, मौटल्ड वुड–आउल, व्हाइट–नेप्ड टिट और बैबलर या सतभाई की प्रजातियाँ मिलती हैं। ब्लैक आईबिस, पेन्टेड सैन्डग्राउज, कौमन हाक–कुकू, ग्रे नाइटजार, सिरकीर मल्कोहा, ग्रे हौर्नबिल, इंडियन ब्लैक रौबिन, ब्लैक–रम्प्ड फ्लेमबैक, यलो–वैटल्ड लैपविंग, ब्रिस्टल्ड ग्रासबर्ड, एशी प्रिनिआ, पिग्मी वुडपेकर, पर्पल–रम्प्ड सनबर्ड, ब्राह्मनी मैना, बैंक मैना, जंगली कौव्वा, व्हाइट–बेलीड ड्रोन्गो और ब्लैक–ब्रेस्टेड बीवर आदि स्थानिक पक्षी राजस्थान में पाये जाते हैं। राजस्थान में पश्चिमी घाट और दक्षिणी पठार पर मिलने वाले अनेक जीव पाये जाते हैं, जिनमें फ्लाईंग स्क्विरल, रेड स्परफाउल, ग्रे जंगल फाउल, स्ट्रीक–थ्रोटेड वुडपेकर, व्हाइट–नेप्ड वुडपेकर, रुफस वुदपेकर, थ्री–टोड किंगफिशर, व्हाइट थ्रोटेड फैनटेल, व्हाइट–नेप्ड टिट और टाउनी–बेलीड बैबलर प्रमुख हैं।

मरुस्थल में फैला हुआ नहरी तन्त्र, उसके कारण निर्मित मीठे पानी की झीलें, खेती, घास के मैदानों का नष्ट होना, उपजाऊ भूमि का अन्य व्यवसायिक कार्यों के लिये उपयोग, घने जंगलों का अभाव, कुछ ऐसे कारक हैं जिनकी वजह से राजस्थान की जैव–विविधता में खासा परिवर्तन आया है। विशेष रूप से शुष्क मरुस्थल में पाई जाने वाली तथा घने जंगलों और घास से मैदानों पर निर्भर प्रजातियों पर संकट मंडरा रहा है।

प्रकृति और वन्यजीव पर्यटन

"पधारो म्हारे देश" राजस्थान की अतिथि सत्कार की परम्परा का उद्घोषक वाक्य है। राजस्थान का ऐश्वर्यशाली इतिहास, वीरता की कहानियाँ, किले और महल, हवेलियाँ और बावड़ियाँ, मन्दिर और दरगाह, विश्व भर के पर्यटकों को जितना अपनी ओर आकर्षित करते हैं उतना ही आकर्षित करते है यहाँ के वन और खेजड़ी, धोक व बबूल के जंगल, मरूस्थल, नदी और झीलें, और यहाँ की स्थलीय और जलीय जैविक विविधता। यही कारण है कि भारत में आने वाले कुल अन्तर्राष्ट्रीय पर्यटकों के लगभग 21 प्रतिशत पर्यटक राजस्थान भ्रमण हेतु आते हैं। इनमें यदि भारतीय पर्यटकों की संख्या को जोड़ा जाये तो यह संख्या अति उत्साहवर्धक हो जायेगी। भारतीय पर्यटकों में भी राजस्थान विविध कारणों से अतीव प्रचलित है।

केवलादेव राष्ट्रीय उद्यान, भरतपुर को 'विश्व धरोहर' का दर्जा प्राप्त है और यह राजस्थान आने वाले प्रत्येक पर्यटक का प्रिय प्रकृति पर्यटन स्थल है। संकटापन्न प्रजातियों के संरक्षण की दृष्टि से भी यह स्थान स्थानीय और अप्रवासी पक्षियों के लिये अतिमहत्वपूर्ण है। यहाँ पर पाई जाने वाली अनेक पक्षी प्रजातियाँ विश्व स्तर पर दुर्लभ हैं और संरक्षण पर निर्भर हैं। इसके अतिरिक्त भी पूर्वी राजस्थान में सरिस्का (अलवर), बंध–बरेठा, तालाब–ए–शाही, रामसागर, उर्मिलासागर, वन विहार और धौलपुर के निकट राष्ट्रीय चम्बल अभ्यारण्य का क्षेत्र अनेक स्तनपायी, पक्षी, सरीसृपों के लिये महत्वपूर्ण है। धौलपुर के समीप गंगा सूंस (गैंगेटिक डौल्फिन), जलमानुष (औटर), घड़ियाल, मगर, दुर्लभ कछुवे, इंडियन स्किमर, रिवर लैपविंग, लग्गर, दुर्लभ प्रजाति के गिद्ध, लिटल टर्न, ब्लैक–बेलीड टर्न और अनेक स्थानीय व अप्रवासी बतखें देखी जा सकती हैं। आवश्यकता है तो कुछ एक चुनिन्दा स्थानों के अतिरिक्त भी अन्य उपलब्ध स्थानों को प्रकृति पर्यटन के लिये प्रोत्साहित करने और वहाँ पर आवश्यक सुविधायें उपलब्ध कराने की।

मध्य राजस्थान में जयपुर के पास स्थित खारे पानी की सांभर झील का विशिष्ट पर्यावरण अपने आप में अनूठा है और कई दुर्लभ प्रजातियों के अप्रवासी पक्षी शरद ऋतु में यहाँ आते हैं पर इस झील को किसी प्रकार का संरक्षण प्राप्त नहीं है। इस झील के पर्यावरण की सुरक्षा और पक्षी संरक्षण हेतु इसके महत्व को ध्यान में रखकर इसे विश्व स्तर की 'रामसर साईट' घोषित किया गया है। यहाँ ग्रेटर और लैसर फ्लेमिंगो पक्षियों के विशाल समूह एकत्रित होते हैं। फ्लेमिंगो व अन्य मूलतः समुद्र के तट पर पाये जाने वाले पक्षी यहाँ देखे जाते हैं, अतः उनके संरक्षण और प्रकृति पर्यटन की

अपार सम्भावनाओं को देखते हुए साम्भर झील को पर्यटन स्थल के रूप में विकसित करने की आवश्यकता है। राजस्थान की जैविक विविधता को देखते हुए यहाँ पर ऐसे स्थानों की कमी नहीं है जो प्रकृति पर्यटन और शिक्षण में महती भूमिका निभा सकते हैं। उत्तरी राजस्थान में तालछापर (चुरू), जोडबीड़ (बीकानेर) और इन्दिरागांधी नहर परियोजना के अन्तर्गत आने वाले क्षेत्र में छिछले पानी की झीलें ऐसे ही कुछ स्थान हैं। ऐसे ही अनेक स्थान पश्चिम, दक्षिण और दक्षिण पूर्व राजस्थान में हैं जो या तो किसी विशिष्ट प्रजाति के लिये महत्वपूर्ण हैं या अपनी परिस्थिति के लिये। स्थानीय नागरिकों का सहयोग और उनका अपनी प्राकृतिक निधि व वन्य जीवों से लगाव इस काम में बड़ा सहायक है। संरक्षित क्षेत्र या उसके बाहर पड़ने वाले ऐसे स्थानों की सूची और वहाँ की प्रमुख जैविक–विविधता की जानकारी इस अध्याय के अन्त में दी जा रही है।

बर्ड्लाईफ इन्टरनेशनल और बॉम्बे नेचुरल हिस्ट्री सोसायटी ने एक पक्षी–पर्यटन चार्टर बनाया है जो कि इस प्रकार के पर्यटन के लिये मानदंड निर्धारित करता है। यह केवल पक्षियों के लिये ही नहीं वरन सम्पूर्ण वन्यजीव–पर्यटन के लिये भी उपयोगी है। इसमें क्षेत्र के पर्यावरण, सामाजिक और आर्थिक मुद्दों पर ध्यान दिया गया है, जो इस प्रकार के पर्यटन पर प्रभाव डाल सकते हैं और इसमें उस क्षेत्र, वहाँ पाई जाने वाली प्रजातियाँ, उनका पर्यावास और वहाँ की सामाजिक स्थिति और भावनाओं को महत्व दिया गया है। इसके लिये आठ सिद्धान्त दिये गये हैं जो निम्नानुसार हैं :

- पक्षियों या वन्यजीवों की सुरक्षा सर्वोपरि है
- पर्यटन से संरक्षण को मिलने वाला लाभ
- पर्यावास में कम से कम परिवर्तन या हानि
- स्थान विशेष के पर्यावरण की सुरक्षा
- स्थानीय नागरिकों की भागीदारी
- स्थानीय नागरिकों के अधिकारों और भावनाओं का आदर
- पर्यटक के लिये अनुभव को श्रेष्ठतर बनाना
- प्रकृति संरक्षण की भावना का विस्तार

राजस्थान में प्रकृति और वन्यजीव पर्यटन के लिये महत्वपूर्ण क्षेत्र

पर्यटन स्थल	जिला	महत्वपूर्ण प्रजातियाँ	उपयुक्त समय
केवलादेव राष्ट्रीय उद्यान 28.73 वर्ग किमी	भरतपुर	विश्व–धरोहर स्थल, स्थानीय व अप्रवासी पक्षी	वर्षा काल के अतिरिक्त
रणथम्भोर राष्ट्रीय उद्यान 282.03 वर्ग किमी	सवाई माधोपुर	बाघ–परियोजना, बाघ, तेंदुआ, साम्भर, चीतल, गिद्ध, पित्ता, पेन्टेड स्परफाऊल, पेन्टेड सैंडग्राऊज आदि पक्षी	अक्टूबर से मार्च
मुकन्दरा राष्ट्रीय उद्यान 117.17 वर्ग किमी	कोटा	तेंदुआ, नीलगाय, साम्भर, चीतल, भालू, सेही, भेड़िया, सियार, गिद्ध, पेरेडाईज फ्लाईकैचर, गागरोनी तोता, पैन्टेड स्परफाऊल, अन्य पक्षी	अक्टूबर से मार्च
बन्ध बरेठा अभ्यारण्य 199.50 वर्ग किमी	भरतपुर	स्थानीय और अप्रवासी पक्षी	अक्टूबर से मार्च
वन विहार अभ्यारण्य 59.93 वर्ग किमी	धौलपुर	भालू, तेंदुआ, चीतल, नीलगाय	अक्टूबर से मार्च
राम सागर अभ्यारण्य 34.40 वर्ग किमी	धौलपुर	स्थलीय और जलीय पक्षी, अप्रवासी बतखें और भाट्या	अक्टूबर से मार्च
केसरबाग अभ्यारण्य 14.76 वर्ग किमी	धौलपुर	भालू, सियार, नीलगाय, अप्रवासी बतखें	अक्टूबर से मार्च
दरां अभ्यारण्य 265.80 वर्ग किमी	कोटा	तेंदुआ, स्याहगोश, चौसिन्गा, चीतल, साम्भर, भालू, लकड़बग्घा, गागरोनी तोता, पीलक, गिद्ध, सांपमार चील, रोजफिंच व अन्य पक्षी	अक्टूबर से मार्च

पर्यटन स्थल	जिला	महत्वपूर्ण प्रजातियाँ	उपयुक्त समय
जवाहर सागर अभ्यारण्य 155.41 वर्ग किमी	कोटा	भालू, सेही, मगर, चातल, गिद्ध, गागरोनी तोता, दूधराज, पीलक, पपीहा व अन्य पक्षी	अक्टूबर से मार्च
राष्ट्रीय चम्बल अभ्यारण्य 280 वर्ग किमी	कोटा से धौलपुर	चीतल व अन्य कछुये, मगर, घड़ियाल, जल मानुष, गंगा सूंस, गिद्ध, औसप्रे, उल्लू व अन्य जलपक्षी	वर्षा काल के अतिरिक्त
शेरगढ़ अभ्यारण्य 98.71 वर्ग किमी	कोटा	माहसीर, मगर, चिंकारा, काला हिरण व पक्षी	अक्टूबर से मार्च
रामगढ़–विषधारी अभ्यारण्य 307 वर्ग किमी	बूंदी	बाघ, तेंदुआ, चीतल, साम्भर और पक्षी	अक्टूबर से मार्च
कैलादेवी अभ्यारण्य 676.82 वर्ग किमी	करौली	बाघ, तेंदुआ, साम्भर, चीतल और पक्षी	अक्टूबर से मार्च
सवाई मानसिंह अभ्यारण्य 113.07 वर्ग किमी	सवाई माधोपुर	तेंदुआ, सियार, लकड़बग्घा, और पक्षी	अक्टूबर से मार्च
बस्सी अभ्यारण्य 138.69 वर्ग किमी	चित्तौड़गढ़	तेंदुआ, चीतल, सियार, गिद्ध व अन्य पक्षी	अक्टूबर से मार्च
भैंसरोदगढ़ अभ्यारण्य 201.40 वर्ग किमी	चित्तौड़गढ़	तेंदुआ, मगर, चिंकारा, गागरोनी तोता, गिद्ध, दूधराज, पीलक, अन्य पक्षी	अक्टूबर से मार्च
सीतामाता अभ्यारण्य 422.94 वर्ग किमी	चित्तौड़गढ़	उड़न गिलहरी, चौसिंघा, तेंदुआ, भूरा फ्लाईकैचर, ब्लैक–नेप्ड मोनार्च, व्हाईट–नेप्ड टिट, गिद्ध व अन्य पक्षी	अक्टूबर से मार्च
कुम्भलगढ़ अभ्यारण्य 610.52 वर्ग किमी	पाली / राजसमन्द / उदयपुर	भालू, तेंदुआ, चौसिंघा, जंगली सुअर व पक्षी	अक्टूबर से मार्च
सज्जनगढ़ अभ्यारण्य 5.19 वर्ग किमी	उदयपुर	तेंदुआ, साम्भर, ग्रे जंगलफाऊल, तीतर, बटेर व अन्य पक्षी	अक्टूबर से मार्च

पर्यटन स्थल	जिला	महत्वपूर्ण प्रजातियाँ	उपयुक्त समय
फुलवारी की नाल अभ्यारण्य 511.41 वर्ग किमी	उदयपुर	उड़न गिलहरी, तेंदुआ, भालू, पक्षी	अक्टूबर से मार्च
जयसमन्द अभ्यारण्य 52.34 वर्ग किमी	उदयपुर	तेंदुआ, जंगली सुअर, नीलगाय	अक्टूबर से मार्च
आबूपर्वत अभ्यारण्य 326.10 वर्ग किमी	सिरोही	तेंदुआ, भालू, ग्रे जंगलफाऊल, हरी मुनिआ, कत्थई कठफोड़वा, छोटा किलकिला, गिद्ध व अन्य शिकारी पक्षी	ग्रीष्म और शरद ऋतु
मरू राष्ट्रीय उद्यान 3162 वर्ग किमी	जैसलमेर/ बाड़मेर	मरू लोमड़ी, चिंकारा, काला हिरण, गोडावण, हौबारा बस्टार्ड, अप्रवासी क्रेन्स, अप्रवासी शिकारी पक्षी और गिद्ध	वर्षोपरान्त
ताल छापर अभ्यारण्य 7.9 वर्ग किमी	चुरू	काला हिरण, चिंकारा, मरू लोमड़ी, सांडा, अप्रवासी शिकारी व अन्य पक्षी	अक्टूबर से मार्च
टौडगढ़ रावली अभ्यारण्य 475.23 वर्ग किमी	अजमेर/ पाली/ राजसमन्द	तेंदुआ, भालू, चौसिंघा, जंगलफाऊल	अक्टूबर से मार्च
नाहरगढ़ अभ्यारण्य 53.40 वर्ग किमी	जयपुर	तेंदुआ, नीलगाय, भेड़िया, लकड़बग्घा, पक्षी	अक्टूबर से मार्च
जामवा रामगढ़ अभ्यारण्य 300 वर्ग किमी	जयपुर	तेंदुआ, नीलगाय, गिद्ध	अक्टूबर से मार्च
सरिस्का बाघ अभ्यारण्य 492.29 वर्ग किमी	अलवर	बाघ परियोजना, बाघ, तेंदुआ, साम्भर, जंगली बिल्लियां, चीतल चौसिंघा व पक्षी	वर्षाकाल के अतिरिक्त
कम पहचाने गये पर महत्वपूर्ण वन्यजीव क्षेत्र			
धवा–डोली	जोधपुर	काला हिरण, चिंकारा, मरू लोमड़ी और मरू बिल्ली	वर्षोपरान्त
गुड़ा बिश्नोईयान	जोधपुर	काला हिरण, चिंकारा, मरू लोमड़ी, मरु बिल्ली	वर्षोपरान्त

पर्यटन स्थल	जिला	महत्वपूर्ण प्रजातियाँ	उपयुक्त समय
खींचन	जोधपुर	कुरजां	शरद ऋतु
रामदेवरा	जोधपुर	सांडा, मरू बिल्ली, मरू लोमड़ी	वर्षोपरान्त
कायलाना झील और माचिया सफारी पार्क	जोधपुर	अप्रवासी पक्षी	शरद ऋतु
बालसमन्द झील	जोधपुर	अप्रवासी पक्षी	शरद ऋतु
जवाई बांध	पाली	तेंदुआ, मगर, लोमड़ी, नीलगाय, चिंकारा, पक्षी	शरद ऋतु
मेनार तालाब	उदयपुर	स्थानीय व अप्रवासी पक्षी	शरद ऋतु
कनक सागर	बूंदी	सारस, गैरट, अप्रवासी पक्षी	शरद ऋतु
बर्धा बांध	बूंदी	सारस, गैरट, राजहंस, भाट्या व अन्य अप्रवासी पक्षी	शरद ऋतु
तलवास तालाब	बूंदी	स्थानीय व अप्रवासी पक्षी	शरद ऋतु
सौंखलिआ	अजमेर	गोडावण, खरमोर	वर्षोपरान्त
सोरसन	बारां	काला हिरण, चिंकारा, लोमड़ी, सारस, इंडियन कोर्सर, जांघिल व अन्य पक्षी	वर्षोपरान्त
शाहबाद	बारां	तेंदुआ, सियार, भालू, गिद्ध, क्रेस्टेड ट्रीस्विफ्ट, गिद्ध व अन्य पक्षी	वर्षोपरान्त
ऊदपुरिआ	कोटा	जांघिल प्रजनन स्थल, अन्य पक्षी	अगस्त से मार्च
अलनिया बांध	कोटा	अप्रवासी जलपक्षी	शरद ऋतु
उम्मेदगंज पक्षी क्षेत्र	कोटा	स्थानीय और अप्रवासी पक्षी	वर्षोपरान्त
पाली घाट	सवाई माधोपुर	घड़ियाल, मगर, जलपक्षी	वर्षोपरान्त
तालाब–ए–शाही	धौलपुर	प्रवासी जलपक्षी	शरद ऋतु
पेरवा तेंदुआ संरक्षण केन्द्र	पाली	तेंदुआ	शरद ऋतु

पर्यटन स्थल	जिला	महत्वपूर्ण प्रजातियाँ	उपयुक्त समय
बड़ोपल खारी झील	हनुमानगढ़	राजहंस, अप्रवासी पक्षी, कालीबंगा और पीलीबंगा के सिंधु घाटी की सभ्यता के चिन्ह	शरद ऋतु
गजनेर झील	बीकानेर	चिंकारा, नीलगाय, ब्लैक–ब्रेस्टेड सैंडग्राऊज व अन्य अप्रवासी पक्षी	शरद ऋतु
सांभर नमक की झील	जयपुर, नागौर	राजहंस, छोटे राजहंस, स्थानीय व अप्रवासी पक्षी	शरद ऋतु

राजस्थान की प्रकृति संरक्षण परम्परा

"सर सांठे रूख बचे, तो भी सस्तो जान" (संत जम्भेश्वरजी) अर्थात् यदि अपने सिर की कीमत देकर एक वृक्ष बचाया जा सके तो भी यह सौदा सस्ता है। जहाँ जीवन की आहुति देकर भी वृक्षों को बचाने की बात होती हो, जहाँ के सन्त और गुरु अपने शिष्यों को अहिंसा का ऐसा पाठ पढ़ा गये हों, वहाँ वन्य जीवों के अस्तित्व पर मंडराता संकट इस युग की विडम्बना है। यहाँ के एक और सन्त पीपाजी कह गये हैं, "जीव मार जीमण करै, कर–कर करै बखान, पीपा परतख देख लो, थाली बीच मसान"। संत जम्भेश्वरजी, पीपाजी, तेजाजी और रामदेव पीर, जिनका कि राजस्थान के लोक जीवन में बड़ा महत्व है, अहिंसा और प्रकृति संरक्षण का पाठ पढ़ा गये हैं। गुरु जम्भेश्वरजी के 29 सिद्धान्तों को मानने वाले विश्नोई सारे विश्व में संरक्षणवादी समाज का अनूठा उदाहरण हैं। यह वही प्रदेश है जहाँ सन् 1730 में खेजरी के वृक्षों की रक्षा के लिये खेजड़ली गांव की अमृतादेवी के नेतृत्व में 363 व्यक्तियों ने अपने प्राण न्यौछावर करके भी वृक्षों की रक्षा की थी। इससे पहले भी सत्रहवीं शताब्दी के आरम्भ में रामसरी गांव की दो विश्नोई महिलाओं ने ऐसे ही 'चिपको आन्दोलन' का नेतृत्व करते हुए अपने प्राण दे दिये थे पर खेजरी के वृक्षों की रक्षा की थी।

लोकआस्था के साथ–साथ राजस्थान की संस्कृति भी आदिकाल से संरक्षणवादी है। लोकगाथाओं और लोकगीतों में हर और प्रकृति से एकात्मता का भाव दृष्टिगोचर होता है। जैसे कालीदास की शकुन्तला का हिरण के छौने से सहोदर जैसा स्नेह था, वैसे ही यहाँ की नायिका भी कहती है "कुरजड़ी तू म्हारी भायली"। राजस्थान के अधिकांश भाग में अभी भी शिकार को सामाजिक स्वीकृति प्राप्त नहीं है। गांव वाले अपने आस–पास के क्षेत्र में शिकार का विरोध करते हैं और अनेक ऐसे वन्यजीवों के प्रति भी दया का भाव रखते हैं जिनसे उनकी फसलों को कुछ हानि भी होती है। एक बात ध्यान देने योग्य है कि आज के लगभग सभी अभ्यारण्य और राष्ट्रीय उद्यान प्राचीनकाल के, राजाओं द्वारा घोषित वन्यजीवों के लिये सुरक्षित क्षेत्र थे। इन क्षेत्रों में आम नागरिक को शिकार करने की या पेड़ काटने की आज्ञा नहीं थी, अतः इनमें वन्यजीव स्वच्छंद विचरण करते थे। शिकार की शिकायत होने पर कड़ी सजा का प्रावधान था और यहाँ तक कि सामूहिक रूप से पूरे गांव तक को हर्जाना देना पड़ता था।

पक्षियों के लिये दाना और पानी रखने की परम्परा लगभग सारे राजस्थान में, यहाँ तक कि शहरों में भी जीवित हैं। इन स्थानों पर गौरैया, कबूतर, मोर, मैना, पंडूक या कमेड़ी, बुलबुल और अन्य पक्षी आसानी से देखे

जा सकते हैं। इसी प्रकार पश्चिम राजस्थान के गांवों में हिरण व अन्य जानवरों के लिये पानी के हौद बनाये जाते हैं और समाज की सहायता से चारा नियमित रूप से दिया जाता है। जोधपुर के समीप खींचन नामक स्थान, हजारों की संख्या में यहाँ आने वाले डेमोइजल क्रेन या कुरजां के लिये विश्व प्रसिद्ध है और यह सब सम्भव हुआ है गांव वालों के सामूहिक प्रयास से। यहाँ इन अप्रवासी पक्षियों को सुरक्षा और भोजन ग्रामवासियों के आपसी सहयोग से उपलब्ध करवाया जाता है, और अब यह स्थान राजस्थान के पर्यटन मानचित्र पर अपनी पहचान बना चुका है। अनेक पक्षी प्रजातियों को ग्रामीण परिवेश में प्रचलित आस्थाओं के कारण विशेष संरक्षण प्राप्त है; सारस और टिटहरी को शारीरिक हानि पहुँचाना या इनके अंडे व चूजों को क्षति पहुंचाना अक्षम्य अपराध है जिसका निवारण करने के लिये वृत–पूजा और सामूहिक भोज का प्रावधान है। नीलकंठ और मौर पवित्र पक्षी हैं तो कौवे श्राद्ध के अवसर पर प्रत्येक परिवार के विशिष्ट अतिथि होते हैं। समृद्धि की देवी लक्ष्मी के वाहन होने के कारण उल्लू सुरक्षित हैं। कुरजां, तोता, कोयल, चातक, चकवा–चकवी और कौवा आदि पक्षी लोक गीतों के प्रमुख विषय हैं, जिनके माध्यम से विरह कातर नायिका अपना सन्देश प्रियतम तक पहुंचाती है या उनके करुण स्वर में अपनी पीड़ा का आभास करती है।

स्तनपायी

रीसस मकाक *मकाका मुलाटा*

लाल मुंह बंदर

नर – बैठा : 60 से.मी.,
वजन : 7–10 कि.ग्रा.;
मादा – 45 से.मी., 5–6 कि.ग्रा.

वितरण : लगभग सम्पूर्ण राजस्थान, बहुत सूखे इलाकों को छोड़ कर **पहचान** : गठीला, भारीपन लिये हुए शरीर; धूसर–भूरे बालों से भरा शरीर, सिर के बाल कपाल की ओर घुमाव लिये हुए; मुंह गुलाबी या वयस्क बंदरों में लाल, नितम्ब क्षेत्र नारंगी–लाल **व्यवहार और आवास** : बड़े झुंडों में गांव व शहरों में पाया जाने वाला सबसे सामान्य बंदर; बगीचों, वृक्षाच्छादित मंदिर प्रांगण, तालाबों के तट या बस्तियों में प्रायः रहता है; निर्भय, मनुष्यों के साथ रहने का आदी होने के कारण अनेक स्थानों पर परेशानी का कारण पर धार्मिक भावनाओं के कारण संरक्षित **भोजन** : फल, फूल, फलियां, कंद–मूल, कीड़े–मकोड़े और जो कुछ भी भोज्य पदार्थ मिल जाये **प्रजनन** : मुख्यतः अक्टूबर से दिसम्बर, बच्चों का जन्म प्रायः मार्च से जून तक, कभी–कभी सितम्बर–अक्टूबर में भी **संरक्षण महत्वः** वन्यजीव सुरक्षा अधिनियम – शेड्यूल 2 **(प्लेट 1, चित्र 1)**

नार्दर्न प्लेन्स ग्रे लंगूर *सेम्नोपेथिकस एन्टेल्लस*

हनुमान लंगूर

बैठी स्थिति में 60–75 से.मी.,
पूंछ 90–100 से.मी.

वितरण : सम्पूर्ण राजस्थान **पहचान** : लम्बे हाथ व पैर, लम्बी पूंछ और काले मुंह वाला सामान्य लंगूर; शरीर धूसर–भूरे बालों से भरा हुआ; मुंह, कान और हाथ व पैर की हथेलियां काली, हाथ व पैर के पंजे भी काले **व्यवहार और आवास** : वृक्ष वासी, चट्टानी मैदानों में भी पाया जाता है; शहरी क्षेत्र और जंगल दोनों में पाया जाता है, जंगल में पाये जाने वाले लंगूर मनुष्य से दूरी रखते हैं, धार्मिक भावनाओं द्वारा संरक्षित, मंदिरों के प्रांगण, तालाब आदि के किनारे बड़े–बड़े झुंडों में रहते हैं, शांत, आरामप्रिय और दृढ़ झुंड में 18–25 लंगूर साथ–साथ रहते हैं जिनका भ्रमण क्षेत्र लगभग 1.3 से 13 वर्ग कि.मी. का होता है, भोजन का समय प्रातः और सायं बाकी समय आराम और सामाजिक गतिविधि; वृक्षों पर इनको सबसे अधिक खतरा केवल बघेरे से रहता है **भोजन** : पूर्णतः शाकाहारी, जंगली फल–

फूल, पत्ते और कलियां इनका मुख्य भोजन हैं **प्रजनन** : लगभग 6 माह के गर्भ के बाद बच्चों का जन्म अधिकतर फरवरी से मई के बीच संरक्षण **महत्वः** वन्यजीव सुरक्षा अधिनियम – शेड्यूल 2 **(प्लेट 1, चित्र 2)**

सांबर *रूसा यूनिकलर*

सांभर नर–कंधे पर ऊँचाई 150 से.मी., औसत 140 से.मी., शरीर की लम्बाई 180–200 से.मी., पूंछ 30–33 से.मी.; मादा–छोटी

वितरण : राजस्थान के पूर्वी भाग में जहाँ घने जंगल हैं **पहचान** : विशाल सींगों वाला अत्यन्त सुंदर हिरण, सींगों की औसत लम्बाई लगभग 95 से.मी.; शरीर के बाल खुरदुरे और भूरे कुछ–कुछ धूसर या पीलापन लिये हुए, पेट का भाग कुछ हलके रंग का, मादा कुछ हलके रंग की; नर की गर्दन पर लम्बे बाल जो कि गर्मी की ऋतु में झड़ जाते हैं, सींग मजबूत और शक्तिशाली **व्यवहार और आवास** : जंगली पहाड़ी क्षेत्र इनकी पहली पसंद के आवास हैं, रात्रि में भोजन करने के बाद दिन का समय घने छायादार स्थान में बिताते हैं, इनकी देखने की शक्ति के मुकाबले सूंघने और सुनने की शक्ति अधिक विकसित होती है; अच्छा तैराक; सींग मार्च–अप्रैल में झड़ जाते हैं, सींग मई में उगने लगते हैं और नवम्बर के आते–आते सींगों का मखमल झड़ जाता है **प्रजनन** : नर प्रजनन के लिये उपयुक्त स्थल के लिये आपस में ज़ोर आजमाइश करते हैं और अधिकतर नवम्बर–दिसम्बर में जोड़े बन जाते हैं, प्रत्येक नर के झुंड में कुछ मादायें होती हैं जिन्हें वह गर्भाधान के बाद छोड़ देता है, बरसात के मौसम में मादा प्रायः एक बच्चे को जन्म देती है, जो कि बड़े होने तक माँ के साथ रहता है **भोजन** : घास, पत्तियां और फल **संरक्षण महत्व** : वन्यजीव सुरक्षा अधिनियम – शेड्यूल 3, आई.यू.सी.एन. – असुरक्षित **(प्लेट 1, चित्र 3)**

स्पाटेड डीअर *एक्सिस एक्सिस*

चीतल नर–कंधे पर ऊँचाई 90 से.मी., लम्बाई 135–150 से.मी., मादा–ऊँचाई 75से.मी., लम्बाई 130–135 से.मी., पूंछ 30 से.मी.

वितरण : पूर्वी राजस्थान के जंगली इलाकों में **पहचान** : चमकीले लाल–पीले रंग का, सफेद चित्तीदार, सर्वाधिक सुंदर हिरण, वयस्क नर ज्यादा भूरे और गहरे रंग के; गर्दन से पुट्ठे तक एक सफेदधारी जिसके ऊपर एक दोहरी रेखा में सफेद चित्तियां होती हैं, गला और पेट सफेद होता

है; अधिकतर तीन नोकों वाले सींगों की लम्बाई लगभग 75–85 से.मी. तक **व्यवहार और आवास :** चीतल 10 से 30 के झुंडों में छितराये और घने जंगल, जहाँ घास के मैदान और छायादार जल स्रोत हों, में रहना पसंद करते हैं, इन झुंडों में 2–3 वयस्क नर प्रायः देखे जाते हैं पर अनेक बार इनके झुंड के सदस्यों की संख्या 100 तक भी देखी जाती है; इनकी गतिविधि रात्रि के अलावा सुबह और शाम को भी बनी रहती है, दिन का गर्मी वाला समय ये छायादार स्थान पर आराम करके बिताते हैं, इनके सींग अगस्त–सितम्बर में झड़ जाते हैं और नये सींग दिसम्बर तक मखमली आवरण में रहते हैं पर वर्षोपरान्त नर चीतल सींगों के विकास की विभिन्न स्थितियों में देखे जा सकते हैं **प्रजनन :** प्रजनन काल में नर उग्र भोंकने जैसी आवाज़ निकालते और मादा को पाने के लिये आपस में लड़ते हैं, जोडे बनने और बच्चे होने के समय में स्थानानुसार काफी भिन्नता पाई जाती है और बच्चे प्रायः वर्ष के हर महीने में देखे जाते हैं **भोजन :** घास, पत्ते आदि **संरक्षण महत्व :** वन्यजीव सुरक्षा अधिनियम – शेड्यूल 3 **(प्लेट 1, चित्र 4)**

ब्लैक बक — *एंटीलोप सर्विकैप्रा*

कृष्ण मृग / काला हिरण — नर – कंधे पर ऊँचाई 80 से.मी., चक्राकार सींग प्रायः 50 से.मी. से छोटे, मादा छोटी और बिना सींग की

वितरण : मुख्यतः पश्चिमी और उत्तरी राजस्थान, मध्य और दक्षिण पूर्वी राजस्थान के उपयुक्त घास के मैदानों में पाया जाता है **पहचान :** वयस्क नर पीठ, गर्दन और मुंह पर चमकीला काला, अधोभाग सफेद; अवयस्क नर और मादा पीत बादामी, लगभग 3 वर्ष की आयु में नर का रंग काला होना आरम्भ हो जाता है, पृष्ठ भाग और गर्दन से हलका बादामी रंग पूर्ण वयस्क होने तक ही जाता है। ग्रीष्म ऋतु में चमकीलापन आता है और बरसात के बाद मखमली हो जाता है। नर के सींग चक्राकार घुमाव के साथ लम्बे होते हैं जबकि मादा अधिकतर बिना सींग की होती हैं, एक वर्ष के नर छौने के सींग बिना चक्र के होते हैं **व्यवहार और आवास :** उपयुक्त आवास में 100–100 के झुंड में अन्यथा 10–20 के झुंड में पाया जाता है। प्रजनन काल के उपरान्त नर उसकी मादाओं और छौनों के साथ देखे जाते हैं जबकि अवयस्क नर झुंड में रहते हैं। पैनी दृष्टि और तेज भागने की क्षमता इन्हें शिकारियों से बचाते हैं। भोजनकाल प्रातः से लेकर दोपहर होने तक और सायं काल होता है, दोपहर को आराम करते हैं **भोजन :** घास **प्रजनन :** वर्षोपरान्त, पर मुख्यतः फरवरी–मार्च में। इस समय नर आपस में

शक्ति प्रदर्शन कर के मादाओं पर अपना अधिकार सिद्ध करते हैं, फिर मादा को रिझाने के लिये अपने सींग पीठ तक झुका कर उसके पीछे दुलकी चाल से चलते हैं। एक बार में मादा 1 या 2 छौनों को जन्म देती है **संरक्षण महत्व** : वन्यजीव सुरक्षा अधिनियम – शेड्यूल 1 आई.यू.सी.एन. – लगभग संकट में **(प्लेट 1, चित्र 5)**

फ़ोर–होर्न्ड एन्टीलोप *टेट्रासिरस क्वाड्रिकोर्निस*

चौसिंघा

नर–कंधे पर ऊँचाई 65 से.मी., लम्बाई 105 से.मी., पूंछ 12–14 से.मी., मादा छोटी और बिना सींग की; नर में आगे वाले सींग 1–2.5 से.मी. और पीछे वाले 8–10 से.मी.

वितरण : दुर्लभ, पूर्वी और दक्षिणी राजस्थान के बहुत सीमित क्षेत्र में **पहचान** : चौसिंघा के सींग अन्य एन्टीलोप की तरह चक्राकार नहीं होते तथा उनके दो जोड़े होते हैं, आगे के सींग लगभग आंखों के ऊपर और छोटे होते हैं, अनेक बार ये सींग केवल हड्डी के उभार जैसे ही दिखते हैं, इनका रंग हलका पीला–भूरा, लालामी लिये हुए होता है, अन्तर्भाग सफेद, एक गहरी धारी पैरों के सामने वाले भाग में, इनके शरीर के बात पतले और खुरदुरे होते हैं **व्यवहार और आवास** : इनको ऊँचा–नीचा पेड़ों और झाड़ियों से भरा पहाड़ी प्रदेश पसंद है, इनकी आदतें एन्टीलोप के मुकाबले हिरणों से अधिक मिलती हैं, पानी की उपलब्धता इनके लिये आवश्यक है; इनकी आवाज़ हलकी सीटी जैसी होती है; झुंड में नहीं रहते और अधिकतर एक या दो ही साथ–साथ दिखते हैं **भोजन** : घास, पत्तियां आदि **प्रजनन**: प्रजनन काल गर्मियों से बरसात तक, बच्चे अक्टूबर से फरवरी तक जन्म लेते हैं **संरक्षण महत्व** : वन्यजीव सुरक्षा अधिनियम – शेड्यूल 1, आई.यू. सी.एन. – संकट में **(प्लेट 2, चित्र 6)**

नीलगाय बोसिफेलस ट्रेगोकैमेलस

नीलगाय/रोझ

नर–कंधे पर ऊँचाई 130–140 से.मी., लम्बाई 195–210 से.मी., पूंछ 45–52 से.मी., सींग 20 से.मी., मादा छोटी और बिना सींग की

वितरण : लगभग सम्पूर्ण राजस्थान, सूखे इलाकों में अधिक सामान्य, कई स्थानों पर खेती के लिये समस्या **पहचान** : बड़े आकार का एन्टीलोप जिसकी आगे के पैर पीछे के पैरों से बड़े होते हैं, वयस्क नर लोहे जैसे

धूसर रंग का, गला सफेद, गाल सफेद, खुरों के ऊपर सफेद वलय और सीने से पेट तक का अधोभाग और पैर गहरे रंग के; मादा और अवयस्क नर गहरे बादामी रंग के, नर के गले पर काले बालों का गुच्छा होता है; नर के सींग मजबूत और मूल में तिकोने और ऊपर गोलाई लिये हुए **व्यवहार और आवास** : ऊंचे–नीचे मैदानी, घास और झाड़ियों वाले क्षेत्र इनका पसंदीदा आवास हैं, इनके बड़े–बड़े झुंड खेतों के आसपास प्रायः देखे जाते हैं जो कि फसल के लिये समस्या का रूप भी ले लेते हैं, नर अधिकतर अकेले या छोटे–छोटे झुंडों में रहते हैं जबकि मादायें, बच्चे और अवयस्क नर 10–20 के झुंडों में रहते हैं, ऊबड़–खाबड़ सतह पर तेज गति से भागना इनकी विशेषता है; इनका भोजनकाल सुबह देर तक और शाम को होता है **भोजन**: घास, पत्तियां, बेर के फल और महुआ आदि के फूल इनको विशेष रूप से पसंद हैं **प्रजनन** : मादा एक या दो बच्चों को जन्म देती है, बच्चों का जन्म वर्ष के प्रत्येक माह में देखा गया है **संरक्षण महत्व** : वन्यजीव सुरक्षा अधिनियम – शेड्यूल 3 **(प्लेट 2, चित्र 7)**

इंडियन गज़ेल *गज़ेला बेनेटी*

चिंकारा

नर–कंधे पर ऊँचाई 65 से.मी., लम्बाई 105 से.मी., पूंछ 20–22 से.मी., नर के सींग 25–30 से.मी., मादा के 10–13 से. मी.

वितरण : सम्पूर्ण राजस्थान के सूखे और पथरीले घास के मैदानों और मरू भूमि में **पहचान** : छोटा, छरहरा और सुंदर – गज़ेल जाति का प्राणी, ऊपर का शरीर बादामी रंग का जो कि मध्य भाग में गहरा हो जाता है, जहाँ यह अधोभाग के सफेद हिस्से से मिलता है; चेहरे पर सफेदधारी और नाक के ऊपर हलका सा कालापन; नर के सींग चक्रित और घूमे हुए, मादा के छोटे और चिकने या पूर्णतः अनुपस्थित **व्यवहार और आवास** : पथरीले, झाड़ियों और घासयुक्त मैदान, छितराये जंगल और रेतीले इलाके इनके पसंदीदा आवास हैं, शर्मीले होने के कारण मनुष्य से दूरी रखते हैं और कृष्णमृग के बनिस्बत खेतों में कम जाते हैं, खतरे की आशंका पर झुंड तेज गति से दौड़ लगा कर 150 से 200 मीटर की दूरी बना कर पुनः पीछे मुड़ कर देखता है; इनकी देखने, सूंघने और सुनने की क्षमता तीक्ष्ण होती है; ये छोटे–छोटे झुंडों में रहते हैं, भोजनकाल सुबह और शाम **भोजन** : घास और पत्तियां **प्रजनन** : इनका प्रजनन काल निश्चित नहीं होता पर दो चरम देखने को मिलते हैं, एक तो अप्रैल में दूसरा बरसात के बाद **संरक्षण महत्व** : वन्यजीव सुरक्षा अधिनियम – शेड्यूल 1 **(प्लेट 2, चित्र 8)**

वाईल्ड बोअर	*सस स्क्रोफा*
जंगली सुअर	कंधे पर ऊँचाई 70–90 से.मी., लम्बाई 120–150 से.मी., पूंछ 20–28 से.मी., मादा कुछ छोटी

वितरण : राजस्थान के अति शुष्क भाग को छोड़ कर लगभग सभी जगह **पहचान** : शरीर के बाल काले, खुरदुरे धूसर, भूरे और सफेद बालों से मिश्रित, गर्दन से पीठ तक मोटे काले बालों की अयाल, अवयस्क धूसर–भूरे और बच्चों के हलके भूरे शरीर पर काली या हलकी धारियां होतीं हैं, नर में नीचे और ऊपर के आगे वाले दाँत अधिक विकसित और लम्बे व बाहर निकले हुए होते हैं **व्यवहार और आवास** : छितराये जंगल, कांटेदार झाड़ियाँ, खड़ी फसलें, नदी किनारे की खाईयां और दलदली स्थान इनके पसंदीदा आवास स्थल हैं, मुख्य रूप से रात्रिचर पर सुबह और शाम को भी सक्रिय, दिन का समय घास या खाई के नम स्थानों में बिताते हैं, नर अकेले रहते हैं पर अवयस्क और मादा आदि झुंड में; बुद्धिमान और साहसी, सूंघने की शक्ति उत्तम और देखने व सुनने की क्षमता सामान्य, छोटी दूरी तक तेज भाग सकते हैं **भोजन** : सर्वभक्षी, दलदली भूमि में कन्द–मूल को जमीन से खोद कर खाते हैं, खेत की उपज, कीड़े–मकोड़े और मृत जानवर इनके भोजन का हिस्सा हैं **प्रजनन** : वर्षोपरान्त, मुख्य रूप से बरसात के पहले और बाद में **संरक्षण महत्व**: वन्यजीव सुरक्षा अधिनियम –शेड्यूल 3 **(प्लेट 2, चित्र 9)**

स्लाथ बेअर	*मेलुर्सस अर्सिनस*
भालू/रीछ	कंधे पर ऊँचाई 65–85 से.मी., लम्बाई 135–170 से.मी., मादा प्रायः छोटी, नर का वजन 122 किलो या अधिक, मादा का 77 किलो या अधिक

वितरण : अधिकांशतः पूर्वी राजस्थान के वन क्षेत्र में **पहचान** : शरीर लम्बे, खुरदुरे, काले बालों से ढंका हुआ, बालों की लम्बाई कंधों के बीच सर्वाधिक; लम्बी सफेद थूथन; सीने पर सफेद बालों का V आकार; आगे के पंजों के नाखून लम्बे और सफेद **व्यवहार और आवास** : जिस जंगल में भोजन के लिये उपयोगी फलों वाले वृक्ष हों, चट्टानें, गुफायें और शिला फलक हो जिनसे बरसात और धूप आदि से सुरक्षा मिल सके, ऐसी जगहें भालू के मनपसंद आवास स्थल हैं, ये सूर्यास्त के बाद अपने आश्रय स्थलों से निकल कर रात भर भोजन के लिये खुले मैदानी प्रदेश या छितराये

जंगल का चक्कर लगाते रहते हैं, सुबह होते ही पानी पीकर वापस सुरक्षित छायादार स्थान में लौट आते हैं, शरद् ऋतु में सुबह देर तक घूमते रहते हैं और दोपहर बाद ही फिर से गुफा के बाहर निकल आते हैं, रात में ये भोजन की तलाश में लम्बी–लम्बी दूरी तक चलते हैं, मनुष्य से दूरी बना कर रखते हैं पर इनका मिज़ाज विश्वासयोग्य नहीं होता है **भोजन** : जंगली फल, बेर, महुआ, कंद–मूल के अतिरिक्त दीमक के लारवा और वयस्क, मधुमक्खी के लारवा और शहद इनके मुख्य भोजन हैं, पत्थर हटा कर उसके नीचे कीड़े–मकोड़े आदि भी ढूंढते हैं **प्रजनन** : जोड़े जून–जुलाई में बनते हैं और बच्चे अधिकतर जनवरी–फरवरी में पैदा होते हैं, माँ उनको 2–3 महीने का होने पर ही गुफा से लेकर निकलती है, बच्चे माँ के साथ प्रायः 2 साल तक रहते हैं **संरक्षण महत्व** : वन्यजीव सुरक्षा अधिनियम – शेड्यूल 2, आई.यू.सी.एन – संकट में **(प्लेट 2, चित्र 10)**

गोल्डन जैकाल *कैनिस आरिअस*

सिआर / गीदड़

कद 38–43 से.मी.,
लम्बाई 60–75 से.मी.,
पूंछ 20–27 से.मी.

वितरण : लगभग सम्पूर्ण राजस्थान, पर इनकी संख्या में अभूतपूर्व कमी आई है **पहचान** : शरीर के हलके सुनहरे बालों में काले और सफेद की मिलावट रहती है, कंधों, कान और पैरों पर लाली लिये हुए पीत आभा दिखाई पड़ती है, पीठ के लम्बे बाल काली नोक वाले धूसर रंग के होते हैं, पूंछ का नीचे वाला एक–चौथाई भाग काला; छोटे आकार और रंग के आधार पर इसे भेड़िये से अलग पहचाना जा सकता है **व्यवहार और आवास** : ये जंगल से लेकर मैदानी इलाकों में, खेतों और बस्तियों के आसपास रहते हैं, गांव या कस्बों के लोग इन्हें इनकी विशिष्ट आवाज़ 'हुआ–हुआ' के कारण अधिक पहचानते हैं, झाड़ियों, लम्बी घास या टूटे–फुटे खंडहरों में ये अपना दिन का समय बिताते हैं और रात होते ही भोजन की तलाश में निकल पड़ते हैं, शरद् ऋतु और सुरक्षित क्षेत्रों में दिन में भी इनकी गतिविधि देखी जा सकती है; अधिकतर छोटे झुंड, अकेले या 2–4 के समूह में दिखते हैं, अच्छे शिकारी होने के साथ–साथ ये मरे जानवर और तरबूज–खरबूज आदि फल भी खाते हैं **भोजन** : छोटे वन्यजीव, मुर्गियां, बीमार भेड़–बकरी, मरे जानवर और गन्ना, तरबूज–खरबूज, बेर आदि **प्रजनन** : एक बार में मादा अधिकांशतः चार बच्चों को ज़मीन के गड्ढों में जन्म देती है, बच्चे वर्ष भर देखे गये हैं **संरक्षण महत्व** : वन्यजीव सुरक्षा अधिनियम – शेड्यूल 2 **(प्लेट 2, चित्र 11)**

ग्रे वुल्फ — *कैनिस लुपस*

भेड़िआ — कद 65–75 से.मी., लम्बाई 90–105 से.मी., पूंछ 35–40 से.मी.

वितरण : लगभग सम्पूर्ण राजस्थान, पर वर्तमान में दुर्लभ **पहचान** : खोपड़ी और दाँत बड़े, शरीर का रंग भूरा–धूसर, पीठ पर काले बालों से मिश्रित, ठंड के मौसम में लम्बे काले और सफेद या धूसर बाल और गहरे भूरे रोंये शरीर को ढंक लेते हैं, पूंछ का छोर काला, अधोभाग गंदा सा सफेद **व्यवहार और आवास** : मूल रूप से जंगलों का जानवर पर अब अधिकतर मैदानी इलाकों में ज्यादा देखा जाता है, प्रायः 6–8 के झुंड में रहते हैं, दिन का समय खेतों, कटीली झाड़ियों या गड्ढों में छिप कर बिताते हैं, शाम से भोजन की तलाश में निकल पड़ते हैं, बस्तियों के आसपास बछड़ों, पाड़ों, मुर्गियों का शिकार करते हैं, मुख्यरूप से कृष्ण मृग और चिंकारों के झुंड का या भेड़–बकरियों के रेबड़ का पीछा करते रहते हैं और मौका मिलते ही शिकार कर लेते हैं, समझदार और साहसी दौड़ने में तेज **भोजन** : जंगली और पालतू पशु–पक्षी **प्रजनन** : प्रजनन काल मुख्य रूप से बरसात के बाद और 3 से 8 बच्चों का जन्म नवम्बर–दिसम्बर में, गड्ढों या चट्टानों के बीच **संरक्षण महत्व** : वन्यजीव सुरक्षा अधिनियम–शेड्यूल 1 **(प्लेट 3, चित्र 12)**

वाईल्ड डोग — *कुओन आल्पिनस*

ढोल/सोनकुत्ता — कद 43–55 से.मी., लम्बाई 90–95 से.मी., पूंछ 38–43 से.मी.

वितरण : अतिदुर्लभ, पूर्वी राजस्थान के सरिस्का, रणथम्भोर आदि संरक्षित क्षेत्रों में **पहचान** : बहुत कुछ पालतू कुत्तों जैसा दिखता है, भेड़िये जैसा लम्बा–पतला शरीर लेकिन टांगें और मुंह छोटे, कान ऊपर से गोलाई लिये हुए; शरीर के बाल जंग जैसे लाल जो मौसम के साथ हलके और गहरे होते रहते हैं, काले और धूसर बालों का मिश्रण; मादा के 12–14 थन होते हैं जबकि भेड़िया, गीदड़ आदि के 10 **व्यवहार और आवास** : घने जंगल में रहने वाला जानवर, छाया और पानी इसकी आवश्यकता हैं; सामाजिक प्राणी, माँ–बाप द्वारा बच्चों की दीर्घसमय तक देखभाल; इनके झुंड अनेक परिवारों को मिला कर बनते हैं जिसके कारण ये अपने से काफी बड़े जानवरों का शिकार सरलता से कर लेते हैं, अधिकतर दिन में शिकार

करते हैं, सूंघ कर शिकार का पता लगाते हैं और उसको देख लेने के बाद एक सधी हुई गति से उसके थक जाने तक पीछा करते हैं, पीछा करते समय एक–दूसरे से सम्पर्क बनाये रखने के लिये हलकी सीटी जैसी आवाज निकालते हैं अन्यथा पीछा बिलकुल शांतिपूर्वक होता है **भोजन** : मांसाहारी, छोटे–बड़े सभी वन्यजीव **प्रजनन** : प्रजनन काल नवम्बर–दिसम्बर, 6 या अधिक बच्चों का जन्म जनवरी–फरवरी में, कई मादायें एक साथ गुफा या चट्टानों के नीचे बच्चों को जन्मती हैं **संरक्षण महत्व** : वन्यजीव सुरक्षा अधिनियम – शेड्यूल 2, आई.यू.सी.एन. – संकट में **(प्लेट 3, चित्र 13)**

बंगाल फौक्स — *वल्पस बेंगालेन्सिस*

लोमड़ी — लम्बाई 45–55 से.मी., पूंछ 33–36 से.मी.

वितरण : राजस्थान के लगभग सभी घास और झाड़ियों वाले मैदानी इलाकों में **पहचान** : छोटा, छरहरा, आकर्षक शरीर जिसका सामान्य रंग लालाभ–धूसर, पैरों पर लाल आभा, पूंछ के लाल–धूसर बालों के सिरे काले, पूंछ छोर पर काली, बगल का हिस्सा गहरा धूसर, ठोढ़ी, गला, अधोभाग हलके सफेद जैसे, मुंह पर आंखों के सामने काले धब्बे, कान बाहर से धूसर **व्यवहार और आवास** : घास और झाड़ियों वाले मैदान, खेत, नहरी क्षेत्र के किनारे, चट्टानी और ऊबड़–खाबड़ इलाके इसके पसंदीदा आवास स्थल हैं, खुले मैदान में सुरंग खोद कर रहते हैं, ज़मीन के 60 से 90 से.मी. नीचे चौड़ा रहने का स्थान होता है और सुरंग से निकलने के अनेक मार्ग होते हैं, जिनमें से कुछ अंधे होते हैं, दुश्मनों से बचने के लिये गति और चपलता इसके प्रमुख हथियार हैं जिसमें पूंछ इसको संतुलित रखती है; बरसात में दीमकें जब अपनी बांबी से निकलती हैं तो ये बड़े चाव से उनको खाती हैं **भोजन** : चूहे जैसे छोटे स्तनपायी, छिपकलियां, गिरगिट, कीड़े आदि इसके मुख्य भोजन हैं, दीमक के अतिरिक्त मौसम आने पर बेर, खरबूज आदि भी खा लेती हैं **प्रजनन** : प्रजनन काल शरद् ऋतु में और बच्चे होने का समय फरवरी से अप्रैल तक; बच्चे बड़े होने पर ही सुरंग के द्वार तक आते हैं, नर–मादा दोनों ही बच्चों की देखभाल करते हैं **संरक्षण महत्व** : वन्यजीव सुरक्षा अधिनियम – शेड्यूल 2 **(प्लेट 3, चित्र 14)**

इंडियन डेजर्ट फाक्स
(व्हाईट फुटेड फाक्स) *वल्पस वल्पस पुसीला (ल्यूकोपस, ब्लीथ)*

रेगिस्तानी लोमड़ी/लोम्बार लम्बाई 48–55 से.मी.,
पूंछ 35–40 से.मी.

वितरण : पश्चिमी राजस्थान के रेगिस्तान में **पहचान** : लम्बी पूंछ, लम्बी पीछे की टांगें, लम्बे बाल, कम तीखा मुँह और गहरा रंग इसको सामान्य मैदानी लोमड़ी से अलग करते हैं, शरद् ऋतु में पीठ पीत–धूसर से गहरी भूरी, बीच–बीच में छितराये हुए सफेद बाल, बगल धूसर, कंधों के पीछे पीठ पर पीत धब्बे और कंधे पर खड़ी गहरी भूरी रेखा; टांगें इस्पात–धूसर–लालाभ बालों के साथ, आगे के पैरों का पिछला और पीछे के पैरों का सामने का भाग सफेद; बसंत ऋतु में लम्बे बाल झड़ जाने पर गहरा धूसर रंग उभर आता है, अधोभाग बैंगनी आभा लिये हुए भूरा, ठोड़ी और सीने पर सफेद, कान बाहर से भूरे और सिरों पर सफेद, पूंछ का छोर सफेद **व्यवहार और आवास** : रेत के टीले और मैदान जिनमें कटीली झाड़ियाँ बिखरी हों, सच्चे रेगिस्तान की लोमड़ी; व्यवहार सामान्य लोमड़ी जैसा ही पर भागने में अधिक तेज **भोजन** : मुख्यरूप से रेगिस्तानी जर्बिल और चूहे **प्रजनन** : इनके जोड़े शायद जीवनभर के लिये बनते हैं, मादा एक बार में 6–7 बच्चों को जन्म देती है **संरक्षण महत्व** : वन्यजीव सुरक्षा अधिनियम – शेड्यूल 1 **(प्लेट 3, चित्र 15)**

स्ट्राइप्ड हायना *हायना हायना*

लकड़बग्घा कद 90 से.मी., लम्बाई 105 से.मी.,
पूंछ 45 से.मी., मादा कुछ हलकी

वितरण : मध्य, पूर्वी और दक्षिणी राजस्थान के छितराये वन क्षेत्र और ऊंचे–नीचे चट्टानी इलाकों में **पहचान** : सिर, आगे का शरीर, टांगें और जबड़ा बड़े और मजबूत, पीछे की टांगें छोटी और टेढ़ी गर्दन और पीठ पर कड़े–मोटे बालों की अयाल और लम्बे बाल, धूसर या गंदे सफेद रंग के शरीर पर खड़ी और टांगों आड़ी काली धारियां, शरद् ऋतु में शरीर हलका पीला–भूरा या ताम्बई **व्यवहार और आवास** : आवास के लिये खुले, छितराये वन, चट्टानी इलाके और छोटी पहाड़ियाँ पसंद करता है, दिन का समय ऊँची घास, खेतों या चट्टानों के बीच छुप कर बिताता है, शाम का धुंधलका होते ही भोजन की तलाश में निकल पड़ता है, अनेक अवसरों पर सेही की माँद को चौड़ा कर उसमें रहते हैं, जोड़े प्रायः साथ रहते हैं, कभी–कभी 5–6 के समूह देखे जाते हैं, भोजन की तलाश में रात को लम्बी

दूरी तक चलता है, इसलिये जंगलों में इसके पद–चिन्ह अकसर देखने को मिलते हैं, आगे के पंजे के चिन्ह बड़े और पीछे के छोटे होते हैं **भोजन** : मरे जानवर, हड्डियां – जिनको यह अपने मजबूत जबड़ों से चबाकर या पूरा का पूरा निगल लेता है, भोजन का कुछ भाग माँद में ले जाता है; कभी–कभी मवेशियों और कुत्तों का शिकार भी करता है **प्रजनन** : शरद् ऋतु में, 3–4 बच्चों का जन्म गर्मियों में **संरक्षण महत्व** : वन्यजीव सुरक्षा अधिनियम –शेड्यूल 3, आई.यू.सी.एन.–लगभग संकट में **(प्लेट 3, चित्र 16)**

बंगाल टाईगर *पेन्थेरा टिग्रिस*

बाघ / नाहर

कंधे पर ऊँचाई 92–105 से.मी., औसत लम्बाई नर 275–290 से.मी. और मादा 260 से.मी. इसमें लगभग 90 से.मी. की पूंछ, मादा कम वजन की

वितरण : वर्तमान में रणथम्भोर और सरिस्का, एक–दो यायावर कोटा और बूंदी में **पहचान** : शरीर का रंग भूरा–नारंगी, बाल छोटे और पास–पास, पूरे शरीर पर काली टेढ़ी–खड़ी धारियां, पूंछ पर काले छल्ले, अधोभाग सफेद, कान के पीछे के काले भाग पर सफेद गोल धब्बा; मादा थोड़ी छोटी और वजन में हलकी; वयस्क के गाल और कान के पीछे से गर्दन पर बाल कुछ लम्बे; पूंछ के छोर पर सिंह की तरह बालों का गुच्छा नहीं **व्यवहार और आवास** : मूलतः सघन जंगल का निवासी पर सूखे छितराये वन क्षेत्र, घाटियों और ऊँची घास के मैदानों में भी पाया जाता है, पानी और बड़े शिकार के लायक हिरणों, नीलगाय, जंगली सुअर आदि की क्षेत्र में उपलब्धता इसके लिये आवश्यक है; दिनभर पानी के पास के छायादार स्थानों पर आराम करते हैं और रात को शिकार, अनेक अवसरों पर पालतू मवेशी भी मार लेते हैं, प्रायः अकेले या 2–4 के समूह में रहते हैं, रात में शिकार के लिये लम्बी दूरियां चलते हैं **भोजन** : चीतल, सांभर, नीलगाय, जंगली सुअर, भालू, बंदर, मवेशी और बड़े पक्षी **प्रजनन** : प्रजनन काल वर्षा ऋतु के बाद, 2–3 बच्चों का जन्म फरवरी से मई के बीच, बच्चे माँ के साथ लगभग दो वर्ष तक रहते हैं, इनके जोड़े जीवन पर्यन्त के लिये बनते हैं यह सिद्ध नहीं है पर बच्चे होने के बाद नर कुछ समय मादा के आसपास ही रहता है **संरक्षण महत्व** : वन्यजीव सुरक्षा अधिनियम – शेड्यूल 1, आई.यू.सी.एन. – संकट में **(प्लेट 3, चित्र 17)**

लेपर्ड *पेन्थेरा पार्डस*

बघेरा/तेंदुआ औसत कुल लम्बाई 215 से.मी. (मादा छोटी), औसत वजन नर 52 किलो, मादा 39 किलो

वितरण : पूर्वी, मध्य और दक्षिणी राजस्थान के छितराये या खुले जंगल, झाड़ियों वाले मैदान और चट्टानी इलाकों में **पहचान** : शरीर के बाल छोटे और चमकीले लाल–भूरे रंग से लेकर पीत भूरे–पीले रंग के, पूरे शरीर पर नजदीक–नजदीक काले रंग के गुच्छे जो बीच से लालाभ पीले होते हैं, पैरों के सामने, पूंछ और चेहरे के गुच्छे काले; गला, पेट पीत–सफेद **व्यवहार और आवास** : खुले जंगल, चट्टानी पहाड़ियों और झाड़ियों वाले मैदानों में, गांवों के आसपास रहते हैं, प्राकृतिक आवास पर अतिक्रमण और भोजन के लिये आवश्यक वन्यजीवों की संख्या में आई कमी का इनके ऊपर बुरा असर हुआ है; रात का समय शिकार में और गर्मियों में दिन का समय छायादार स्थान पर बिताते हैं, ठंड में दिन में भी शिकार कर लेते हैं, पेड़ों पर आराम से चढ़ जाते हैं और अपना शिकार अन्य जानवरों से बचाने के लिये पेड़ पर छुपा देते हैं, इनका आवास और आदतें अनेक बार मनुष्य से टकराव की स्थिति पैदा कर देती हैं, ऐसे सभी जानवरों का शिकार कर लेते हैं जिनको सुरक्षापूर्वक मार सकें **भोजन** : मोर, बंदर, सेही, चिंकारा, छोटे हिरण, बछड़े, भेड़–बकरी और गांव के कुत्ते **प्रजनन** : वर्षोपरान्त, सामान्यतः मादा 2 बच्चों को जन्म देती है **संरक्षण महत्व** : वन्यजीव सुरक्षा अधिनियम – शेड्यूल 1, आई.यू.सी.एन. – लगभग संकट में **(प्लेट 4, चित्र 18)**

कैराकल *कैराकल कैराकल*

स्याहगोश कद 40–45 से.मी., लम्बाई 60–65 से. मी., पूंछ 25–30 से.मी.

वितरण : दुर्लभ, मध्य और पूर्वी राजस्थान के सूखे, खुले सीमान्त जंगल और मैदानों में **पहचान** : लम्बी टांगों और हलके, छरहरे शरीर वाला सामान्य बिल्ली के आकार का, कान के सिरों पर खड़े लम्बे बाल, पीछे की टांगें अधिक लम्बी और पूंछ टांगों के मुकाबले एक तिहाई; शरीर के लालाभ–धूसर बाल मुलायम और घने, अधोभाग हलके भूरे–सफेद **व्यवहार और आवास** : सूखे इलाकों और झाड़ीदार घास के मैदानों का जीव, अत्यन्त दुर्लभ, लगभग विलुप्तता के कगार पर; पक्षियों का हवा में शिकार इसकी विशेषता है, पीछे की लम्बी टांगों की सहायता से हवा में 2–3 मीटर की छलांग लगा कर पक्षी पकड़ लेता है; इसके बारे में विस्तृत जानकारी

की कमी है **भोजन** : पक्षी, विशेष रूप से तीतर, मोर, कबूतर, खरगोश, चिन्कारा आदि **प्रजनन** : अधिक जानकारी नहीं; राजस्थान में अक्टूबर में 2 बच्चे देखे गये थे, मादा शायद सेही के बिलों या पेड़ों के कोटरों और चट्टानों के बीच 2–4 बच्चों को जन्म देती है **संरक्षण महत्व** : वन्यजीव सुरक्षा अधिनियम – शेड्यूल 1 **(प्लेट 4, चित्र 19)**

जंगल कैट — *फेलिस चास*

जंगली बिल्ली — कद 30–35 से.मी., लम्बाई 55–60 से. मी., पूंछ 27–30 से.मी.

वितरण : लगभग सम्पूर्ण राजस्थान, बहुत सूखे इलाकों को छोड़ कर **पहचान** : शरीर का रंग रेतीला–भूरा या पीला–भूरा; पूंछ के पिछले भाग पर काले छल्ले, पूंछ का छोर काला, पूंछ छोटी; कान के ऊपर के कुछ बाल लम्बे; अधोभाग हलके रंग के; बगल में पैरों के ऊपर की ओर हलकी काली आड़ी धारियां **व्यवहार और आवास** : घास के मैदान, झाड़ियाँ, ऐरू घास वाले दलदली इलाके इसके प्रमुख आवास स्थल हैं, प्रातः और सायंकाल को इनकी गतिविधि अधिक; दिन में दलदली क्षेत्र या घास और झाड़ियों के बीच घूमता हुआ देखा जा सकता है; शहरों और गाँवों के आसपास रहते हैं **भोजनः** चूहे, गिलहरी, खरगोश, चिड़ियाँ और पालतू मुर्गियां आदि **प्रजनन** : बच्चों का जन्म जनवरी से अप्रैल और अगस्त से नवम्बर के बीच, बच्चे प्रायः 3; अनेक बार गांव की घरेलू बिल्लियों के साथ प्रजनन हो जाता है **संरक्षण महत्व** : वन्यजीव सुरक्षा अधिनियम – शेड्यूल 2 **(प्लेट 4, चित्र 20)**

डेजर्ट कैट — *फेलिस सिल्वेस्ट्रिस ओर्नेटा*

रेगिस्तानी बिल्ली — लम्बाई 55–60 से.मी., पूंछ 27–30 से.मी.

वितरण : लगभग पूरे राजस्थान में **पहचान** : लगभग सामान्य बिल्ली के आकार की पर शरीर के धब्बों के आधार पर अलग पहचानना संभव, रेतीला पीला रंग कुछ–कुछ धूसर; पूरे शरीर पर गहरे धूसर या काले धब्बे, पूंछ के पिछले भाग पर काले रंग के छल्ले; चेहरे पर आँख के नीचे गाल पर दो काली धारियां और पैरों के अगले भाग पर आड़ी धारियां; ठुड्डी, गला और सीना सफेद **व्यवहार और आवास** : रेगिस्तान, सूखे झाड़ियों वाले मैदानी इलाके और खेत; पूरी तरह से रात्रिचर नहीं कहा जा सकता, दिन

के समय भी देखे जाते हैं, इनके व्यवहार के बारे में अधिक जानकारी उपलब्ध नहीं है **भोजन** : रेगिस्तान में वहाँ पाये जाने वाले चूहे, जर्बिल और पक्षी आदि, अन्य मैदानी इलाकों में चूहे, खरगोश और पक्षी **प्रजनन** : प्रजनन काल मार्च–अप्रैल और नवम्बर–दिसम्बर, बच्चे 2–3 **संरक्षण महत्व** : वन्यजीव सुरक्षा अधिनियम – शेड्यूल 1 **(प्लेट 4, चित्र 21)**

फिशिंग कैट *प्राओनालुरिस (फेलिस) विवेरिना*

मच्छीमार बिल्ली कद 37–38 से.मी., लम्बाई 100 से.मी., पूंछ 25–30 से.मी.

वितरण : पूर्वी राजस्थान के घने जंगल और नदी–झरनों वाले इलाके **पहचान** : सामान्य पालतू बिल्ली से कुछ बड़ी, टांगें छोटी और पुष्ट, शरीर पर छोटे, रूखे, मटमैले धूसर बाल जिनमें भूरे बालों की मिलावट होती है; पूरे शरीर पर लम्बोतर धब्बों की श्रृंखला, माथे से कपाल पर होते हुए गर्दन तक 6 से 8 गहरी धारियां, जो कंधे पर छोटे धब्बों या रेखाओं में परिवर्तित हो जाती हैं, गालों पर दो काली समानान्तर रेखायें; अधोभाग धब्बेदार, पूंछ स्पष्टतः काले छल्लेदार, साफ तौर पर झिल्लीदार उंगलियां **व्यवहार और आवास** : घने जंगलों में बहने वाली नदियों और झरने के तट, झाड़ियों और ऐरू घास वाले दलदली क्षेत्र इनके पसंदीदा आवास स्थल हैं, तट पर पानी की ओर लटकती चट्टान पर बैठ कर मछलियों को पंजे से बाहर उछाल कर पकड़ते हैं, अच्छे तैराक, पानी में मछलियों का पीछा करते हैं। स्वभाव से आक्रामक, अपने से बड़े जानवर यहाँ तक कि बघेरे, मवेशी को भी मार देने में सक्षम **भोजन** : मुख्य रूप से मछली, घोंघे, केकड़े, सांप, जल पक्षी आदि, **प्रजनन** : प्रजनन काल जनवरी – फरवरी, 2–3 बच्चों का जन्म मार्च से मई तक **संरक्षण महत्व** : वन्यजीव सुरक्षा अधिनियम – शेड्यूल 1, आई.यू.सी.एन. – संकट में **(प्लेट 4, चित्र 22)**

रस्टी–स्पाटड कैट *प्राओनालुरिस (फेलिस) रुबिजिनोसस*

रस्टी–स्पाटेड बिल्ली लम्बाई 40–45 से.मी., पूंछ 24 से.मी.

वितरण : स्थानिक (इंडेमिक – केवल भारत और श्रीलंका), राजस्थान में कुछ ही समय पहले अलवर, सरिस्का, रामगढ़ (बूंदी) और दक्षिण राजस्थान में पाई गई **पहचान** : सबसे छोटी बिल्ली, लालामी लिये हुए हिरण जैसा भूरा–पीला रंग, उस पर जंग जैसे छोटे लाल–भूरे धब्बे, पूंछ पर गहरे रंग के छल्ले, सिर और कंधे पर गहरे भूरे धब्बे, जो बगल की ओर

कत्थई और पीछे की ओर छोटे गोलों का रूप ले लेते हैं, अधोभाग सफेद **व्यवहार और आवास** : घने और सीमान्त जंगल के निवासी, कुछ स्थानों पर चट्टानी ढलान वाली पहाड़ियों पर; रात्रिचर, दिन के समय पेड़ों के कोटरों या घनी घास के बीच, काफी हद तक पेड़ों पर रहते हैं **भोजन** : छोटे स्तनपायी, मेंढक और मुर्गी आदि **प्रजनन** : अधिक जानकारी उपलब्ध नहीं; बच्चे 1 से 3 **संरक्षण महत्व** : वन्यजीव सुरक्षा अधिनियम – शेड्यूल 1, आई.यू.सी.एन. – असुरक्षित **(प्लेट 4, चित्र 23)**

हनी बैजर/रैटल *मेल्लिवोरा केपेंसिस*

बिज्जू/बाजरा शरीर की लम्बाई 60 से.मी., पूंछ 15 से.मी., नर भारी

वितरण : लगभग सम्पूर्ण राजस्थान **पहचान** : शरीर नाटा और कुछ–कुछ भालू जैसा; पैर छोटे, पूंछ छोटी, पंजे चौड़े, नाखून लम्बे और भोंथरे; शरीर का ऊपरी भाग कपाल से पूंछ तक सफेद या मटमैला, नीचे का भाग मुँह से पूंछ के छोर तक काला **व्यवहार और आवास** : छोटी–छोटी पहाड़ियाँ, मैदानी भागों में नदी–नालों के मिट्टी के तट, जहाँ उपयुक्त छिपने की जगह हो इनकी पसंद के स्थल हैं, रात्रिचर; दिन का समय घनी झाड़ियों या मिट्टी में कंदरा खोद कर उसमें बिताते हैं, चलने का ढंग उछल कूद कर कलाबाजियां खाते हुए; पुराने विश्वास के अनुसार ये कब्रों को खोदते हैं अतः इन्हें कबर–बिज्जू भी कहा जाता है; साहसी और स्वयं रक्षा में आक्रामक; मांसाहारी **भोजन** : छोटे स्तनपायी, पक्षी, सरीसृप और कीड़े–मकोड़े; फल और शहद भी खाते हैं **प्रजनन** : अधिक जानकारी उपलब्ध नहीं, प्रायः दो बच्चे **संरक्षण महत्व** : वन्यजीव सुरक्षा अधिनियम – शेड्यूल 1 **(प्लेट 5, चित्र 24)**

स्मूथ–कोटेड ओटर *लुट्रोगेल पर्सपिल्लेटा*

ऊद बिलाव लम्बाई 65–75 से.मी., पूंछ 40–45से.मी.

वितरण : राजस्थान में मुख्य रूप से चम्बल नदी में **पहचान** : शरीर पर मुलायम चमकीले बालों का आवरण; लालीमा लिये हुए गहरा भूरा, कभी–कभी हलका भूरा; मुंह से सीने तक मटमैला सफेद या सफेद और पेट बहुत हलका भूरा **व्यवहार और आवास** : मैदानी भाग की नदियों का जीव; राजस्थान में चम्बल और उसकी सहायक नदियों में पाया जाता था, अब चम्बल में भी बहुत सीमित स्थानों पर मिलता है; मूलतः जलचर; सुबह और

शाम को इनकी गतिविधि चरम पर, कई पारिवारिक समूह आपस में खेलते, अठखेलियां करते और मछली का शिकार करते देखे जा सकते हैं, स्वभाव से उत्सुक प्रवृति के **भोजन** : मछली, संभवतः अन्य जलजीवी **प्रजनन** : अधिकतर वर्षोपरान्त, वर्षा पर निर्भर जल क्षेत्रों पर अक्टूबर से फरवरी, मादा 4–5 बच्चों को पानी के पास एक कंदरा में जन्म देती है **संरक्षण महत्व** : वन्यजीव सुरक्षा अधिनियम–शेड्यूल 2, आई.यू.सी.एन.–संकट में **(प्लेट 5, चित्र 25)**

स्माल इंडियन सिवेट *विवेरिकुला इंडिका*

कस्तूरी लम्बाई 60 से.मी., पूंछ 30 से.मी.

वितरण : लगभग सम्पूर्ण राजस्थान, बहुत सूखे क्षेत्र को छोड़ कर **पहचान** : रंग हलका धूसर–भूरा या हलका पीला–भूरा, पीठ पर समानान्तर गहरी धारियां, बगल में पंक्तिबद्ध गहरे धब्बे, गर्दन पर खड़ी धारियां, कान के पीछे और आंखों के आगे धूसर धब्बे, पैर भूरे या काले, पूंछ पर काले छल्ले **व्यवहार और आवास** : सूखे और नम दोनों प्रकार के इलाकों में मिलता है लेकिन सघन वन से दूर; कंदराओं, चट्टानों के बीच या घनी झाड़ियों के नीचे घास में रहता है; शहर और गांवों में भी पाया जाता है, शहरों में नालियों या निर्जन घरों में रहता है; शर्मिला, रात्रिचर; पेड़ पर चढ़ सकता है पर अधिकतर भूमि पर ही भोजन तलाशता है; जिस भी छोटे जानवर को पकड़ सकता है या फल आदि इसके भोजन हैं **भोजन** : चूहे, गिलहरी, पक्षी, छिपकलियां, कीड़े और बेर के फल आदि **प्रजनन** : वर्ष भर, बच्चे साल भर देखे गये हैं, बच्चे 4 से 5 जिनको मादा एक सुरंग के अन्त में खोदी गई कंदरा में जन्म देती है **संरक्षण महत्व** : वन्यजीव सुरक्षा अधिनियम – शेड्यूल 2 **(प्लेट 5, चित्र 26)**

कौमन पाम सिवेट *पेराडेक्सूरस हर्माफ्रोडिटस*

लकाटी / खतस लम्बाई 55–60 से.मी., पूंछ 45–50से.मी., नर थोड़े बड़े

वितरण : प्रायः अरावली पर्वत श्रेणी के पूर्व के नम जंगली क्षेत्र में **पहचान** : धूसर–काले या काले–भूरे रंग का, बाल लम्बे और रूखे, शरद् ऋतु में अंदरूनी ऊन मटमैली सफेद या पीली; अंदरूनी ऊन के झड़ जाने पर पीठ पर हलकी समानान्तर धारियाँ और बगल में, कंधों पर और जांघों पर गहरे धब्बे दिखाई देते हैं, अधिकतर ये धब्बे अवयस्कों में दिखते हैं, पैर

काले या भूरे; आँख के नीचे सफेद गोला, चेहरा काला या धूसर **व्यवहार और आवास** : जंगल का निवासी, दिन में पेड़ों की शाखाओं या कोटरों में सोता रहता है, गांवों के पास आम और खजूर के पेड़ों पर रहता है; रात को भोजन की तलाश में पेड़ों और भूमि पर घूमता है **भोजन** : चूहे, पक्षी, सांप, छिपकली, कीड़े, फल, सब्जियाँ आदि **प्रजनन** : बच्चे वर्ष भर देखे गये हैं, मादा 3–4 बच्चों को पेड़ के कोटरों या भूमि पर चट्टानों के बीच जन्म देती है **संरक्षण महत्व** : वन्यजीव सुरक्षा अधिनियम – शेड्यूल 2 **(प्लेट 5, चित्र 27)**

इंडियन ग्रे मंगूज *हर्पेस्टेस एडवार्डसी*

नेवला लम्बाई 40–45 से.मी., पूंछ 38–42से.मी., नर थोड़े बड़े

वितरण : लगभग सम्पूर्ण राजस्थान **पहचान** : हलके पीत–धूसर रंग का, बालों में यथाक्रम हलके और काले चक्र इसके रंग काली मिर्च–नमक जैसा को भूरा आभास देते हैं, पूंछ लगभग शरीर के बराबर लम्बी और छोर पर सफेद या पीतवर्णी, नाखून गहरे भूरे **व्यवहार और आवास** : खुले मैदान, झाड़ियों के जंगल और खेतों का निवासी, पेड़ों के झुरमुट में घनी झाड़ियों और खेतों के पास घनी घास के बीच मिट्टी में गड्ढा खोद या चट्टानों के बीच रहता है, रेगिस्तान में रेत में गड्ढा खोद कर रहता है; गांवों और शहरों में भी पाया जाता है; दिन या रात में शिकार करता है, अकेले या जोड़े में बच्चों के साथ दिखता है; सांप के साथ इसके युद्ध से सभी परिचित हैं, जिसमें यह चपलता और चतुराई से काम लेता है **भोजन** : चूहे, सांप, छिपकली, मेंढक, कीड़े, बिच्छू और पक्षियों के अंडे; मरे जानवर भी खा लेते हैं **प्रजनन** : बच्चों का जन्म वर्ष के सभी महीनों में, बच्चे माँ के पीछे एक श्रृंखला में चलते हैं **संरक्षण महत्व** : वन्यजीव सुरक्षा अधिनियम – शेड्यूल 2 **(प्लेट 5, चित्र 28)**

रड्डी मंगूज *हर्पेस्टेस स्मिथी*

लाल नेवला लम्बाई 45–48 से.मी., पूंछ 42–45से.मी.

वितरण : देशज; उत्तर पूर्व राजस्थान से दक्षिण पूर्व और दक्षिण पश्चिम राजस्थान, सरिस्का, रणथम्भोर, सीतामाता, कुम्भलगढ़ और जालोर जिले में देखा गया है **पहचान** : सामान्य नेवले से थोड़ा बड़ा, रंग लगभग सामान्य नेवले जैसा पर कुछ लालामी लिये हुए, कई बार लोहे जैसा धूसर

जिसमें सफेद और काले बालों की मिलावट; बाल लम्बे, खुरदुरे और सिरे पर भूरे या लाल, चेहरा और कंधे पर लालामी अधिक; मुख्य पहचान – झबरीली पूंछ का सिरा 7 से 10 से.मी. काला **व्यवहार और आवास** : मूल रूप से घने जंगल का प्राणी, राजस्थान में छितराये या सूखे कंटीले जंगल में मिलता है; व्यवहार के बारे में अधिक जानकारी उपलब्ध नहीं **भोजन** : चूहे, सांप, छिपकली, मरे जानवर आदि **प्रजनन** : जानकारी उपलब्ध नहीं **संरक्षण महत्व** : वन्यजीव सुरक्षा अधिनियम – शेड्यूल 2 **(प्लेट 5, चित्र 29)**

स्माल इंडियन मंगूज *हर्पेस्टेस आरोपन्क्टेटस*

छोटा नेवला लम्बाई 25–30 से.मी., पूंछ 20–25से.मी.

वितरण : लगभग सम्पूर्ण राजस्थान **पहचान** : छोटा आकार, शरीर के अनुपात में छोटी पूंछ, बाल छोटे, मुलायम और शरीर के मुकाबले पूंछ पर अधिक लम्बे; रंग हलके धूसर से भूरा–धूसर, कुछ–कुछ पीत या सफेद की मिलावट लिये हुए; रेगिस्तानी इलाकों में इनका रंग पीलापन लिये हुए और नम स्थानों पर भूरे में स्वर्णिम आभा लिये हुए दिखता है **व्यवहार और आवास** : यह खुले मैदानों, खेती और मानव आबादी के साथ रहने वाला प्राणी है; प्राकृतिक वातावरण में झाड़ियों, ऊँची घास या खेत की मेढ़ पर गड्ढे बना कर रहता है, गांव और शहरों में नालियों, छतों, खंडहरों और पाईप वगैरह में रहता है; अकेले या जोड़े में दिन में ही शिकार करते हैं, दिन में ही अनेक बार माँ बच्चों को एक कतार में लेकर बाहर आ जाती है **भोजन** : चूहे, सांप, छिपकली, कीड़े, मेंढक, पक्षियों के अंडे और मरे जानवर **प्रजनन** : सारे साल होता रहता है और एक साल में मादा तीन बार बच्चे पैदा कर सकती है **संरक्षण महत्व** : वन्यजीव सुरक्षा अधिनियम – शेड्यूल 2 **(प्लेट 6, चित्र 30)**

थिक–टेल्ड पेंगोलिन *मेनिस क्रेसिकाडाटा*

बज्रकीट / सूरजमुखी लम्बाई 60–75 से.मी., पूंछ 45 से.मी.

वितरण : लगभग सम्पूर्ण राजस्थान **पहचान** : शरीर पर कठोर शल्कों का आवरण इसे सभी अन्य स्तनपायी से अलग करता है; सिर से लेकर पूंछ के सिरे तक और पैरों के बाहरी भाग इन सुरक्षा शल्कों से ढंके रहते हैं, जो कि एक के ऊपर एक चढ़े होने के कारण शरीर के मुलायम भाग को सुरक्षा प्रदान करते हैं, खुरदुरे और कड़े बाल शरीर के अधोभाग और शल्कों के

बीच मिलते हैं, मांसपेशियां बहुत ताकतवर होती हैं, जो कि खतरे के समय शरीर को गोलाकार कर के मुलायम भाग को सुरक्षित रखती हैं **व्यवहार और आवास** : पेंगोलिन जितना समझा जाता है उससे कहीं अधिक सामान्य हो सकते हैं क्योंकि ये अपनी रात्रिचर और गुप्त जीवन शैली के कारण बहुत कम दिखाई पड़ते हैं, ये दिन के समय स्वयं खोदी हुई कंदराओं में या चट्टानों और बड़े पत्थरों के बीच छुपे रहते हैं, ये अपने मुंह को आगे के पैरों के बीच रख कर और पूरे शरीर को पूंछ से ढंक कर सोते हैं, इनकी कंदरायें जमीन के अंदर लगभग 125 से.मी. की गहराई में और 240 से.मी. तक लम्बी होती हैं, पीछे के पैरों पर खड़े होकर आस–पास का जायजा लेते हैं, चाल धीमी; पेड़ों पर चढ़ने में सक्षम; पूंछ परिग्राही, जिससे उसको पेड़ की शाखा के चारों ओर लपेटने में सक्षम **भोजन** : चीटियां और दीमक, उनके अंडे और लारवा **प्रजनन** : अधिक जानकारी उपलब्ध नहीं, प्रायः एक कभी–कभी दो बच्चों का जन्म, मादा बच्चे को अपनी पूंछ पर बिठा कर घूमती है, खतरे के समय बच्चा माँ अपने पेट के हिस्से में छुपा लेती है, बच्चे के साथ नर व मादा दोनों को देखा गया है **संरक्षण महत्व** : वन्यजीव सुरक्षा अधिनियम – शेड्यूल 1, आई.यू.सी.एन.– लगभग संकट में **(प्लेट 6, चित्र 31)**

ग्रे मस्क श्रू (हाऊस श्रू) *सन्कस मुरिनस*

छछूंदर लम्बाई 15 से.मी., पूंछ 8 से.मी.

वितरण : लगभग सम्पूर्ण राजस्थान **पहचान** : लम्बी थूथन, नीचे के होंठ से आगे तक निकली हुई, छोटी आंखें, गोलाई लिये हुए कान; शरीर पर मुलायम बाल, पैर और पूंछ पर बहु कम; आगे के दो दाँत बाकी दांतों से भिन्न; रंग पीत–धूसर, बालों के सिरे भूरे, अनेक बार राख के रंग जैसे; थूथन, कान, पैर और पूंछ की गुलाबी खाल छितराये बालों के बीच से दिखती है; एक विशिष्ट गंध छोड़ती हैं **व्यवहार और आवास** : घरों में दिखने वाली अतिपरिचित छछूंदर, रात्रिचर, घरों में शाम के बाद ही दिखती हैं, धीमी चहचहाहट करती कोनों में छुप कर या दीवार के किनारे–किनारे चलती है, कीड़ों की तलाश में घरों में घुसती हैं, गंध और चूहे जैसी दिखने के कारण मार दी जाती है, अन्यथा अति उपयोगी; बच्चों के साथ भी देखी जाती हैं, एक श्रृंखला में बच्चे माँ के पीछे–पीछे एक दूसरे की पूंछ पकड़ कर चलते हैं **भोजन** : कीड़े–मकोड़े **प्रजनन** : वयस्क होने के पहले ही प्रजनन आरम्भ हो जाता है; मादा 2–3 बच्चों को जन्म सूखी पत्तियों, घास–फूस और अन्य कचरे के घोंसले में देती है **संरक्षण महत्व** : संरक्षित

नहीं; घरों को हानिकारक कीट, चूहों आदि से मुक्त रखने में सहायक **(प्लेट 6, चित्र 32)**

लौंग–इअर्ड हेजहौग *हेमीइकाइनस औरिटस कौलेरिस*
लम्बे कान झाऊ चूहा लम्बाई 15–18 से.मी., पूंछ 2.5 से.मी.

वितरण : मुख्यतः पश्चिमी और उत्तरी राजस्थान, कतिपय स्थानों पर राजस्थान के पूर्वी भाग में भी **पहचान** : शरीर गठीला, गोलाकार, पैर छोटे; सुअर जैसी थूंथन, कान लम्बे; शरीर का ऊपरी और बगल का हिस्सा कांटों से भरा हुआ; इस हिस्से की त्वचा ढीली और मजबूत मांसपेशियों से समृद्ध; कांटे प्रायः काले या गहरे भूरे, सिर और अंदरूनी शरीर पर गहरे भूरे बाल **व्यवहार और आवास** : संकट का आभास होने पर मजबूत मांसपेशियों को समेट कर एक गेंद का आकार ले लेते हैं, शिकारी इस गेंद के भीतर सुरक्षित इनके मुलायम अंगों तक नहीं पहुंच पाते; रेतीले घास और झाड़ियों वाले मैदान, खेत, खरपतवार के बीच पाये जाते हैं, झाड़ियों के नीचे, फसल के बीच रहते हैं, तेज–तेज चलते हैं, रात्रिचर, दिन का समय छुप कर बिताते हैं **भोजन** : कीड़े, केंचुये, छिपकलियां, चूहे, स्लग, पक्षियों के अंडे और फल **प्रजनन** : मुलायम घास को गड्ढे में बिछा कर आरामदायक घोंसला बनाते हैं, बच्चे बाल रहित होते हैं, इनके कांटे मुलायम होते हैं जो जल्दी ही कड़े हो जाते हैं **संरक्षण महत्व** : वन्यजीव सुरक्षा अधिनियम – शेड्यूल 2 **नोट** – पेल हेजहौग पेराइकाइनस माइक्रोपस (झाऊ चूहा) – इनकी यह प्रजाति पूर्वी और दक्षिण पूर्वी राजस्थान में पाई जाती है; इनके बाल हलके पीत–भूरे होते हैं और कांटों का ऊपरी भाग भी हलका भूरा लगभग पीत होता है; कान छोटे होते हैं, इनके माथे से कपाल तक एक रेखा में कांटे नहीं होते; ये प्रायः बाग–बगीचों में झाड़ियों के बीच, नम खेतों और नहरों के किनारे रहते हैं **(प्लेट 6, चित्र 33 व 34)**

इंडियन जायंट फ्लाइंग स्क्विरल
(लार्ज ब्राऊन फ्लाईग स्क्विरल) *पेटौरिस्टा फिलिप्पेन्सिस*
उड़न गिलहरी/उड़नी मिन्की लम्बाई 40–45 से.मी., पूंछ 60–63 से.मी.

वितरण : दक्षिण–पूर्व और दक्षिण राजस्थान, सीतामाता अभ्यारण्य इनके लिये प्रसिद्ध **पहचान** : ऊपर का शरीर भूरा–सफेद, गहरे धूसर से धूसर–भूरे तक; सिर से पीठ तक के लम्बे बाल सफेद अतः यहाँ पर बहुत

हलका धूसर; पैरों के बीच की उड़ने में सहायक झिल्ली और पैरों पर रंग गहरा; पूंछ गहरी धूसर या धूसर–भूरी; अधोभाग सफेद या मटमैले; कान के पीछे बालों का गुच्छा **व्यवहार और आवास** : घने जंगल का प्राणी, राजस्थान में अधिकतर महुआ और अर्जुन के पेड़ों के कोटरों में दिन का समय बिताते हैं और रात होने पर भोजन के लिये बाहर आते हैं, पेड़ों की ऊपरी शाखाओं से छलांग लगा कर दूसरे पेड़ों तक 'ग्लाईड' करते हैं, यदि पेड़ दूर हो तो उसके तले पर उतर कर फिर उस पर पंजों के सहारे चढ़ जाते हैं, अन्य गिलहरियों की तरह घोंसले नहीं बनाते **भोजन** : फल, फलियां, पेड़ों की छाल, गुबरैले और उनके लारवा **प्रजनन** : प्रजनन पेड़ों के कोटरों में ही करते हैं, अन्य जानकारी उपलब्ध नहीं **संरक्षण महत्व** : वन्यजीव सुरक्षा अधिनियम – शेड्यूल 2 **(प्लेट 6, चित्र 35)**

नादर्न पाम स्क्विरल *फेनाम्बुलस पेनान्टी*

गिलहरी लम्बाई 13 से.मी., पूंछ 15 से.मी.

वितरण : सम्पूर्ण राजस्थान **पहचान** : पीठ गहरी भूरी, बीच–बीच में सफेद बाल, तीन हलके पीत–भूरे रंग की समानान्तर धारियां पीठ पर और दो धारियां बगल में; सिर और बाकी शरीर हलका पीत–भूरा; पूंछ काले–भूरे का आभास देती हुई, पूंछ के सफेद बालों पर दो काले वलय और सिरे पर सफेद; छोर के बाल कुछ लम्बे **व्यवहार और आवास** : राजस्थान में पाई जाने वाली सामान्य गिलहरी, मानव आबादी के साथ जुड़ी हुई; शहरों में बाग–बगीचों, सड़क किनारे के और घर के पेड़ों, बाड़ और घरों के पाईप आदि में रहती है; चपल, चंचल, निडर; इसकी उछल–कूद मन मोहक होती है **भोजन** : फल, फूल, फलियां, छाल, कलियां, पका खाना और कीड़े; फूलों का पराग भी पीती हैं **प्रजनन** : घास–फूस, कपड़े और रेशों का बड़ा भद्दा सा घोंसला पेड़ों, छज्जों या दीवार के छेद में बनाते हैं, मादा दो या तीन बच्चों को जन्म देती है **संरक्षण महत्व** : वन्यजीव सुरक्षा अधिनियम – शेड्यूल 4 **(प्लेट 7, चित्र 36)**

सदर्न पाम स्क्विरल (*फेनाम्बुलस पामेरम*) भी दक्षिण–पूर्व और दक्षिण राजस्थान के वन क्षेत्र में पाया गया है; विशेष रूप से सीतामाता, कुम्भलगढ़ और फुलवारी की नाल अभ्यारण्यों में; सदर्न पाम स्क्विरल वन क्षेत्रों का प्राणी है जिसकी आवाज तीखी और कुछ–कुछ पक्षियों जैसी होती है; इनकी पीठ का रंग गहरा भूरा और पीठ पर तीन ही धारियाँ होती हैं

इंडियन जर्बिल *टटेरा इंडिका*

जर्बिल लम्बाई 15–17 से.मी., पूंछ 18–19से.मी.

वितरण : लगभग सम्पूर्ण राजस्थान, सामान्य **पहचान** : पीछे के पैर लम्बे, पूंछ बालदार जिसके सिरे पर बालों का गुच्छा; रंग लाल–भूरे से पीला–भूरा या धूसर, पूंछ पर बाहरी ओर के बाल भूरे, पीठ और पूंछ पर काले बालों का मिश्रण; अधोभाग सफेद या मटमैला **व्यवहार और आवास** : रेगिस्तान और खुले मैदानों तथा खेतों के आस–पास रहता है; खेतों की बाड़, झाड़ियों के नीचे सुरंग बना कर रहता है, सुरंग लगभग 30 से.मी. गहरी होती है जिसके अंत में रहने का स्थान होता है, सुरंग से आने–जाने के लिये एक या अधिक द्वार होते हैं, दिन में बिल के अंदर रहते हैं और शाम का धुंधलका होने पर बाहर निकलते हैं, चलने या दौड़ने का तरीका उछल–उछल कर **भोजन** : अनाज, बीज, जड़ें, घास और पत्तियां **प्रजनन** : बिल में मुलायम घास बिछा कर बच्चों के लिये घोंसला बनाया जाता है, बच्चे 4 पर 8–12 तक बच्चे एक बिल में देखे गये हैं **संरक्षण महत्व** : संरक्षित नहीं

इंडियन डेजर्ट जर्बिल *मेरिओनस हरिआनी*

रेगिस्तानी जर्बिल लम्बाई 13–17 से.मी., पूंछ 12–16 से.मी.

पश्चिमी और मध्य राजस्थान के रेगिस्तानी और सूखे इलाकों में मिलता है; रेतीले मैदान की सख्त भूमि पर न कि रेत में; रेत जैसा धूसर–भूरा रंग, पेट पीत–धूसर, छोटे कान् गोलाकार, सामने के दाँत नारंगी रंग के; पूंछ का रंग पीठ जैसा ही, सिरे पर लम्बे बाल; दिनचर, सामाजिक और समूह में रहने वाला; फरवरी–अप्रैल, जुलाई और सितम्बर–नवम्बर में 2–7 बच्चों का जन्म **(प्लेट 7, चित्र 37)**

ड्वार्फ जर्बिल *जर्बिलस नानुस*

लम्बाई 7 से.मी., पूंछ 12 से.मी.

रेतीला रेगिस्तान, शुष्क इलाके, और रेगिस्तानी खेती की भूमि जहाँ पौधे हों, वहाँ रहता है; रंग लाल–भूरा या धूसर, अधोभाग, आगे के पैर और पंजे सफेद, पूंछ ऊपर से हलकी भूरी और नीचे सफेद।

लिटिल हेयरी–फुटेड जर्बिल (स्थानिक) *जर्बिलस ग्लेड्वी*

लम्बाई 11 से.मी., पूंछ 13–14 से.मी.

मरुस्थल के रेतीले और पथरीले क्षेत्र जहाँ छितराये पौधे हो, खेत और रेत के धोरों के बीच के घास के मैदानों में पाया जाता है; ऊपर का रंग लालामी लिये हुए हलका भूरा, अधोभाग सफेद, पूंछ पीत–भूरी, नीचे की ओर मटमैली; रात्रिचर, समूह में रहने वाला; मादा 4–5 बच्चों को जन्म देती है।

कच राक रैट *क्रिम्नोमिस कचिकस*

कच्छ चट्टानी चूहा (स्थानिक)

पश्चिमी और पूर्वी राजस्थान में समान रूप से पाया जाने वाला सामान्य चूहा; रात्रिचर; सूखे पतझड़ी वनों एवं मरु भूमि का प्राणी; चट्टानी इलाके, घास के मैदान, खेत और छितरायी कटीली झाड़ियों वाले क्षेत्र में पाया जाता है।

साफ्ट–फर्ड मेटाड *मिल्लार्डिआ मेल्टाडा*

मुलायम–रोम मेटाड (स्थानिक) लम्बाई 13–15 से.मी., पूंछ 12–14 से.मी.

वितरण : पश्चिमी, मध्य और दक्षिण–पूर्वी राजस्थान **पहचान** : शरीर घने, मुलायम रोम से ढंका हुआ; बड़े गोलाकार कान; रंग पीत भूरा–धूसर, अधो भाग हलके धूसर; मरुभूमि के निवासी मेटाड का रंग हलका; पूंछ ऊपरी सतह भूरी और नीचे सफेद **व्यवहार और आवास** : मुख्य रूप से खेती की जगह पर रहते हैं, चट्टानों, खंडहर और झाड़ियों के बीच भी; जोड़े या 5–7 के समूह में झाड़ियों या नागफनी के नीचे बिल बना कर रहते हैं या मिट्टी और चट्टानी दरारों में **भोजन** : फसलों के बीज, चावल, गेंहू, कपास आदि की फसल को हानि पहुंचाते हैं **प्रजनन** : प्रजनन मार्च से मई और अगस्त से अक्टूबर के बीच; 2–7 बच्चे।

सैंड–कलर्ड मेटाड *मिल्लार्डिआ ग्लेड्वी*

रेतीला मेटाड (स्थानिक) लम्बाई 9 से.मी., पूंछ 7–8 से.मी.

वितरण : थार मरुस्थल **पहचान** : शरीर पर मुलायम रोम, पूंछ की लम्बाई शरीर के बराबर या थोड़ी छोटी; आंखें व कान बड़े; रंग रेत जैसा

हलका भूरा–धूसर, अधोभाग के बारीक रोम सफेद, पूंछ के बाल भूरे **व्यवहार और आवास :** पूर्ण रूप से रेतीले क्षेत्र का निवासी; अधिक जानकारी उपलब्ध नहीं **(प्लेट 7, चित्र 38)**

राटन्स स्माल स्पाईनी माऊस *मस फिल्लिप्सी*

छोटा कांटेदार माऊस (स्थानिक)

राजस्थान में थार, अरावली, दक्षिण–पूर्व और उत्तर–पूर्व; चट्टानी भूमि, सूखे जंगली झाड़ीदार मैदान, घास के मैदान और खेत; रात्रिचर; अधिक जानकारी उपलब्ध नहीं।

ब्राऊन स्पाईनी माऊस
(स्थानिक) *मस प्लेटीथिक्स*

भूरा कांटेदार माऊस लम्बाई 8.5 से.मी., पूंछ 7.5से.मी.

वितरण : राजस्थान के थार, अरावली और दक्षिण–पूर्वी क्षेत्र में **पहचान :** पूरा शरीर कांटेदार रोम से भरा हुआ, पीठ के रोम कठोर और रूखे; कान छोटे और गोलाकार; पूंछ की लम्बाई शरीर की लम्बाई से कम व हलकी रोयेंदार; शरीर गहरा भूरा, अधोभाग सफेद, दोनों के बीच स्पष्ट अंतर **व्यवहार और आवास :** कंकरीली भूमि में छिछले बिल बना कर रहते हैं, सुरंग के अंत में कंकर एकत्रित कर रहने का स्थान बनाते हैं, रात्रिचर; शायद नर–मादा के जोड़े जीवनपर्यन्त के लिये; अन्य जानकारी उपलब्ध नहीं।

इंडियन बुश रैट *गोलुन्डा इलिओटी*

गुलन्डी लम्बाई 10–12 से.मी., पूंछ 9–10 से.मी.

वितरण : पश्चिम, मध्य, उत्तर पूर्व और दक्षिण पूर्व राजस्थान में **पहचान :** छोटा गोलाकार सिर, गोल कान और पूंछ पर बाल; बाल मोटे, पीत–भूरा रंग, जिस पर काले और हलके भूरे रंग का मिश्रण, इसका कारण छोटे बालों के सिरों का भूरा और लम्बे बालों के सिरे का काला होना है; अधोभाग हलका धूसर या भूरा **व्यवहार और आवास :** मूलतः झाड़ियों वाले जंगल के निवासी पर खेतों में भी पाये जाते हैं, घनी झाड़ियों में या उनके नीचे मुलायम टहनियों, घास, रेशों और तिनकों का बुना हुआ घोंसला बनाते हैं, अपने निवास से भोजन स्थल तक आने–जाने के लिये निश्चित रास्तों

का प्रयोग करते हैं, इनकी गतिविधि धीमी होती है, दिनचर **भोजन** : दूब की जड़ें, घास की टहनियां, बीज और लेन्टाना के फल आदि **प्रजनन** : मार्च से अगस्त के बीच, बच्चे 5–10; अधिक जानकारी उपलब्ध नहीं **(प्लेट 7, चित्र 39)**

इंडियन क्रेस्टेड पोर्कूपाईन *हिस्ट्रिक्स इंडिका*

सेही लम्बाई 70–85 से.मी., पूंछ 8–10 से.मी.

वितरण : पश्चिम, मध्य, दक्षिण और पूर्वी राजस्थान में **पहचान** : शरीर के बालों का लम्बे कांटों में लगभग पूरी तरह रूपान्तरण इसको अन्य सभी प्राणियों से अलग करता है; गर्दन और कंधे पर 15 से 30 से.मी. लम्बे कांटे, पीठ के कांटे घने, बाहरी बड़े कांटों के बाद अंदर छोटे और कठोर कांटे; कांटों पर गहरे भूरे या काले और सफेद वलय; पूंछ पर लम्बे सफेद कांटे; गला सफेद, गाल पर सफेद बालों का मिश्रण **व्यवहार और आवास** : सूखे और नम चट्टानी–पहाड़ी क्षेत्र और जंगल में, चट्टानों के बीच स्वयं की बनाई हुई सुरंग में दिन बिताते हैं, रात्रिचर, घनी झाड़ियों या फसल में भी छुप कर रहते हैं, सुरंग के मुंह पर प्रायः मिट्टी और हड्डियों का ढेर मिलता है, हड्डियाँ चबाते हैं, सुरंग 150 से.मी. तक गहरी हो सकती है, जिसके अंत में रहने का स्थान होता है, बाहर निकलने के लिये 3–4 द्वार होते हैं, खतरे की स्थिति में कांटे खड़े कर लेते हैं और कांटों से झुनझुने जैसी आवाज निकालते हैं, शिकारी जानवर द्वारा आक्रमण होने पर तेजी से उलटे दौड़ते हैं **भोजन** : फल, अन्न, कंद–मूल **प्रजनन** : बच्चे 2 से 4, नर–मादा दोनों ही बच्चों के साथ रहते हैं, बच्चों की आंखें खुली और शरीर पर छोटे मुलायम कांटे होते हैं **संरक्षण महत्व** : वन्यजीव सुरक्षा अधिनियम – शेड्यूल 4 **(प्लेट 7, चित्र 40)**

इंडियन हेअर *लीपस निग्रिकोल्लिस*

जंगली खरगोश लम्बाई 40–50 से.मी.

वितरण : लगभग सम्पूर्ण राजस्थान **पहचान** : इनकी पहचान में गुद्दे पर और कान से कंधे तक की काली या गहरी भूरी धारी सहायक है, पूंछ की ऊपरी सतह भी काली होती है, पेट का हिस्सा सफेद; कान और पिछले पैर लम्बे; मादा प्रायः नर से आकार में बड़ी **व्यवहार और आवास** : मुख्य रूप से दिवाचर और अकेले रहते हैं, घनी घास और झाड़ियों के बीच छुपे

गड्ढों या घास के ढेर में छुप कर आराम करते रहते हैं, ग्रामीण क्षेत्र और खेतों में भी रहते हैं, प्रजनन काल में समूह में एकत्रित होते हैं **भोजन** : घास और कोंपलें **प्रजनन** : लगभग वर्षोपरान्त पर शरद काल में अधिकांश मादायें बच्चों को जन्म देती हैं, 41 से 47 दिन की गर्भावस्था के बाद मादा 1 से 8 तक बच्चों को जन्म देती है जिनकी जन्म के समय आंखें खुली होती हैं और शरीर पर मुलायम बाल होते हैं, मादा बच्चों को 2 से 3 सप्ताह तक घास में छुपा कर रखती है और दूध पिलाती है **संरक्षण महत्व** : वन्यजीव सुरक्षा अधिनियम – शेड्यूल 4 **(प्लेट 7, चित्र 41)**

इंडियन फ्लाईंग फाक्स *टेरोपस जाईगेंटिकस*

गादल / बादुर

लम्बाई 23 से.मी.,
पंखों का फैलाव 122 से.मी.

वितरण : पूर्व, दक्षिण पूर्व, दक्षिण और मध्य राजस्थान में **पहचान** : बड़ा आकार, सिर लाल–भूरा, थूंथन अधिक गहरी या काली, गर्दन का नीचे का भाग और कंधे भूरे–पीले घने बालों वाले, पुट्ठे का भाग हलका पीला–भूरा, अधोभाग हलके पीत–भूरे, पंख भूरे–काले **व्यवहार और आवास** : दिन का समय बड़े–बड़े समूहों में घने पेड़ों पर लटके हुए बिताते हैं, अधिकतर शहरों और मानव बस्तियों के बीच, पंखों से शरीर को लपेट कर आराम करते हैं, सूर्यास्त के बाद कतारबद्ध होकर भोजन की तलाश में निकलते हैं, तालाब आदि पर उड़ते–उड़ते ही पानी पीते हैं, दिशा, स्थान, फलों की ऋतु की अद्भुत याद्दाश्त **भोजन** : फल और गूलर, फल को चबा उसका रस पीकर बाकी को थूक देते हैं **प्रजनन** : वर्ष में एक बार, फरवरी–मार्च में एक बच्चे का जन्म, जो कि बड़े होने तक माँ के पेट से चिपटा रहता है **संरक्षण महत्व** : वन्यजीव सुरक्षा अधिनियम – शेड्यूल 5 **(प्लेट 8, चित्र 42)**

फल्वस फ्रुट बैट *टेरोपस लेशनाल्टी*

चमगादड़
(सभी 'बैट' का सामान्य नाम)

लम्बाई 12–13 से.मी., पूंछ 1.8 से.मी.

वितरण : मध्य और दक्षिण–पूर्व राजस्थान **पहचान** : मझोला आकार, शरीर हलका भूरा, वयस्क नर बगल में हलके धूसर; बाल छोटे; अंडाकार कान सिरे पर गोलाई लिये हुए; आंखें बड़ी **व्यवहार और आवास** : सामूहिक आवास – गुफाओं, खंडहरों, कुँओं, सुरंगों आदि में; आवास स्थल

भोजन की उपलब्धता अनुसार बदलते रहते हैं, भोजन की तलाश में दूर–दूर तक जाते हैं, उत्तम घ्राण शक्ति और याददाश्त; नर और मादा के अलग समूह देखे गये हैं **भोजन** : फल, रस चूस कर फोक को थूक देते हैं **प्रजनन** : मार्च और अगस्त में; जन्म पर बच्चे नग्न और गुलाबी जो माँ से चिपटे रहते हैं **संरक्षण महत्व** : वन्यजीव सुरक्षा अधिनियम – शेड्यूल 5 **(प्लेट 8, चित्र 43)**

शार्ट–नोज्ड फ्रूट बैट *सायनोप्टेरस स्फिन्क्स*

लम्बाई 11.2 से.मी., पूंछ 1 से.मी.

वितरण : दक्षिण–पूर्व और दक्षिण राजस्थान में **पहचान** : सफेद किनारों वाले बड़े कान और भिन्न दिशा में नासा–छिद्र इसकी पहचान हैं, हलका भूरा, पीत–भूरा या हलका धूसर रंग; नर गर्दन पर प्रायः लाल–भूरा **व्यवहार और आवास** : दूसरों के मुकाबले कम दिखने वाला चमगादड़, अकेले या छोटे समूह में पेड़ों के खोखलों, बरगद की हवाई जड़ों या ताड़ जैसे चौड़े पत्तों वाले पेड़ों पर रहता है; शाम को फल और फूलों की तलाश गें निकल जाता है; फूलों का रस उन पर बैठे बिना पीता है; अपने आवास स्थल पर भी फल और फूल ले जाता है **भोजन** : फल और फूलों का रस **प्रजनन** : मार्च और सितम्बर में बच्चों का जन्म **संरक्षण महत्व** : वन्यजीव सुरक्षा अधिनियम – शेड्यूल 5 **(प्लेट 8, चित्र 44)**

ग्रेटर माऊस–टेल्ड बैट *राईनोपोमा माईक्रोफाईलम*

लम्बाई 5.3–8 से.मी., पूंछ 6–8 से.मी., पंखों का फैलाव 17–25 से.मी.

वितरण : लगभग सम्पूर्ण राजस्थान **पहचान** : मुलायम बाल, चेहरा, पेट और पुट्ठे नग्न; लम्बी पूंछ – एक चौथाई पंखों की झिल्ली से जुड़ी, धूसर से गहरा भूरा शरीर, अधोभाग हलके रंग के; छोटी तिकोनी नाक की पत्ती, नासा छिद्र बंद करने योग्य, कान बड़े, कानों के बीच माथे पर उभरी हुई त्वचा; **व्यवहार और आवास** : चट्टानों की दरारें, गुफा, सुरंग, खंडहर, खदान के बीच रहते हैं, स्थायी निवास नहीं बनाते, 4–10 के समूह में या फिर हजारों की तादाद में मिलते हैं, बहुत सूखे और गर्म मौसम को सहन कर सकते हैं, शरीर से पानी का निकास रोकने की क्षमता; भूमि से 5 से 10 मीटर ऊपर उड़ते हुए कीड़े पकड़ते हैं, ठंड में एक प्रकार की निद्रा में रहते हैं, इस समय शरीर में एकत्रित वसा से काम चलता है **भोजन** :

कीड़े, गुबरैले, मधुमक्खी आदि **प्रजनन :** बच्चों का जन्म जून–जुलाई में; बच्चे 5–6 सप्ताह में आत्मनिर्भर; बच्चों वाली मादा एक साथ रहती हैं **नोट:** लेसिर माऊस–टेल्ड बैट (*राईनोपोमा हार्डविकी*) लम्बाई 6.2–7.1 से.मी., पूंछ 5.7–7 से.मी.; राजस्थान के अरावली के पूर्वी भाग में पाया जाता है, बीकानेर में भी देखा गया है; आवास, भोजन, प्रजनन और आदतों में ग्रेटर माऊस–टेल्ड जैसा ही, केवल आकार में छोटा **(प्लेट 8, चित्र 45)**

इंडियन पिपिस्ट्रेल *पिपिस्ट्रेल्लस टेन्युस*

लम्बाई 4.6 से.मी., पूंछ 3.6 से.मी.

वितरण : लगभग सम्पूर्ण राजस्थान, सुदूर पश्चिमी भाग को छोड़ कर **पहचान :** छोटा, सामान्य चमगादड़; गहरा भूरा रंग, अधोभाग कुछ हलके; थूथन चपटा, वयस्क में आँख तक बाल रहित; आंखों के बीच माथे और कपाल पर घने बाल; कान कुछ–कुछ त्रिकोणीय, सिरे पर गोलाई लिये हुए **व्यवहार और आवास :** घरों, इमारतों की दीवारों के छेद और छत पर रहते हैं, पेड़ों की छाल के पीछे भी; शाम होते ही छुपने के स्थान से निकल कर हवा में कीड़ों का पीछा करते देखे जाते हैं, उड़ान तीव्र और टेढ़ी–मेढ़ी; कीड़ों का पीछा करते घरों में भी आ जाते हैं **भोजन :** कीड़े **प्रजनन :** संभवतः दो प्रजनन काल, मादा एक या दो बच्चों को जन्म देती है **नोट:** केलार्ट्स पिपिस्ट्रेल (*पिपिस्ट्रेल्लस सीलोनिकस*) माऊंट आबू में और डार्मर्स बैट (पिपिस्ट्रेलस डोर्मेरी) मध्य, पूर्व, दक्षिण पूर्व और दक्षिण राजस्थान में पाये गये हैं **(प्लेट 8, चित्र 46)**

पेन्टेड बैट *केरीवोला पिक्टा*

लम्बाई 3.8 से.मी., पूंछ 4.3 से.मी.

वितरण : दुर्लभ, मध्य और पूर्व राजस्थान में जयपुर और अलवर **पहचान :** अपने नारंगी रंग के कारण आसानी से पहचाने जाने वाला, पर अपने प्राकृतिक आवास में इसको देख पाना कठिन; पंख काले, अंगुलियों पर नारंगी; बाल लम्बे, घुंघराले; कान बड़े और कुप्पी के आकार के; थूथन पर बाल; वयस्क नर मादा से अधिक चमकीले **व्यवहार और आवास :** सूखे पतझड़ीवन में सूखे पत्तों, सूखे केले के पत्तों, सूखी घास के बीच रहता है; शाम और सुबह के समय 1–2 घंटे नीची उड़ान लेकर शिकार करता है, उड़ान कमजोर और पतंगे जैसी फड़फड़ाती हुई; पारिवारिक समूह में रहता है **भोजन :** कीड़े **प्रजनन :** अधिक जानकारी उपलब्ध नहीं; मादा एक बच्चे को जन्म देती है, जो माता–पिता के साथ रहता है **(प्लेट 8, चित्र 47)**

ग्रेटर फाल्स वैम्पायर बैट *मेगाडर्मा लायरा*

लम्बाई 8.6 से.मी.

वितरण : लगभग सम्पूर्ण राजस्थान **पहचान :** शरीर का ऊपरी भाग नीलापन लिये हुए धूसर, अधोभाग भूरा–धूसर; पूंछ नहीं; कान लम्बे–गोलाकार और अपनी एक–तिहाई लम्बाई तक जुड़े हुए; नाक की पत्ती सीधी 1 से.मी. लम्बी **व्यवहार और आवास:** सामूहिक, सामान्य तौर पर 30 तक की संख्या में; नम और सूखे जंगल का निवासी; गुफाओं, खदानों, खंडहरों में रहता है; उड़ान में. या एक स्थान पर रुक कर शिकार निगाह रखता है, शिकार को भूमि या जल की सतह से उठाता है **भोजन :** बड़े कीट–पतंगे, छोटे चूहे, चिड़ियां, चमगादड़, छिपकली, मेंढक और मछली **प्रजनन :** अप्रैल से जून के बीच मादा 1–2 बच्चों को जन्म देती है; बच्चे 20–23 दिन तक माँ से चिपके रहते हैं, बाद में आवास के सुरक्षित स्थान पर छोड़ दिये जाते हैं **(प्लेट 8, चित्र 48)**

गंगा रिवर डाल्फिन *प्लेटनिस्टा गंगेटिका*

सूंस लम्बाई 230–26 से.मी., मादा बड़ी

वितरण : पूर्वी राजस्थान, चम्बल नदी में धौलपुर के आसपास **पहचान :** शरीर मध्य में भारी, सिर के आगे चोंच के आकार में लम्बा थूथन, प्रत्येक जबड़े के दोनों ओर 27 से 32 तक दाँत; बच्चों में दाँत नुकीले और शंक्वाकार, आयु बढ़ने के साथ हड्डी के उभार जैसे; हलका सा गर्दन का आभास होता है; शरीर के ऊपरी भाग के बीच में एक नगण्य सा उभार आगे के 'फ्लिपर' तिकोने, पीछे के 'फ्लूक' आड़े; आंखें छोटी, सिर पर नासिका–छिद्र; रंग गहरे धूसर से धुएं जैसा काला **व्यवहार और आवास :** दुर्लभ जलीय स्तनपायी, केवल चम्बल नदी के उत्तरी भाग में गहरे पानी वाले स्थानों में रहता है; अकेले या छोटे समूह में; नदी की गहराई में और गंदले पानी में आंखों का अधिक उपयोग न होने के कारण दृष्टि कमजोर; बार–बार सांस लेने के लिये सतह पर आना पड़ता है; गर्मियों में नदी का बहाव कम हो जाने पर कुछ क्षेत्रों में सीमित रह जाते हैं **भोजन :** नदी के तल में रहने वाले झींगे और मछलियां **प्रजनन :** अप्रैल से जुलाई के बीच 1, कभी–कभी दो बच्चों का जन्म **संरक्षण महत्व :** वन्यजीव सुरक्षा अधिनियम – शेड्यूल 1, आई.यू.सी.एन. – संकट में **(प्लेट 8, चित्र 49)**

पक्षी

लिटल ग्रीब *टेकाईबेप्टस रुफिकोलिस*

पनडुब्बी, डुबडुबी 23 से.मी.

वितरण : मध्य, पूर्व, दक्षिण–पूर्व, दक्षिण राजस्थान **पहचान** : आँख लाल–भूरी या नारंगी–पीली, चोंच काली–सिरे पर पीली, चोंच का आधार फूला हुआ सफेद या प्रजनन काल में पीला, पैर हरे–काले; सबसे छोटी ग्रीब, प्रजनन काल में गाल से गर्दन तक लाल–भूरा रंग, अन्यथा ऊपर का शरीर भूरा और नीचे घा हलका पीत–भूरा; अवयस्क के गाल पर भूरी रेखायें **व्यवहार और आवास** : प्रायः एक–दो या पारिवारिक झुंड में, बड़े झुंड कभी–कभी; खरपतवार युक्त तालाब, पोखर, बाँध, नहर, नदी के कम बहाव वाले किनारे पर रहते हैं, पानी की गहराई में डुबकी लगा कर शिकार पकड़ते हैं, खतरे के आभास पर तुरन्त डुबकी लगा लेते हैं **भोजन** : मछली, मेंढक, जलीय कीड़े, घोंघे आदि **प्रजनन** : अप्रैल से अक्टूबर; घोंसला जलीय वनस्पति के ऊपर, खरपतवार से बनाया हुआ; अंडे 3–6, सफेद **संरक्षण महत्व** : वन्यजीव सुरक्षा अधिनियम – शेड्यूल 4 **(प्लेट 9, चित्र 50)**

ग्रेट क्रेस्टेड ग्रीब *पोडिसेप्स क्रिस्टेटस*

शिवहंस 50 से.मी.

वितरण : अप्रवासी; पूर्व, दक्षिण–पूर्व और दक्षिण राजस्थान **पहचान** : आँख लाल, चोंच भूरी, पैर जैतूनी हरे; शरद ऋतु में ऊपरी भाग गहरा धूसर–भूरा और अधोभाग सफेद; पतली लम्बी गर्दन, नुकीली चोंच; कानों पर लम्बी कालिमा लिये हुए भूरे रेशों जैसे पंख; उड़ान में डैनों पर सफेद धब्बा दिखता है; मार्च–अप्रैल में वापसी उड़ान से पहले प्रजननकाल का चटक रंग सिर और गर्दन पर आने लगता है **व्यवहार और आवास** : अधिकतर जोड़े या छोटे झुंड में बड़े तालाबों, बांधों, झीलों पर दिखाई पड़ते हैं, तैरते समय लम्बी गर्दन सीधी रखते हैं, खतरे की आशंका पर हलकी उछाल के साथ डुबकी लगाते हैं और सुरक्षित दूरी पर फिर पानी से बाहर आ जाते हैं, जमीन पर कम ही दिखते हैं **भोजन** : मछली, मेंढक, टेडपोल, जलीय कीड़े और वनस्पति **संरक्षण महत्व** : वन्यजीव सुरक्षा अधिनियम – शेड्यूल 4 **(प्लेट 9, चित्र 51)**

ग्रेट व्हाईट पेलीकन *पेलिकेनस ओनोक्रोटेलस*

हवासील, गैरट 140–175 से.मी.

वितरण : अप्रवासी; पूर्व और दक्षिण–पूर्व राजस्थान **पहचान** : आँख लाल, भूरी–नीली चोंच के किनारे लाल, गले की थैली और चेहरा पीला, प्रजनन काल में चमकीली, पैर गुलाबी; आकार बड़ा; शरीर गुलाबी आभा वाला सफेद, सीने पर कुछ पीलापन; डैनों के प्राथमिक और कुछ माध्यमिक पंख काले; प्रजनन काल में सिर पर पीछे की ओर गिरते हुए रेशेदार पंखों की छोटी कलगी, अवयस्क भूरे या कुछ कालापन लिये हुए **व्यवहार और आवास** : शरद ऋतु में झीलों, बांधों और नदियों के ठहरे पानी पर बड़े–बड़े समूह में एकत्रित होते हैं, पानी में बिना हलचल के तैरते या तट पर बैठे, पंखों को संवारते दिखाई देते हैं, मछलियों को छिछले पानी में हांका करके सामूहिक रूप से शिकार करते हैं, के आकार में उड़ते हैं **भोजन**: मछलियां **संरक्षण महत्व**: वन्यजीव सुरक्षा अधिनियम – शेड्यूल 4 **(प्लेट 9, चित्र 52)**

डाल्मेसिअन पेलीकन *पेलिकेनस क्रिस्पस*

धूसर हवासील 160–180 से.मी.

वितरण : अप्रवासी; असामान्य तौर पर पूर्व, दक्षिण–पूर्व और कभी–कभी मध्य राजस्थान **पहचान** : आँख सफेद या मटमैली; चोंच ऊपर भूरी–धूसर, नीचे पीली; गले की थैली और चेहरा नारंगी पीला, पैर धूसर; बड़ा आकार, सफेद रंग पर डैनों के प्राथमिक व कुछ माध्यमिक पंख धुयें जैसे धूसर; सिर के रेशेदार पंख अर्द्ध चन्द्राकार में सामने की ओर घूमे हुए; डैनों के नीचे धूसर रंग पहचान में सहायक; अवयस्क भूरे–धूसर **व्यवहार और आवास** : सभी प्रकार के बड़े जलाशयों पर मिलते हैं, व्यवहार अन्य हवासील जैसा ही; कम संख्या के कारण इनको संरक्षण की अत्यन्त आवश्यकता है **भोजन** : मछलियां **संरक्षण महत्व** : वन्यजीव सुरक्षा अधिनियम – शेड्यूल 4, आई.यू.सी.एन. – असुरक्षित **(प्लेट 9, चित्र 53)**

नोट : स्पाट–बिल्ड पेलीकनपेलिकेनस फिलिप्पेन्सिस भी बहुत कम संख्या में पूर्व और दक्षिण–पूर्व राजस्थान में यदा–कदा दिखते हैं, इनकी गिरती हुई संख्या को ध्यान में रख कर इन्हें आय.यू.सी.एन. द्वारा इनको लगभग संकटग्रस्त प्रजाति की श्रेणी में रखा गया है; इनको छोटे आकार और चोंच के ऊपरी भाग पर गहरे रंग के बिन्दुओं के कारण अलग से पहचाना जा सकता है; इनकी गले की थैली हलके बैंगनी रंग की तथा

शरीर का रंग भी हलका धूसर होता है; ये प्रायः अन्य हवासीलों से दूर छोटे समूह में या इक्का–दुक्का ही दिखते हैं।

लिटल कोर्मोरेंट *फेलेक्रोकोरेक्स नाईजर*

छोटा पनकौआ 51 से.मी.

वितरण : सामान्य, लगभग सम्पूर्ण राजस्थान **पहचान** : आँख हरी, गले की त्वचा काली, प्रजनन काल में बैंगनी; अन्य पनकौओं के मुकाबले छोटा आकार, शरीर का रंग काला; छोटी और गठीली चोंच; उन्नत सिर, गले और आंखों के घेरे की काली त्वचा और लम्बी पूंछ इसे इंडियन शैग से अलग करते हैं **व्यवहार और आवास** : अकेले या छोटे समूह में लगभग सभी छोटे–बड़े जलाशयों और पानी से भरे खेतों पर शिकार करते या पंख सुखाते हुए मिल जाते हैं, मछलियों का शिकार डुबकी लगा कर करते हैं, इनके पंख जल–प्रतिरोधी नहीं होते **भोजन** : मछली, मेंढक, टेडपोल और झींगे आदि **प्रजनन** : जून से सितम्बर तक, अन्य बगुलों और हेरोन आदि के साथ सामूहिक रूप से डंठल, घास–फूस, कपड़ों आदि को एकत्रित कर घोंसला बनाते हैं, अंडे 3–5, बच्चे नग्न पैदा होते हैं **संरक्षण महत्व** : वन्यजीव सुरक्षा अधिनियम – शेड्यूल 4 **(प्लेट 9, चित्र 54)**

इंडियन शैग *फेलेक्रोकोरेक्स फुसिकोलिस*

देसी पनकौआ 63 से.मी.

वितरण : मुख्य रूप से पूर्व, दक्षिण–पूर्व और दक्षिण राजस्थान **पहचान** : आँख नीली–हरी, गले की त्वचा पीली; काले रंग पर ताम्बई आभा; सिर और चोंच पतले; प्रजनन काल में कर्ण छिद्र और गर्दन पर कुछ सफेद रेशेदार गुच्छे; गाल पर एक नारंगी धब्बा; बैठने की स्थिति में चोंच कुछ कोण पर उठी हुई रहती है **व्यवहार और आवास** : सामूहिक; बड़े जलाशय, नदी, तालाब इनकी पसंदीदा आवास स्थल हैं, डुबकी लगा कर सामूहिक रूप से मछली का शिकार करते हैं, चट्टान, पेड़ की डाल या किनारे पर बैठे अपने पंख सुखाते हुए अकसर दिखते हैं **भोजन** : मछली **प्रजनन** : जुलाई से अक्टूबर, अन्य जल पक्षियों के साथ छोटे समूहों में डंठलों को एकत्रित कर घोंसला बनाते हैं, अंडे 3–5, पीत नीले–हरे रंग के **संरक्षण महत्व** : वन्यजीव सुरक्षा अधिनियम – शेड्यूल 4 **(प्लेट 9, चित्र 55)**

ग्रेटर कोर्मोरेंट

फेलेक्रोकोरेक्स कार्बो

बड़ा पनकौआ

80 से.मी.

वितरण : लगभग सम्पूर्ण राजस्थान **पहचान** : आँख हरी, चोंच सींग जैसी भूरी, गला पीला, गले की थैली काली–पीली; गठीला काला शरीर, जिस पर धातु जैसी हरित आभा; चोंच लम्बी, पतली; प्रजनन काल में बगल में बड़े सफेद गोले; कपाल, माथे और गर्दन पर छितराये सफेद रेशेदार पंख; चेहरे की त्वचा सफेद और गला नारंगी–पीला **व्यवहार और आवास** : शरदकाल में बड़े जलाशयों, नदी, तालाबों पर बड़े समूहों में देखे जाते हैं, तैरते समय पानी के ऊपर इनकी गर्दन और पीठ का कुछ भाग ही दिखाई देते हैं, सामूहिक शिकार के बाद पानी के बाहर तट या पेड़ की डाल पर बैठ कर पंख सुखाते हैं, अन्य समय में इनके छोटे–छोटे समूह ही दिखते हैं **भोजन** : मछली **प्रजनन** : वर्षा काल, बारीक टहनियों और डंठलों के घोंसले पानी के बीच खड़े पेड़ों पर, अंडे 3–5, नीले–हरे रंग के, **संरक्षण महत्व** : वन्यजीव सुरक्षा अधिनियम – शेड्यूल 4 **(प्लेट 9, चित्र 56)**

ओरिएंटल डार्टर

एनहिंगा मिलेनोगैस्टर

पनवा

90 से.मी.

वितरण : पूर्व, दक्षिण–पूर्व और दक्षिण राजस्थान के सीमित स्थानों पर **पहचान** : आँख में पुतली के चारों ओर सफेद और पीला गोला, चोंच भूरी, नीचे पीलापन लिये हुए; काला शरीर, डैनों पर चाँदी जैसी सफेद धारियां; गर्दन सांप जैसी लम्बी; सिर व गर्दन पर भूरे मखमली रुंएदार पंख; सिर पतला, चोंच नुकीली **व्यवहार और आवास** : बड़े तालाब, झील, जलाशय और नहरों पर मिलते हैं, डुबकी लगा कर मछली को चोंच से बींध कर पकड़ते हैं, प्रायः अकेले या बड़ी झीलों पर बिखरे हुए समूह में; तैरते समय केवल इनकी गर्दन पानी के ऊपर रहती है; इनको भी पंख सुखाने पड़ते हैं **भोजन** : मछली **प्रजनन** : जुलाई से दिसम्बर, घोंसला पानी के बीच खड़े पेड़ों पर, अंडे 3–6, लट्टू के आकार के और नीले–हरे रंग के **संरक्षण महत्व** : वन्यजीव सुरक्षा अधिनियम – शेड्यूल 4, आई.यू.सी.एन. – लगभग संकटग्रस्त **(प्लेट 9, चित्र 57)**

लिटल इग्रेट

इग्रेटा गार्जेटा

छोटा बगुला

60 से.मी.

वितरण : लगभग सम्पूर्ण राजस्थान **पहचान** : आँख पीली, चोंच काली, प्रजनन काल में चोंच का आधार और आँख का घेरा नीला–बैंगनी,

पैर काले, पंजे पीले; शरीर सफेद, गर्दन और पैर लम्बे; प्रजनन काल में सिर पर दो लम्बे पंख पीछे की ओर गिरते हुए और सीने व पीठ पर रेशेदार पंख **व्यवहार और आवासः** छिछले पानी, दलदल, खेत, जलाशय के तट पर सामान्य रूप से पाये जाते हैं, सामूहिक; छिछले पानी में चलते हुए भोजन ढूंढते हैं या एक स्थान पर रुक कर शिकार की प्रतीक्षा करते हैं **भोजन** : मछली, मेंढक, झींगे और जलीय कीड़े **प्रजनन** : मई से अगस्त; सामूहिक, अन्य बगुलों, हेरोन, कोर्मोरेंट के साथ; अंडे 3–5, हलके नीले–हरे **संरक्षण महत्व** : वन्यजीव सुरक्षा अधिनियम – शेड्यूल 4 **(प्लेट 9, चित्र 58)**

इंटरमीजिएट इग्रेट *इग्रेटा (मीसोफोक्स) इंटरमीडिआ*

बगुला 68.5 से.मी.

वितरण : मध्य, पूर्व, दक्षिण–पूर्व और दक्षिण राजस्थान **पहचान** : आँख नींबू जैसी पीली, आँख का घेरा पीला, प्रजनन काल में हरा–पीला, पैर और पंजे काले; आकार अन्य दोनों बगुलों के बीच का; बड़े बगुले से अलग पहचानने में इनके मुंह का खुलाव (गेप), जो कि आँख के नीचे तक सीमित सहायक है; पीठ और सीने पर रेशेदार पंख **व्यवहार और आवास** : दलदल, छिछले पानी, तालाब, नहर, धान के खेत और नदी के किनारों पर पाये जाते हैं, बड़े समूह में नहीं रहते, प्रायः अकेले या बिखरे हुए समूह में; पानी में कुछ गहराई तक जाकर शिकार करते हैं **भोजन** : मछली, मेंढक, झींगे और कीड़े **प्रजनन** : मई से अगस्त, सामूहिक रूप से; अंडे 3–4, पीत हरे रंग के **संरक्षण महत्व** : वन्यजीव सुरक्षा अधिनियम – शेड्यूल 4 **(प्लेट 10, चित्र 59)**

ग्रेट इग्रेट *इग्रेटा अल्बा (कोस्मेरोडिअस अल्बस)*

बड़ा बगुला 94 से.मी.

वितरण : पूर्व, दक्षिण–पूर्व और दक्षिण राजस्थान **पहचान** : आँख नींबू जैसी पीली, चोंचपीली और पैर काले, प्रजनन काल में चोंच काली और पैरों पर गुलाबी आभा, आंखों के घेरे से चोंच के आधार तक का रंग नीला–हरा; चमकीला सफेद रंग, गर्दन के ऊपरी भाग में एक घुमाव (किंक) और मुंह का खुलाव आँख के पीछे तक इनकी पहचान हैं, प्रजनन काल में पीठ पर रेशेदार पंख **व्यवहार और आवास** : दलदल, धान के खेत, तालाब, झील, नहर और जलाशयों पर पाये जाते हैं, अन्य बगुलों और हेरोन्स के बीच अकेले–अकेले ही रहते हैं, पैरों के डूबने तक की गहराई तक के पानी में

जाकर शिकार करते हैं **भोजन** : मछली, मेंढक, जलीय कीड़े **प्रजनन** : सामूहिक प्रजनन स्थलों पर जुलाई से सितम्बर तक, पेड़ की सबसे ऊपर की शाखाओं पर डंठलों का बड़ा घोंसला बनाते हैं, अंडे 3–4, हलके नीले–हरे रंग के **संरक्षण महत्व** : वन्यजीव सुरक्षा अधिनियम – शेड्यूल 4 **(प्लेट 10, चित्र 60)**

कैटल इग्रेट *बुबुल्कस कोरोमेंडस (बुबुल्कस आईबिस)*
गाय बगुला 53 से.मी.

वितरण : लगभग सम्पूर्ण राजस्थान **पहचान** : आँख और चोंच पीली, आँख का घेरा और चेहरे की त्वचा हरी–पीली; चोंच और गर्दन अन्य बगुलों के मुकाबले छोटी; चोंच आधार पर मोटी; प्रजनन काल मे सिर, गर्दन और पीठ के पंख सुनहरे नारंगी; चोंच, आँख के आगे और पैर गहरे रोली जैसे लाल **व्यवहार और आवास** : अति सामान्य बगुला जो मवेशियों के पीछे चलते–चलते कीड़े पकड़ते हुए और खेतों की तराई के समय बहुत बड़े झुंडों में एकत्रित हो जाते हैं, फसल की बुवाई और कटाई के समय भी कीड़ों की खोज में बड़ी संख्या में दिखाई पड़ते हैं **भोजन** : कीड़े और उनके लारवा, टिड्डे, केंचुए, कभी–कभी मेंढक और छिपकली भी **प्रजनन** : मार्च से अगस्त, सामूहिक प्रजनन स्थलों में सबसे पहले आते हैं, अंडे 3–5, हरे–नीले रंग के **संरक्षण महत्व** : वन्यजीव सुरक्षा अधिनियम–शेड्यूल 4 **(प्लेट 10, चित्र 61)**

इंडियन पौंड–हेरोन *आर्डिओला ग्रेई*
अन्धा बगुला 46 से.मी.

वितरण : सम्पूर्ण राजस्थान **पहचान** : आँख नींबू जैसी पीली, चोंच हरी–पीली आधार पर नीली, पैर पीत–हरे; गहरा भूरे सिर और गर्दन पर हलकी भूरी रेखायें; पीठ और कंधे राख जैसे धूसर–भूरे; ठोढ़ी और गला सफेद; ऊपरी सीने पर रेखायें, पेट सफेद; प्रजनन काल में सिर पर भूरी भाले जैसे पंखों की कलगी, सिर और गर्दन पीले–भूरे और कंधे और पीठ गहरे लाल–भूरे **व्यवहार और आवास** : दलदल, तालाब, नहर, नाली, नदी के किनारे अकेले बैठे ही दिखाई पड़ते हैं, रात के समय और प्रजनन काल में सामूहिक; पानी के किनारे या पानी के बाहर उभरी चट्टानों पर चुपचाप, अविचलित खड़े होकर शिकार की प्रतीक्षा करते हैं, सूखते तालाब और नहरों पर बड़ी संख्या में एकत्रित हो जाते हैं **भोजन** : मेंढक, मछली, झींगे और अन्य कीड़े **प्रजनन** : मार्च से अगस्त, सामूहिक; अंडे 3–5, हलके हरे रंग

के **संरक्षण महत्व** : वन्यजीव सुरक्षा अधिनियम – शेड्यूल 4 (प्लेट 10, चित्र 62)

ग्रे हेरोन *आर्डिआ सिनेरिआ*

अंजन 98से.मी.

वितरण : मध्य, पूर्व, दक्षिण–पूर्व, दक्षिण राजस्थान व पश्चिम राजस्थान के कुछ स्थानों पर **पहचान** : आँख सुनहरी पीली, चोंच गहरी पीत–भूरी, प्रजनन काल में नारंगी–पीली; पैर हरे–भूरे, प्रजनन काल में गुलाबी–नारंगी; लम्बी गर्दन, चोंच और टांगें; शरीर राख जैसा धूसर, कपाल और गला सफेद; कपाल के नीचे सिर पर काले पंखों की चोटी, काले बिन्दुओं की एक रेखा गर्दन के दोनों ओर; अधोभाग सफेद–धूसर; डैनों के प्राथमिक और माध्यमिक पंख काले; कन्धे पर काला धब्बा **व्यवहार और आवास** : झील, तालाब, जलाशय, नहर और दलदली क्षेत्र में पाये जाते हैं, प्रायः अकेले या 5–6 कुछ–कुछ दूरी पर बिखरे हुए; गर्दन को लम्बा कर, पानी में चलते हुए लगातार शिकार पर निगाह रखते हैं, छिछले या टांगो तक गहरे पानी में **भोजन** : मछली, मेंढक, झींगा, जलीय कीड़े, घोंघे और चूहे, सांप आदि **प्रजनन** : मार्च से जुलाई, पानी के किनारे के पेड़ों पर टहनियों का घोंसला, जिस पर मुलायम घास से बच्चों के लिये स्थान; अंडे 3–5, पीत–हरे **संरक्षण महत्व** : वन्यजीव सुरक्षा अधिनियम – शेड्यूल 4 (प्लेट 10, चित्र 63)

पर्पल हेरोन *आर्डिआ पर्पूरिआ*

लाल अंजन 79 से.मी.

वितरण : राजस्थान के पूर्वी भाग में सामान्य **पहचान** : आँख पीली, आगे की त्वचा हरी–पीली, चोंच ऊपर से भूरी बाकी गहरी पीली, ऊपर का शरीर बैंगनी–धूसर, डैनों और पूंछ पर कालापन लिये हुए; कपाल और चोटी काले; बाकी का सिर और गर्दन काली रेखा वाला लाल–भूरा; ठोड़ी और गला सफेद; सीने के ऊपरी भाग पर बादामी रेशेदार पंख; अधोभाग धूसर **व्यवहार और आवास** : सरकंडों और अन्य वनस्पति वाले दलदल, तालाब, झील, जलाशय और नदियों के किनारे; सुबह–शाम अधिक सक्रिय, अकेले रहते हैं, गुप्त रूप से सरकंडों के बीच छुपे रहना पसंद करते हैं, खतरे की संभावना पर तेज आवाज के साथ उड़ कर दूसरे स्थान पर चले जाते हैं **भोजन** : मछली, मेंढक, झींगे, घोंघे और कीड़े **प्रजनन** : जून से सितम्बर, छिछले पानी में सरकंडे की डंठलों को दबा कर उस पर घोंसला बनाते हैं,

अंडे 3–5, पीत–हरे **संरक्षण महत्व**: वन्यजीव सुरक्षा अधिनियम–शेड्यूल 4 **(प्लेट 10, चित्र 64)**

ब्लैक–क्राऊंड नाइट–हेरोन *निक्टिकोरेक्स निक्टिकोरेक्स*

रात बगुला 58 से.मी.

वितरण : उपयुक्त आवास स्थल में लगभग सम्पूर्ण राजस्थान, विशेष रूप से पूर्व और दक्षिण–पूर्व **पहचान** : आँख लाल, चोंच मोटी और काली, आँख के आगे की त्वचा पीली–हरी, पैर हलके हरे–पीले; गठीला आकार, धूसर, सफेद और काला रंग; पीठ और कपाल काले, शरीर राख जैसा धूसर, सिर पर 2–3 सफेद लम्बे रेशेदार पंख; चूजे और अवयस्क का रंग धारीदार भूरा और सफेद बिन्दुओं से भरा हुआ **व्यवहार और आवास** : धुंधलके से लेकर रातभर भोजन के लिये जलाशयों पर सक्रिय; सामूहिक, दिन में छायादार वृक्षों पर समय बिताते हैं, नदी, झील, तालाब पर भोजन के लिये और इनके किनारों के पेड़ या आबादी वाले क्षेत्र में बरगद, पीपल आदि के विशाल वृक्षों का उपयोग करते हैं, प्रजननकाल में बहुत शोर करते है **भोजन** : मछली, मेंढक, कीड़े आदि **प्रजनन** : जून से सितम्बर, सामूहिक प्रजनन स्थलों पर घोंसला बना कर 3–4 नीले–हरे अंडे देते हैं **संरक्षण महत्व** : वन्यजीव सुरक्षा अधिनियम – शेड्यूल 4 **(प्लेट 10, चित्र 65)**

स्ट्रिएटेड हेरोन (लिटल ग्रीन हेरोन) *ब्यूटोरोइड्स स्ट्रिएटा*

हरा बगुला 52 से.मी.

वितरण : मध्य, पूर्व, दक्षिण–पूर्व और दक्षिण राजस्थान में सामान्य **पहचान** : ख चमकीली नारंगी–पीली, चोंच ऊपर गहरी भूरी, नीचे हरी–पीली, पैर पीले–हरे; कपाल काला, चोटी चमकीली हरी–काली, गाल सफेद, गला, सीना और पेट धूसर; पृष्ठ भाग इस्पाती धूसर, उस पर हरी और ताम्बई आभा **व्यवहार और आवास** : शाम के धुंधलके से रात भर सक्रिय, दब कर और छुप कर रहते हैं, जलाशय, नदी आदि के किनारों पर चट्टानों या वनस्पति की आड़ में रहना पसंद करते हैं, खतरे की आहट पर एक दम उड़ जाते हैं **भोजन** : मछली, झींगे, मेंढक और जलीय कीड़े **प्रजनन** : मार्च से सितम्बर, हलके हरे रंग के 3–5 अंडे देते हैं **संरक्षण महत्व** : वन्यजीव सुरक्षा अधिनियम – शेड्यूल 4 **(प्लेट 10, चित्र 66)**

चेस्टनट (सिनमन) बिटर्न *इक्सोब्राईकस सिन्नामोमिअस*

लाल बगुला 40 से.मी.

वितरण : पूर्व, दक्षिण–पूर्व और दक्षिण राजस्थान **पहचान** : आँख पीली या लाल, चोंच हलकी नारंगी–पीली या हरी–पीली, पैर हरे–पीले; नर लाल–भूरा, मादा का रंग हलका और पीठ व डैनों पर सफेद बिन्दु; बादामी अधोभाग पर गहरी भूरी धारियां **व्यवहार और आवास** : सजग, दलदली स्थान में सरकंडों और जलीय खरपतवार के बीच बहुत चुपचाप और छुप कर रहते हैं, प्रजनन काल और बादलों से घिरे दिन के अतिरिक्त इन्हें देख पाना कठिन; इन दिनों एक स्थान से दूसरे की ओर उड़ान भरते ही दिखाई पड़ते हैं, शाम और सुबह के धुंधलके में सक्रिय **भोजन** : मछली, मेंढक, घोंघे, कीड़े आदि **प्रजनन** : जून से सितम्बर, दलदल में घास और सरकंडे का घोंसला, 3–5 अंडे नीले–सफेद रंग के **संरक्षण महत्व** : वन्यजीव सुरक्षा अधिनियम – शेड्यूल 4 **(प्लेट 11, चित्र 67)**

यूरेसिअन (ग्रेट) बिटर्न *बोटौरस स्टिल्लेरिस*

बड़ा बिटर्न 70 से.मी.

वितरण : अप्रवासी, दक्षिण–पूर्व और दक्षिण राजस्थान **पहचान** : चोंच हरी–पीली, चोंच का ऊपरी भाग कालापन लिये हुए भूरा, पैर हरे– पीले; गठीला शरीर, सुनहरे रंग पर गहरे भूरे रंग की धारियां और तीर जैसे चिन्ह; आँख के नीचे गलमुच्छ की काली रेखा; सीने पर लम्बे बादामी पंख, बगल में धारियां **व्यवहार और आवास** : जलाशयों के समीप दलदली सरकंडे और घास के मैदान में पाये जाते हैं, सजग, चुपचाप छुप कर रहने की आदत के कारण बहुत कम दिखाई पड़ते हैं, खतरे की आहट होने पर गर्दन ऊँची कर सूखे सरकंडे जैसे दिखने की नकल करते हैं **भोजन** : मछली, मेंढक, घोंघे, कीड़े **संरक्षण महत्व** : वन्यजीव सुरक्षा अधिनियम–शेड्यूल 4 **(प्लेट 11, चित्र 68)**

पेन्टेड स्टोर्क *मिक्टीरिआ ल्यूकोसिफेला*

जांघिल 93 से.मी.

वितरण : लगभग सम्पूर्ण राजस्थान **पहचान** : आँख हलकी पीली, चोंच पीली, चेहरे की त्वचा नारंगी पीली, पैर गुलाबी या लाल; चोंच मोटी और बड़ी, छोर पर कुछ मुड़ी; सफेद शरीर, सिर से गर्दन तक कुछ

मटमैला, डैनों पर चमकीला हरा–काला रंग जिस पर सफेद अनियमित धारियां; पूंछ पर गुलाबी रंग **व्यवहार और आवास** : धान के खेत, छिछले पानी, तालाब, जलाशय, नहर और नदी के किनारों पर देखे जाते हैं, जोड़े में या 5–10 की संख्या में पर प्रजनन काल में 300–400 तक के समूह में मिलते हैं, छिछले पानी में चलते हुए भोजन तलाशते हैं, सामान्यतः शान्त पर प्रजनन के समय बहुत शोर करते हैं **भोजन** : मछली, मेंढक, छिपकली और कीड़े **प्रजनन** : अगस्त से नवम्बर तक, सत ऊँचाई के पेड़ों पर हरी और सूखी टहनियों और डंठलों को एकत्रित कर घोंसला बनाते हैं, 2–4 मटमैले अंडे, बच्चों की देखभाल दोनों करते हैं **संरक्षण महत्व** : वन्यजीव सुरक्षा अधिनियम – शेड्यूल 4, आई.यू.सी.एन. – लगभग संकट में **(प्लेट 11, चित्र 69)**

एसिअन ओपनबिल *एनस्टोमस ओसिटेन्स*

घोंघिल 81 से.मी.

वितरण : पूर्व और दक्षिण–पूर्व राजस्थान **पहचान** : आँख सफेद, चोंच लालामी लिये हुए धूसर या धूसर–लाल, पैर धूसर या गुलाबी–भूरे; अन्य स्टोर्क से छोटा, सफेद, डैनों के प्राथमिक, माध्यमिक और कंधे के पंख काले; पूंछ काली; चोंच के छोर पर खाली स्थान इनकी मुख्य पहचान है **व्यवहार और आवास** : जलाशय, तालाब, नहर, नदी के किनारे और धान के खेत इनके पसंदीदा आवास हैं, अकेले या छोटे समूह में मिलते हैं, चोंच विशेष रूप से घोंघे खाने के लिये उपयुक्त **भोजन** : मुख्य रूप से घोंघे, मेंढक और केंकड़े भी **प्रजनन** : वर्षाकाल में समूह में, 2–4 अंडे मटमैले रंग के **संरक्षण महत्व** : वन्यजीव सुरक्षा अधिनियम – शेड्यूल 4 **(प्लेट 11, चित्र 70)**

व्हाईट–नेक्ड (वूली–नेक्ड) स्टोर्क *सिकोनिआ इपिस्कोपस*

लगलग 106 से.मी.

वितरण : पूर्व, दक्षिण–पूर्व और दक्षिण राजस्थान **पहचान** : आँख भूरी, काली चोंच छोर पर लाल, चेहरे और गले की त्वचा धूसर, पैर लाल या धूसर–लाल; पूरा शरीर चमकदार काला, सफेद गर्दन पर ऊनी रुंयेदार पंख; कपाल काला; गुदा और पूंछ के नीचे सफेद; गठीला शरीर और लम्बी टांगें **व्यवहार और आवास** : झील, तालाब, खेत के सूखे किनारे और घास के मैदान; जोड़े में या छोटे समूह में मिलते हैं **भोजन** : मेंढक, केंकड़े,

कीड़े, छिपकलियाँ, सांप और किनारे पर आई मरी मछलियाँ **प्रजनन :** जुलाई से अक्टूबर, टहनियों का बड़े आकार का घोंसला पानी के किनारे पेड़ों पर या शिला–फलक पर, अंडे 3–4 सफेद रंग के **संरक्षण महत्व :** वन्यजीव सुरक्षा अधिनियम – शेड्यूल 4 **(प्लेट 11, चित्र 71)**

यूरोपियन व्हाईट स्टोर्क *सिकोनिआ सिकोनिआ*

अंग्रेजी लगलग 106 से.मी.

वितरण : दुर्लभ अप्रवासी; पूर्व और दक्षिण–पूर्व राजस्थान में कभी–कभी **पहचान :** चोंच गहरी लाल, पैर लाल; लम्बी टांगें और गर्दन, सफेद शरीर, डैने काले; सिर, गर्दन और सीने के पंख तीर जैसे, कंधे के पंख लम्बे **व्यवहार और आवास :** जलाशय आदि के किनारे के नम घास के मैदानों पर मिलते हैं, अकेले या जोड़े में पानी के किनारे तक भोजन की तलाश में घूमते हैं, उड़ान तेज; अप्रवास के समय समूह में दिखाई देते हैं **भोजन :** मेंढक, सरीसृप, केंकड़े, चूहे और टिड्डे आदि **संरक्षण महत्व :** वन्यजीव सुरक्षा अधिनियम – शेड्यूल 4 **(प्लेट 11, चित्र 72)**

ब्लैक स्टोर्क *सिकोनिआ निग्रा*

सुरमाल 99 से.मी.

वितरण : अप्रवासी; पूर्व, दक्षिण–पूर्व और दक्षिण राजस्थान **पहचान :** चोंच लाल, चेहरे की त्वचा गहरी लाल, पैर लाल; शरीर ऊपर से चमकीला काला, काले रंग पर ताम्बई, हरी और बैंगनी आभा; सीना, बगल, पेट और पूंछ के नीचे सफेद **व्यवहार और आवास :** सचेत, पास आते ही उड़ जाते हैं, जोड़े या 5–6 के समूह में रहते हैं, नदी, तालाब, जलाशय के किनारे का छिछला पानी पसंद करते हैं **भोजन :** मेंढक, मछली, झींगे, कीड़े, चूहे और छोटे पक्षी **संरक्षण महत्व :** वन्यजीव सुरक्षा अधिनियम – शेड्यूल 4 **(प्लेट 11, चित्र 73)**

ब्लैक–नेक्ड स्टोर्क *एफिपायोरिन्कस एसिएटिकस*

लौह सारंग 135 से.मी.

वितरण : पूर्व, दक्षिण–पूर्व और दक्षिण राजस्थान में बहुत कम संख्या में कुछ स्थानों पर **पहचान :** आँख नर में लाल–भूरी और मादा में पीली, विशाल काली चोंच, पैर लाल; सभी स्टोर्क में सबसे अधिक लम्बाई; सिर,

गर्दन और कंधे और पूंछ काले, काले रंग पर हरी–नीली आभा; पीठ, सीना और पूंछ के नीचे सफेद **व्यवहार और आवास :** अकेले या जोड़े में रहते हैं, बड़े जलाशयों और नदी के किनारे इनको पसंद हैं, किनारे पर धीरे–धीरे टहलते देखे जा सकते हैं **भोजन :** मछली, मेंढक, सरीसृप, झींगे और छोटे स्तनपायी **प्रजनन :** सितम्बर से दिसम्बर, डंठलों को इकट्ठा कर विशालकाय घोंसला पेड़ों पर बनाते हैं जिसके बीच के भाग को कोमल घास, पत्तियों और कपड़ों से ढंक देते हैं, अंडे 3–4 सफेद रंग के **संरक्षण महत्व :** वन्यजीव सुरक्षा अधिनियम – शेड्यूल 4, आई.यू.सी.एन. – लगभग संकट में **(प्लेट 11, चित्र 74)**

इंडियन ब्लैक आईबिस *स्यूडाईबिस पैपिल्लोसा*

काला बाज 68 से.मी.

वितरण : राजस्थान के सम्पूर्ण पूर्वी भाग में सामान्य **पहचान :** आँख लाल–भूरी, चोंच भूरी–हरी या काली–हरी, चेहरा काला, कपाल से गर्दन तक लाल मस्से का त्रिकोण, पैर लाल; चमकीला काला रंग; चोंच लम्बी और नीचे की ओर घूमी हुई; कंधे पर सफेद धब्बा **व्यवहार और आवास :** 3–8 के छोटे समूह में जलाशयों के सूखे किनारों या खेतों पर घूमते देखे जा सकते हैं, नहर, बाँध की सूखी भूमि, दलदल और सूखे घास के मैदान इनके पसंदीदा स्थल हैं, अन्य आईबिस के मुकाबले अधिक सूखे स्थलों पर रहते हैं **भोजन :** मेंढक, छोटी मछलियाँ, सरीसृप, कीड़े और अनाज कण **प्रजनन :** जुलाई से दिसम्बर, ऊंचे पेड़ों पर बड़े–बड़े घोंसले बनाते हैं, 2–4 अंडे नील–पीत रंग के **संरक्षण महत्व :** वन्यजीव सुरक्षा अधिनियम – शेड्यूल 4 **(प्लेट 12, चित्र 75)**

ओरिएन्टल व्हाईट आईबिस
(ब्लैक–हैडेड आईबिस) *थ्रेस्किओर्निस मिलेनोसिफेलस*

बुज्जा 68 से.मी.

वितरण : राजस्थान के सम्पूर्ण पूर्वी भाग में सामान्य **पहचान :** आँख लाल, सिर की त्वचा नीली–काली, पैर काले, डैनों के नीचे बगल की नंगी त्वचा लाल; सिर और ऊपरी गर्दन काली, बाकी शरीर सफेद; लम्बी नीचे की ओर घूमी हुई चोंच; पूंछ के ऊपरी हिस्से में कुछ काले पंख **व्यवहार और आवास :** जलाशय, नहर, बाँध, तालाब के छिछले पानी में इनके छोटे समूह खड़े या घूमते हुए देखे जाते हैं, चोंच को छिछले पानी के अन्दर डुबा

कर भोजन पकड़ते हैं, गहरे पानी में नहीं जाते; सामान्यतः अन्य जल पक्षियों के साथ मिलते हैं **भोजनः** मछली, मेंढक, सरीसृप, केंचुए, कीड़े और जलीय वनस्पति **प्रजननः** जून से अक्टूबर, 2–4 सफेद अंडे **संरक्षण महत्वः** वन्यजीव सुरक्षा अधिनियम – शेड्यूल 4, आई.यू.सी.एन. – लगभग संकट में **(प्लेट 12, चित्र 76)**

ग्लौसी आईबिस *प्लेगेडिस फाल्सिनेल्लस*

छोटा बुज्जा 52 से.मी.

वितरण : पूर्व और दक्षिण–पूर्व राजस्थान **पहचान** : आँख भूरी, चोंच जैतूनी–भूरी या गुलाबी–भूरी, चेहरे की नंगी त्वचा सीसे जैसी नीली, पैर कांसे जैसे भूरे; अन्य आईबिस से छोटा आकार, लाल–भूरे शरीर पर बादामी या हरी आभा, प्रजनन काल में रंग गहरा और चमकीला; काली पूंछ पर हरी या बैंगनी आभा; पतली नीचे को घूमी चोंच; प्रजनन काल के बाद सिर और गर्दन पर बारीक सफेद रेखायें; कंधे पर चमकीला हरा–नीला **व्यवहार और आवास** : पैरों तक की गहराई तक के पानी में सिर पूरी तरह डुबा कर भोजन तलाशते हैं, तालाब, जलाशय, बाँध आदि पर इनके झुंड देखे जाते हैं, सामूहिक, 40–50 के झुंड में रहते हैं, रात को पेड़ों पर विश्राम करते हैं **भोजन** : घोंघे, झींगे, केंचुये और कीड़े **संरक्षण महत्व** : वन्यजीव सुरक्षा अधिनियम – शेड्यूल 4 **(प्लेट 12, चित्र 77)**

यूरेसिअन स्पूनबिल *प्लेटेलिआ ल्यूकोरोडिआ*

चम्मचबाज 86 से.मी.

वितरण : राजस्थान के पूर्वी भाग में **पहचान** : आँख गहरी भूरी या लाल, चोंच काली और धूसर, छोर पर पीत, चेहरा और गला पीला, पैर काले; चोंच का विशेष चम्मच जैसा आकार इनकी पहचान है; लम्बी टांगें और गर्दन; शरीर सफेद; गर्दन पर दालचीनी जैसा पीला धब्बा; प्रजनन काल में सिर पर छोटी चोटी **व्यवहार और आवास** : सामूहिक, 50 तक की संख्या में; अन्य जल पक्षियों के साथ रहते हैं, सुबह और शाम को चोंच पानी में 45° के अर्ध चन्द्राकार क्षेत्र में घुमा कर भोजन प्राप्त करते हैं, दिन का समय आराम करते हुए और शरीर व पंखों की देखभाल करते हुए बिताते हैं **भोजनः** छोटी मछलियां, टेडपोल, घोंघे और झींगे **प्रजननः** जुलाई से अक्टूबर, पानी में खड़े पेड़ों पर घोंसला बनाते हैं, 3–5 सफेद धूसर धब्बेदार अंडे **संरक्षण महत्व** : वन्यजीव सुरक्षा अधिनियम – शेड्यूल 1 **(प्लेट 12, चित्र 78)**

ग्रेटर फ्लेमिंगो

फीनिकोप्टेरस रोजिअस

राजहंस

140 से.मी.

वितरण : मध्य और दक्षिण–पूर्व राजस्थान, साम्भर झील पर विशाल समूह एकत्रित होते हैं **पहचान** : आँख नींबू जैसी पीली, चोंच, चेहरे और गले की त्वचा गुलाबी, चोंच का छोर काला, पैर लाल; बहुत लम्बी टांगें और गर्दन; गुलाबी भारी चोंच, लगभग आधी लम्बाई के बाद नीची की ओर मुड़ी हुई, छोर पर नुकीली; डैने लाल और काले; मादा कुछ छोटी और हलके रंग की **व्यवहार और आवास** : खारे पानी की झील, ठहरे हुए और शैवाल से भरे हुए जलाशय, बाँध के किनारों पर सामूहिक रूप से एकत्रित होते हैं, पानी में सिर डुबो कर कीचड़ को चोंच में भर कर छानते हैं **भोजन** : शैवाल, सूक्ष्म जीव और शायद छोटी मछलियां **प्रजनन** : एक बार साम्भर झील पर प्रजनन का प्रयास किया था; मिट्टी के घोंसले बनाते हैं **संरक्षण महत्व** : वन्यजीव सुरक्षा अधिनियम – शेड्यूल 4 **नोट**: लैसर फ्लेमिंगो फीनिकोनिआस माईनर, 90–105 से.मी. राजस्थान में केवल साम्भर झील और अजमेर में देखे गये हैं, इनका आकार छोटा, आँख और चोंच गहरी लाल, शरीर गुलाबी, नमकीन पानी की झील पर पाये जाते हैं, व्यवहार लगभग अन्य फ्लेमिंगो जैसा ही; **संरक्षण महत्व** : वन्यजीव सुरक्षा अधिनियम – शेड्यूल 4, आई.यू.सी.एन. – लगभग संकट में **(प्लेट 12, चित्र 79)**

कौटन टील (कौटन पिग्मी–गूज)

नेट्टापस कोरामन्डेलिएनस

गुरगुरा

33 से.मी.

वितरण : पूर्व, दक्षिण–पूर्व और दक्षिण राजस्थान **पहचान** : आँख नर की लाल, मादा की भूरी, पैर काले; सबसे छोटी बतख; नर की पीठ और कपाल काले–भूरे, पीठ पर चमकीली हरी आभा; चेहरा, गर्दन और अधोभाग सफेद; मादा भूरी और सादा; प्रजनन काल के बाहर नर मादा जैसा ही पर पीठ काली **व्यवहार और आवास** : 15–20 के समूह में रहते हैं, उड़ान तेज और शक्तिशाली; खरपतवार से भरे झील, तालाब, बाँध के जलाशय आदि को पसंद करते हैं, सजग पर निडर **भोजन** : जलीय पौधों की कोंपल, बीज, अनाज, जंगली चावल, झींगे, कीड़े और केंचुये **प्रजनन** : जून से सितम्बर, घोंसला पेड़ की कोटर में; अंडे 6–14, मोती जैसे सफेद रंग के **संरक्षण महत्व** : वन्यजीव सुरक्षा अधिनियम – शेड्यूल 4 **(प्लेट 12, चित्र 80)**

कौम्ब डक *सार्किडिओर्निस मिलेनोटस*

नकटा 76 से.मी.

वितरण : मध्य, पूर्व और दक्षिण–पूर्व राजस्थान में सामान्य **पहचान** : आँख गहरी भूरी, चोंच काली, पैर काले–भूरे; बड़े आकार की स्थानीय बतख, नर की चोंच पर एक गांठ इनकी पहचान है; मादा नर से बहुत छोटी, सादा और चोंच पर बिना गांठ की; काली पीठ पर नीली–हरी चमकीली आभा; अधोभाग सफेद; सिर और गर्दन पर छितराये काले बिन्दु **व्यवहार और आवास** : वृक्ष पर रहने वाली बतख; समूह में खरपतवार से भरे जलाशयों, तालाबों, झीलों पर मिलते हैं, अधिकतर जंगली क्षेत्र से घिरे जल क्षेत्र पर; प्रायः पेडों पर बैठते हैं **भोजन** : मुख्य रूप से जलीय वनस्पति, जंगली बीज, अनाज और कभी–कभी मछली और मेंढक भी **प्रजनन** : वर्षा ऋतु में, विशाल पेड़ों के कोटर में घोंसला बनाते हैं, अंडे 7–15 मक्खन के रंग के, अंडे सेकने का काम मादा द्वारा **संरक्षण महत्व** : वन्यजीव सुरक्षा अधिनियम – शेड्यूल 4 **(प्लेट 12, चित्र 81)**

स्पाट–बिल्ड डक *आनस पोसिलोर्हिन्का*

गुगराल 60 से.मी.

वितरण : लगभग सम्पूर्ण राजस्थान पर सामान्यतः पूर्वी भाग में **पहचान** : चोंच काली सिरे का एक–तिहाई भाग पीला, चोंच के आधार पर एक नारंगी चिन्ह, पैर लाल; बड़े आकार की भूरी–धूसर बतख, डैनों के अन्दरूनी पंखों (स्पेकुलम) का रंग नीला–हरा और सफेद **व्यवहार और आवास** : जोड़े या छोटे समूह में किनारे पर बैठे हुए या पानी के मध्य में तैरते हुए दिखते हैं, धान के खेत, खरपतवार वाले जल क्षेत्र, तालाब, नदी के छिछले पानी वाले क्षेत्र इनके पसंदीदा आवास हैं, पानी में डुबकी नहीं लगाते बल्कि उलटे होकर तल की वनस्पति आदि खाते हैं **भोजन** : जलीय वनस्पति, उनके बीज, जंगली अनाज, धान और कभी–कभी केंचुये और कीड़े **प्रजनन** : वर्षा काल में, जलीय वनस्पतियों के ऊपर घोंसला बनाते हैं, अंडे 6–12, भूरे–धूसर या हरे–सफेद रंग के **संरक्षण महत्व** : वन्यजीव सुरक्षा अधिनियम – शेड्यूल 4 **(प्लेट 12, चित्र 82)**

नौदर्न पिनटेल *आनस अक्यूटा*

सींखपर 53–75 से.मी.

वितरण : राजस्थान के पूर्वी भाग में सामान्य अप्रवासी **पहचान** : आँख भूरी, चोंच काली बगल से नीली, पैर गहरे भूरे; लम्बी गर्दन वाली छरहरी बतख; नर का सिर और गर्दन का पीछे का भाग चाकलेट जैसा भूरा, पीठ और बगल में धूसर, कंधे पर काले पंख; सीना और पेट सफेद; सीने से सिर की ओर एक पतली सफेद रेखा; मादा भूरी, गहरे भूरे चिन्हों के साथ; डैनों के अन्दरूनी पंख हरे और भूरे; पूंछ काली और नर में लम्बी और नुकीली **व्यवहार और आवास** : झील, तालाब, बाँध, नदी और धान के खेतों के छिछले पानी में पाई जाती है; सजग, चोंकने पर एक दम उड़ जाती है; अधिकतर रात में भोजन करते हैं, दिन में बड़े जलाशयों पर आराम **भोजन** : घास, जलीय वनस्पति, जंगली धान और घोंघे, केंचुये, झींगे भी **संरक्षण महत्व** : वन्यजीव सुरक्षा अधिनियम – शेड्यूल 4 **(प्लेट 13, चित्र 83)**

नौदर्न शोवेलर *आनस क्लाईपिएटा*

टिडारी 50 से.मी.

वितरण : अप्रवासी, राजस्थान के पूर्वी भाग में सामान्य **पहचान** : आँख नर की पीली–नारंगी, मादा की भूरी या पीली–भूरी, चोंच काली, पैर नारंगी या लाल; अपनी फावड़े जैसी चोंच द्वारा अलग से पहचाने जाते हैं, नर का सिर और गर्दन चमकीले धातु जैसे हरे रंग के, सीना सफेद, पेट और बगल में गहरा भूरा; बगल में पीछे की ओर सफेद धब्बा; डैनों के अन्दरूनी पंख हरे; मादा सफेद बारीक बिन्दु और रेखाओं के साथ गहरी भूरी और ताम्बई, कंधे पर नीली–धूसर **व्यवहार और आवास** : जलाशयों, बाँध, तालाब और झील पर मिलते हैं, छोटे समूह में अन्य बतखों के साथ भोजन या आराम करते हैं, भोजन के समय चोंच आगे को कर के तैरते हैं **भोजन** : जलीय वनस्पति और झींगे, घोंघे, कीड़े, केंचुये और मछलियों के बच्चे **संरक्षण महत्व** : वन्यजीव सुरक्षा अधिनियम – शेड्यूल 4 **(प्लेट 13, चित्र 84)**

गैडवाल *आनस स्ट्रेपेरा*

बैखुर 50 से.मी.

वितरण : अप्रवासी, राजस्थान के पूर्वी भाग में सामान्य **पहचान** : आँख भूरी, चोंच गहरी धूसर, नीचे पीत या लालामी लिये हुए, पैर पीले या

पीले–भूरे; शरीर धूसर, पेट मटमैला सफेद, पूंछ काली; सीने पर काले और सफेद अर्द्धचन्द्राकार चिन्ह; मादा हलके भूरे रंग की, शरीर पर बिखरे हुए पीत बादामी चिन्ह; डैनों के अंदरूनी पंख (स्पेकुलम) सफेद और काले, लाल–भूरे सीमान्त के साथ; शरद ऋतु में नर भी हलके रंग का **व्यवहार और आवास** : छोटे समूह में जलाशयों, नदी, बाँध, तालाब आदि पर जलीय वनस्पति के बीच देखने को मिलते हैं, कई वर्षों में 400–500 के विशाल समूह में भी; छिछले पानी में चोंच डुबो कर भोजन तलाशते हैं **भोजन** : जलीय वनस्पति की कोंपल, बीज, कन्द, धान और कीड़े भी **संरक्षण महत्व** : वन्यजीव सुरक्षा अधिनियम – शेड्यूल 4 **(प्लेट 13, चित्र 85)**

मल्लार्ड *आनस प्लेटीर्हिन्कस*

नीलसिर 58 से.मी.

वितरण : अप्रवासी; मध्य, पूर्व और दक्षिण–पूर्व राजस्थान में कम संख्या में **पहचान** : चोंच जैतूनी–पीली, पैर नारंगी या लाल; नर के धूसर शरीर पर बारीक काली रेखायें, सिर से गले तक चमकीला हरा, सीना गहरा लालाभ–भूरा, गले और सीने के बीच एक सफेद कंठी; मादा भूरी और बादामी, शरीर पर काले धब्बे और रेखायें, ठोढ़ी और गला बादामी; पूंछ और पूंछ के दो ऊपर की ओर घूमे हुए पंख काले; स्पेकुलम बैंगनी **व्यवहार और आवास** : दुर्लभ, प्रायः जोड़े में या बहुत छोटे समूह में दिखते हैं, बहुत सजग और हलकी सी आहट पर उड़ जाते हैं, छिछले पानी की झील, जलाशय, बाँध पर मिलते हैं, दूसरी बतखों से अलग रहते हैं **भोजन** : शाकाहारी, जलीय वनस्पति की कोंपल, बीज, कन्द, जंगली धान आदि; यदा कदा कीड़े भी **संरक्षण महत्व** : वन्यजीव सुरक्षा अधिनियम – शेड्यूल 4 **(प्लेट 13, चित्र 86)**

यूरेसिअन विजन *आनस पेनीलोप*

पटारी 49 से.मी.

वितरण : अप्रवासी; सुदूर पश्चिम और उत्तर को छोड़ कर सम्पूर्ण राजस्थान **पहचान** : चोंच नीली–धूसर, पैर धूसर; नर का सिर और गर्दन लाल–भूरा, माथे पर पीला टीका, शरद ऋतु में नर के रंग हलके; मादा हलके रंग की, सीने पर हलकी, बारीक लहरदार रेखायें; पूंछ काली; स्पेकुलम हरा **व्यवहार और आवास** : झील, बाँध, तालाब व अन्य जलाशयों के तट पर बैठे या घूमते हुए देखे जा सकते हैं, तट पर ताजी

घास चरते हैं या छिछले पानी की वनस्पति पानी में सिर डुबा कर तलाशते हैं **भोजन** : मुख्य रूप से शाकाहारी पर कीड़े आदि भी खा लेते हैं **संरक्षण महत्व** : वन्यजीव सुरक्षा अधिनियम – शेड्यूल 4 **(प्लेट 13, चित्र 87)**

गार्गेनी *आनस क्वेरकुडेला*

चौता 41 से.मी.

वितरण : अप्रवासी; पूर्व, दक्षिण–पूर्व और दक्षिण राजस्थान में सामान्य **पहचान** : चोंच गहरी धूसर लगभग काली, पैर धूसर; नर का सिर और सीना गुलाबी भूरा, आँख के ऊपर सफेद पट्टी; ऊपर का शरीर काला–भूरा; कन्धे के पंख लम्बे और बीच की सफेदधारी के साथ काले; स्पेकुलम हरा; मादा का सिर भूरा, आँख के ऊपर सफेद भोंह और आँख के बीच से काली रेखा **व्यवहार और आवास** : विशाल जलाशयों और छोटे तालाबों दोनों पर ही सामान्य; प्रायः सितम्बर–अक्टूबर और फरवरी–मार्च में आते और लौटते प्रवास पर दिखते हैं, तट पर और छिछले पानी में उगने वाली वनस्पति प्रायः रात को खाते हैं **भोजन** : घास, कोंपल, बीज, कन्दमूल, धान और कीड़े भी **संरक्षण महत्व** : वन्यजीव सुरक्षा अधिनियम – शेड्यूल 4 **(प्लेट 14, चित्र 88)**

कौमन टील *आनस क्रेक्का*

केर्रा 38 से.मी.

वितरण : अप्रवासी; सम्पूर्ण राजस्थान में सामान्य **पहचान** : चोंच पीत–काली, नीचे भूरापन, पैर नीले–धूसर; नर का सिर और गर्दन लाल–भूरे, आँख से गर्दन तक चौड़ी हरी पट्टी, पट्टी के सीमान्त पीले; शरीर बारीक रेखाओं युक्त धूसर, पूंछ सफेद; स्पेकुलम हरा और काला; मादा का शरीर हलके और भूरे रंग का, गले पर धब्बे; अप्रवास के समय नर का रंग हलका पर सिर कालापन लिये हुए **व्यवहार और आवास** : सभी प्रकार के जलक्षेत्रों पर सामान्य रूप से उपलब्ध अप्रवासी बतख; सुबह और शाम को छिछले पानी में भोजन तलाशते हैं, उड़ान तेज **भोजन** : जलीय वनस्पति, कन्दमूल, बीज आदि **संरक्षण महत्व** : वन्यजीव सुरक्षा अधिनियम – शेड्यूल 4 **(प्लेट 14, चित्र 89)**

रड्डी (ब्राह्मनी) शेल्डक *टेडोर्ना फेरुजिनिआ*

चकवा 66 से.मी.

वितरण : अप्रवासी; राजस्थान के पूर्वी भाग में सामान्य **पहचान** : चोंच और पैर काले; शरीर नारंगी–पीला, सिर और गर्दन कुछ हलके रंग के, नर की गर्दन पर काली कंठी; डैनों के प्राथमिक पंख काले–हरे; स्पेकुलम हरा; पूंछ काली; मादा के रंग कुछ हलके **व्यवहार और आवास** : प्रायः जोड़े में पर अनेक बार 15–25 के समूह में; जलाशय के सूखते तट पर घास चरते देखे जा सकते हैं, नदी, बाँध, तालाबों के किनारों पर सामान्य रूप से उपलब्ध; भूमि पर अच्छी तरह से चलते हैं **भोजन** : सर्वभक्षी; बीज, कन्दमूल, घास, कीड़े, केंचुये, झींगे, मछली और छोटे सरीसृप **संरक्षण महत्व** : वन्यजीव सुरक्षा अधिनियम – शेड्यूल 4 **नोटः** राजस्थान के पूर्वी भाग में दुर्लभ रूप से कौमन शेल्डक टेडोर्ना टेडोर्ना (सफेद सुर्खाब) भी देखे गये हैं **(प्लेट 14, चित्र 90)**

रेड क्रेस्टेड पोचार्ड *नेट्टा रुफीना*

लाल चोंच 53–57 से.मी.

वितरण : अप्रवासी; मध्य, पूर्व और दक्षिण–पूर्व राजस्थान में **पहचानः** आँख लाल, मादा की लाल–भूरी, चोंच – नर की चमकीली लाल, मादा की काली–धूसर सिरे पर गुलाबी, नर के पैर लाल, मादा के काले; लम्बी गर्दन और गोलाकार सिर वाली बड़े आकार की बतख; सिर नारंगी–भूरा; शरीर ऊपर से बादामी, कंधे और बगल में सफेद; पेट और पूंछ काले; मादा धूसर–भूरी, कपाल गहरे रंग का, गाल और गला पीत–भूरे; अप्रवास के समय नर मादा जैसे ही पर लाल आँख और चोंच द्वारा पहचाने जा सकते हैं **व्यवहार और आवास** : नदी, बाँध, अन्य जलाशयों के बीच के गहरे और खुले पानी में ही रहते हैं, पानी में डुबकी लगा कर भोजन तलाशते हैं, शर्मीले और सजग; सामूहिक; राजस्थान में 10–50 तक की संख्या में **भोजनः** जलीय वनस्पति और घोंघे, झींगे, कीड़े और टेडपोल आदि **संरक्षण महत्व** : वन्यजीव सुरक्षा अधिनियम – शेड्यूल 4 **(प्लेट 14, चित्र 91)**

टफ्टेड पोचार्ड *आयथिया फुलिगुला*

अबलक 43 से.मी.

वितरण : अप्रवासी; लगभग सम्पूर्ण राजस्थान पर कम संख्या में और कभी–कभी **पहचान** : आँख पीली, चोंच धूसर–नीली, पैर गहरे धूसर–काले;

प्रजनन काल में नर चमकीला काला, सिर पर लम्बी लटकती चोटी और सफेद बगलें; आप्रवास के समय रंग हलके और बगलें धूसर; मादा भूरी, बगल में धूसर–सफेद; उड़ान में डैने के पीछे की ओर सफेद धब्बा दिखता है **व्यवहार और आवास** : गहरे पानी वाले जलाशय, नदी, बाँध, तालाब पर मिलते हैं, पानी में डुबकी लगा कर भोजन तलाशते हैं, तैरते समय पानी के ऊपर काली पीठ ही दिखाई देती है **भोजन** : जलीय वनस्पति और कीड़े, झींगे आदि **संरक्षण महत्व** : वन्यजीव सुरक्षा अधिनियम–शेड्यूल 4 **(प्लेट 14, चित्र 92)**

कौमन पोचार्ड *आयथिया फेरिना*

लालसिर 45 से.मी.

वितरण : अप्रवासी; सुदूर पश्चिम और उत्तर को छोड़ कर सम्पूर्ण राजस्थान **पहचान** : आँख लाल, चोंच नीली–धूसर, सिरे और आधार पर काली, पैर धूसर–नीले; नर का उन्नत सिर और गर्दन लाल–भूरे, मादा के धूसर–भूरे; नर का सीना और पीठ काली, मादा में लाल–भूरे; डैने चाँदी जैसे धूसर नर में और सादे धूसर मादा में; पूंछ काली; मादा की पीठ धूसर–भूरी **व्यवहार और आवास** : बड़े जलाशय, बाँध, नदी, तालाब आदि के गहरे और खुले पानी वाले भाग पर देखे जाते हैं, पानी के तल तक डुबकी लगा कर भोजन प्राप्त करते हैं, सामूहिक; छोटे से लेकर विशाल झुंड तक में देखे जाते हैं **भोजन** : जलीय वनस्पति के बीज, कन्दमूल, कोंपल और कीड़े, झींगे, घोंघे भी **संरक्षण महत्व** : वन्यजीव सुरक्षा अधिनियम – शेड्यूल 4 **(प्लेट 14, चित्र 93)**

फेरुजिनस पोचार्ड *आयथिआ नायरोका*

कुर्चिआ 41 से.मी.

वितरण : अप्रवासी; कम संख्या में पूर्व और दक्षिण–पूर्व राजस्थान में **पहचान** : आँख नर में सफेद और मादा में भूरी, चोंच नीली–धूसर, पैर गहरे धूसर; शरीर लाल–भूरा, पेट पर बड़ा अंडाकार सफेद धब्बा पहचान में सहायक; पूंछ नीचे सफेद; आप्रवास के समय रंग हलके और पेट का सफेद धुंधला **व्यवहार और आवास** : जलीय वनस्पति से भरे जलक्षेत्रों पर 10–30 से छोटे समूहों में मिलती हैं, खुले पानी में बहुत कम; सजग, खतरे के संकेत पर छुप जाते हैं या डुबकी लगा देते हैं, इसलिये मानव आबादी से दूर स्थित जलक्षेत्र पर ही मिलते हैं, शाम होने पर धान के खेतों,

खरपतवार वाले छिछले पानी के अपने भोजन स्थल पर पहुंच जाते हैं **भोजन** : जलीय वनस्पति की कोंपल, पत्ती, बीज और झींगे, घोंघे और कीड़े आदि **संरक्षण महत्व** : वन्यजीव सुरक्षा अधिनियम – शेड्यूल 4, आई.यू.सी.एन. – लगभग संकट में **(प्लेट 14, चित्र 94)**

लेसर व्हिसलिंग डक *डेन्ड्रोसिग्ना जावानिका*

सीलकही 40 से.मी.

वितरण : पूर्व, दक्षिण–पूर्व और दक्षिण राजस्थान की सामान्य स्थानीय बतख **पहचान** : आँख भूरी, चोंच स्लेट जैसी धूसर, पैर धूसर; माथा, कपाल और गर्दन का पीछे का भाग धुंधला धूसर–भूरा; आँख के ऊपर, चेहरा, सीना और गला धूसर–बादामी; पीठ गहरी धूसर; पेट और बगल में हलका बादामी; कंधे और पूंछ के ऊपर पीत–कत्थई; लम्बी गर्दन और बैठने या तैरने का तरीका सीधा **व्यवहार और आवास** : सामूहिक; 15–20 के झुंड में एक जलक्षेत्र से दूसरे पर उड़ते रहते हैं, पूरा समूह उड़ान में सीटी की आवाज निकालता है; उड़ान कमजोर जसाना–जैसी; खरपतवार वाले छिछले पानी के जलक्षेत्र पर रहते हैं **भोजन** : जलीय वनस्पति की कोंपल, जंगली बीज और छोटी मछलियां, मेंढक, घोंघे, कीड़े आदि **प्रजनन** : जून से अक्टूबर, पेड़ के कोटरों में घोंसला, 7–12 अंडे सफेद रंग के **संरक्षण महत्व** : वन्यजीव सुरक्षा अधिनियम – शेड्यूल 4 **(प्लेट 14, चित्र 95)**

ग्रेलैग गूज *एन्सर एन्सर*

लाल भाट्या 84 से.मी.

वितरण : अप्रवासी; पूर्व और दक्षिण–पूर्व राजस्थान के कतिपय स्थानों पर **पहचान** : चोंच और पैर गुलाबी; शरीर धूसर–भूरा, डैने गहरे भूरे, पीत रेखायें; गर्दन पर गहरी भूरी रेखायें; बगल में गहरी धारियां; गुलाबी चोंच और पैर इनकी पहचान हैं **व्यवहार और आवास** : सामूहिक; 70–300 के समूह में वनस्पति से युक्त जलाशय, झील, तालाब, बाँध आदि पर देखे जाते हैं, दिन में जलक्षेत्र के बीच में तैरते या किनारे पर घास में बैठे रहते हैं, रात को भोजन क्षेत्र को आते–जाते आवाज करते हैं, सजग, खतरे की आहट पर तुरन्त गहरे पानी की ओर चले जाते हैं **भोजन** : घास की कोंपलें, फसल की कोंपलें, जलीय पौधों के कन्द–मूल **संरक्षण महत्व** : वन्यजीव सुरक्षा अधिनियम – शेड्यूल 4 **(प्लेट 15, चित्र 96)**

बार–हैडेड गूज *एन्सर इंडिकस*

भाट्या 74 से.मी.

वितरण : अप्रवासी; मध्य, पूर्व, दक्षिण–पूर्व और दक्षिण राजस्थान **पहचान** : चोंच और पैर पीत–नारंगी, चोंच के सिरे पर काला नाखून; शरीर पीत–धूसर, सिर पर दो काली धारियां, गहरी धूसर गर्दन पर सफेद पट्टी, बगल में गहरा धूसर रंग और पेट धूसर व पीछे का भाग सफेद; बैठने पर डैने पूंछ के पीछे तक जाते हैं **व्यवहार और आवास** : सामूहिक; विशाल झुंड में जलाशयों के किनारे पर मुलायम घास चरते देखे जा सकते हैं, भोजन के बाद गहरे पानी में जाकर आराम करते हैं, रात को खेतों में भोजन के लिये जाते हैं, चने और धनिया की कोंपलें विशेष रूप से पसन्द **भोजन** : कोमल घास, फसल व अन्य जलीय वनस्पति **संरक्षण महत्व** : वन्यजीव सुरक्षा अधिनियम – शेड्यूल 4 **(प्लेट 15, चित्र 97)**

ब्लैक–शोल्डर्ड काईट *इलेनस सीरुलिअस*

कपासी 33 से.मी.

वितरण : सम्पूर्ण राजस्थान **पहचान** : आँख वयस्क की लाल, अवयस्क की पीली–भूरी, चोंच काली और पैर पीले; सफेद और धूसर रंग का सुंदर शिकारी पक्षी; कपाल, गर्दन, पीठ, और पूंछ के ऊपर राख जैसे धूसर, बाकी शरीर सफेद; अवयस्क का रंग भूरा–धूसर; आँख के बीच से एक काली रेखा और डैनों के कंधे पर काले निशान; डैनों के सिरे पूंछ के पीछे तक पहुंचते हैं **व्यवहार और आवास** : अति सामान्य पक्षी जिसे सड़क के किनारे, खेतों में टेलीफोन के खम्भों पर या छोटे पेड़ों पर बैठे देखा जा सकता है; शहरी और ग्रामीण क्षेत्र सभी में समान रूप से उपलब्ध; छितराये जंगल और जूलीफ्लोरा की झाड़ियों से भरे क्षेत्र में भी **भोजन** : टिड्डे, झींगुर, चूहे, छिपकलियां, गिरगिट, सर्प, मेंढक और छोटे पक्षी **प्रजनन** : पेड़ों की डालियों पर डंठलों को एकत्रित कर घोंसला बनाते हैं, 3–5 अंडे पीत या पीत–भूरे रंग के **संरक्षण महत्व** : वन्यजीव सुरक्षा अधिनियम – शेड्यूल 1 **(प्लेट 15, चित्र 98)**

ब्लैक काईट (परिआ काईट) *मिल्वस माईग्रेन्स*

चील 55–68.5 से.मी.

वितरण : सम्पूर्ण राजस्थान **पहचान** : चोंच काली, चोंच के ऊपर और मुंह के खुलाव की त्वचा का रंग हरा–पीला, पैर हलके पीले; शरीर

गहरा लाल–भूरा, पूंछ गहराई तक विभाजित; उड़ान के समय डैनों की निचली सतह पर प्राथमिक पंखों पर एक पीत अर्द्धचन्द्राकार चिन्ह दिखाई देता है; अवयस्क पीत–भूरे और शरीर पर भूरी रेखायें और बिन्दु; इनकी एक उप प्रजाति शरदकालीन अप्रवास के समय आती है जो कि आकार में थोड़ी बड़ी और इनके प्राथमिक पंखों की निचली सतह पर अर्द्धचन्द्राकार चिन्ह सफेद होता है **व्यवहार और आवास :** अतिसामान्य और सामूहिक; मानवीय आबादी के पास बहुतायत से पाये जाते हैं, कचरे के ढेर, नगर निगम के कूड़ा फेंकने के स्थान, मछली और मांस बाजार में बहुतायत से एकत्रित होते हैं, शहर और कस्बों में स्थित पेड़ों पर सामूहिक रूप से रात्रि विश्राम करते हैं **भोजन :** सर्वभक्षी **प्रजनन :** फरवरी से मई; डंठल, कपड़े और सभी प्रकार का कूड़ा एकत्रित कर पेड़ों पर बड़े आकार का घोंसला बनाते हैं, 2–3 अंडे, धूसर या गुलाबी–सफेद रंग के **संरक्षण महत्व :** वन्यजीव सुरक्षा अधिनियम – शेड्यूल 1 **(प्लेट 15, चित्र 99)**

पलास'स फिश–ईगल *हेलिएटस ल्यूकोराईफस*

मछरंगा 76–84 से.मी.

वितरण : अप्रवासी; पूर्व और दक्षिण–पूर्व राजस्थान में कभी–कभी **पहचान :** आँख पीली, चोंच सफेद–धूसर या पीत–धूसर, पैर सफेद या पीत; बड़ा आकार, गहरा भूरा शरीर, पीत–सुनहरा पीला सिर और गर्दन; पूंछ पर एक सफेद वलय, पूंछ का सिरा गोलाकार; मादा नर से बड़ी **व्यवहार और आवास :** नदी और बड़े जलाशयों के किनारे पेड़ों और मिट्टी के ढेर पर बैठते हैं, जलक्षेत्र पर हवा में गोल–गोल उड़ते रहते हैं और मौका मिलते ही मछली पर झपट्टा मारते हैं, शिकार को अपने पैर के नाखूनों में जकड़ लेते हैं और आस्प्रे जैसे अन्य शिकारी पक्षियों का शिकार भी छीन लेते हैं **भोजन :** मछली, जलीय पक्षी और सर्प, मेंढक, कछुआ और जल में पड़े मरे जानवर **संरक्षण महत्व :** वन्यजीव सुरक्षा अधिनियम – शेड्यूल 1, आई.यू.सी.एन. – असुरक्षित **(प्लेट 15, चित्र 100)**

ग्रेटर ग्रे–हैडेड फिश–ईगल *इक्थिओफेगा इक्थिएटस*

बड़ा मधूया 69–74 से.मी.

वितरण : अप्रवासी; दुर्लभ, पूर्व राजस्थान में सरिस्का और केवलादेव राष्ट्रीय उद्यान **पहचान :** आँख चमकीली पीली, चोंच नीली–धूसर, पैर सफेद या सफेद–धूसर; सिर और गर्दन धूसर, ऊपरी पीठ भूरी, डैनों के पंख

कालापन लिये हुए, सीना पीत–भूरा, बगल, पेट और पूंछ सफेद, पूंछ पर एक चौड़ा काला वलय **व्यवहार और आवास** : अकेले पानी के किनारे के पेड़ों पर बैठे दिखाई देते हैं, अपने शिकार पर निगाह रखते हैं और मछलियों को पानी की सतह से उठा लेते हैं, उड़ान धीमी; धीरे बहने वाली जंगली नदी या जलाशय पसन्द करते हैं **भोजन** : प्रायः बड़ी मछलियां **संरक्षण महत्व** : वन्यजीव सुरक्षा अधिनियम – शेड्यूल 1, आई.यू.सी.एन. – लगभग संकट में **नोटः** लैसर ग्रे–हेडेड फिश–ईगल इक्थिओफेगा हुमिलिस भी केवलादेव में देखे जाते हैं, दुर्लभ **(प्लेट 15, चित्र 101)**

इजिप्शिअन वल्चर *निओफ्रोन पर्कनोप्टेरस*

सफेद गिद्ध 60–70 से.मी.

वितरण : सम्पूर्ण राजस्थान **पहचान** : आँख गहरी भूरी, चोंच पीली, चेहरे की त्वचा पीली, पैर धूसर–पीले; शरीर मटमैले सफेद रंग का, उड़ान वाले पंख काले, पूंछ का तिकोना सिरा उड़ान में स्पष्ट दिखता है; अवयस्क के शरीर पर भूरे धब्बे और गंदला सफेद रंग **व्यवहार और आवास** : मानवीय आबादी के समीप रहते हैं, टेलीफोन के खम्भों, पेड़ों, जमीन या मिट्टी के ढेर पर बैठे दिखते हैं, पेड़ों पर सामूहिक रूप से रात्रि विश्राम करते हैं पर भोजन के समय इक्के–दुक्के ही दिखते हैं **भोजन** : मुख्य रूप से मरे जानवर पर छिपकली, मेंढक और छोटे पक्षी भी **प्रजनन** : फरवरी से मई, मध्यम ऊँचाई के पेड़ों पर सभी प्रकार का सामान एकत्रित कर बड़ा सा घोंसला बनाते हैं, अंडे 2, सफेद से लेकर ईंट जैसे लाल रंग के **संरक्षण महत्व** : वन्यजीव सुरक्षा अधिनियम – शेड्यूल 4, आई.यू.सी.एन.–संकट में **(प्लेट 15, चित्र 102)**

व्हाईट–रम्प्ड (बैक्ड) वल्चर *जिप्स बेन्गालेन्सिस*

सफेद–पीठ गिद्ध 90 से.मी.

वितरण : दुर्लभ, बहुत कम संख्या में दक्षिण–पूर्व और दक्षिण राजस्थान **पहचान** : आँख हलकी भूरी, चोंच गहरी सफेद–धूसर, चेहरे और गर्दन की त्वचा धूसर–भूरी, पैर काले; भारी काला–भूरा शरीर, चेहरे की त्वचा नंगी, गर्दन पर पीछे की ओर कोमल सफेद पंख और आधार पर सफेद पंखों की गलमाल; पीठ पर नीचे की ओर सफेद; नीचे से देखने पर डैनों पर सफेद पट्टी इनकी पहचान है **व्यवहार और आवास** : लगभग दो दशक पहले तक शहर और गांवों के पास अति सामान्य परन्तु अब अति

दुर्लभ; अब कतिपय जंगली इलाकों में दिखाई पड़ता है; गर्म हवा की ऊष्म लहरों पर बिना पंख चलाये गोल–गोल चक्कर काटते रहते हैं, मरे जानवर भूमि पर बैठ कर ही खाते हैं **भोजन** : मरे जानवर **प्रजनन** : अक्टूबर से मार्च; टहनियों और डंठलों और पत्तियों को एकत्रित कर ऊंचे वृक्षों पर घोंसला बनाते हैं, 1 या 2 अंडे सफेद रंग के **संरक्षण महत्व** : वन्यजीव सुरक्षा अधिनियम – शेड्यूल 4, आई.यू.सी.एन. – चरम संकट में **(प्लेट 15, चित्र 103)**

लोंग–बिल्ड वल्चर *जिप्स इंडिकस*

देसी गिद्ध 80–95 से.मी.

वितरण : दुर्लभ, पूर्व और दक्षिण–पूर्व राजस्थान **पहचान** : आँख भूरी, चोंच सींग के रंग की, चेहरे और गर्दन की नंगी त्वचा बादामी–धूसर; शरीर गहरा और हलका भूरा, पंखों के किनारे पीत रंग के, सिर और गर्दन पर मटमैले बाल जैसे पंख; गर्दन के आधार पर भूरे–सफेद और लम्बे पंखों की गलमाल; अधोभाग रेत जैसे भूरे **व्यवहार और आवास** : मृत जानवरों को फेंकने के स्थान पर 15–20 की संख्या में, अन्यथा अकेले या जोड़े में दिखते हैं, पहाड़ों के शिला–फलक और किले की दीवारों, बुर्ज आदि पर निवास करते हैं, ऊष्म हवा की तरंगों पर चक्कर लगाते हैं **भोजन** : मरे जानवर **प्रजनन** : अक्टूबर से मार्च, टहनियों को एकत्रित कर शिला–फलक और पहाड़ी दुर्ग आदि दूभर स्थानों पर घोंसला बनाते हैं, अंडे 1–2 सफेद रंग के **संरक्षण महत्व** : वन्यजीव सुरक्षा अधिनियम – शेड्यूल 4, आई.यू. सी.एन. – चरम संकट में **(प्लेट 16, चित्र 104)**

यूरेसिअन ग्रिफोन *जिप्स फल्वस*

ग्रिफोन गिद्ध 95–105 से.मी.

वितरण : अप्रवासी; पश्चिम और उत्तर राजस्थान, अन्य क्षेत्रों में यदा कदा **पहचान** : चोंच धूसर–भूरी, आँख के आगे काला, पैर मटमैले पीले या हरे–धूसर; बहुत बड़े आकार का लालाभ कांसे के रंग का गिद्ध, अधोभाग पर पीत रेखायें; गर्दन के आधार पर लम्बे मुलायम रेशेदार पंखों की गलमाल; सिर पर सफेद बाल जैसे पंख; अवयस्क का अधोभाग लाल–भूरा **व्यवहार और आवास** : रेतीले और सूखे क्षेत्र में कम संख्या में शरद काल के दौरान आते हैं, स्थानीय गिद्धों से बड़े कार और लाल–भूरे रंग द्वारा अलग से पहचाने जा सकते हैं **भोजन** : मरे जानवर **संरक्षण महत्व** : वन्यजीव सुरक्षा अधिनियम – शेड्यूल 4 **(प्लेट 16, चित्र 105)**

रेड–हैडेड वल्चर (किंग वल्चर) *सार्कोजिप्स कावस*

राज गिद्ध 85 से.मी.

वितरण : दुर्लभ, कम संख्या में राजस्थान के पूर्वी भाग में, थार मरुस्थल में भी देखे गये हैं **पहचान** : आँख लाल या पीली, चोंच गहरी भूरी, चेहरे और गर्दन की त्वचा पीलापन लिये हुए गहरी लाल, पैर लाल; काला रंग, बड़ा शरीर; जांघों और गर्दन के आधार पर सफेद; अवयस्क का सिर गुलाबी और सिर पर सफेद रेशेदार पंख **व्यवहार और आवास** : अकेले या जोड़े में अन्य गिद्धों के साथ भोजन स्थल पर दिखते हैं, कभी–कभी पेड़ों पर बैठे या हवा में चक्कर लगाते हुए भी; भोजन के लिये झगड़ते गिद्धों से दूरी रखते हैं और स्वभाव से शांत; जंगल और खुले मैदानों में रहते हैं, कभी भी इनकी संख्या अधिक नहीं थी पर अब अति दुर्लभ **भोजन** : मरे जानवर **प्रजनन** : दिसम्बर से अप्रैल, विशाल पेड़ों पर बड़ा घोंसला बनाते हैं, अंडा 1, सफेद रंग का **संरक्षण महत्व** : वन्यजीव सुरक्षा अधिनियम – शेड्यूल 4, आई.यू.सी.एन. – चरम संकट में **(प्लेट 16, चित्र 106)**

सिनेरिअस वल्चर *एजिपिअस मोनाकस*

काला गिद्ध 100–110 से.मी.

वितरण : दुर्लभ अप्रवासी; मुख्यतः पश्चिमी राजस्थान, यदा कदा दक्षिण और दक्षिण–पूर्व में **पहचान** : चोंच काली–भूरी, चोंच और आँख के बीच बैंगनी–सफेद, पैर सफेद; बड़े आकार का काला या काला–भूरा गिद्ध, गर्दन गुलाबी, गर्दन पर काले पंखों की गलमाल; सिर चौड़ा; कपाल और गाल पर रोयेंदार काले पंख; सिरे पर तिकोनी पूंछ उड़ान में स्पष्ट **व्यवहार और आवास** : अकेले–दुकेले चट्टानों, मिट्टी के ढेर या पहाड़ियों पर बैठे दिखते हैं, अन्य गिद्धों के बीच निडर घूमते हैं, घास के मैदान या अर्ध–रेगिस्तानी इलाकों में अधिक मिलते हैं **भोजन** : मरे जानवर **संरक्षण महत्वः** वन्यजीव सुरक्षा अधिनियम – शेड्यूल 4, आई.यू.सी.एन. – लगभग संकट में **(प्लेट 16, चित्र 107)**

शौर्ट–टोड स्नेक–ईगल *सर्किटस गैल्लिकस*

सांपमार 63–68 से.मी.

वितरण : सम्पूर्ण राजस्थान, सुदूर पश्चिम को छोड़ कर **पहचान** : आँख पीली या नारंगी–पीली, चोंच धूसर–नीली, पैर मटमैले पीले; मिट्टी

जैसा भूरा और सफेद रंग, चेहरा गोल, ठोढ़ी, गला और सीने का ऊपरी भाग हलका भूरा, बाकी अधोभाग सफेद हलकी भूरी धारियों के साथ; पूंछ पर 3–4 गहरे रंग के वलय जिनमें छोर का वलय सर्वाधिक चौड़ा; पैर पर पंख नहीं; बैठने पर डैने पूंछ के छोर तक पहुंचते हैं **व्यवहार और आवास** : आकाश में ऊंचे उड़ते और गोल–गोल चक्कर काटते हैं, खेतों, जंगल के किनारे और घास के खुले मैदानों में रहते हैं, पेड़ पर बैठ कर भी शिकार का इंतजार करते हैं **भोजन** : मुख्य रूप से सर्प, अन्य सरीसृप, छोटे पक्षी और स्तनपायी **प्रजनन** : दिसम्बर से मार्च, 1–2 अंडे सफेद रंग के **संरक्षण महत्व** : वन्यजीव सुरक्षा अधिनियम – शेड्यूल 1 **(प्लेट 16, चित्र 108)**

क्रेस्टेड सर्पेन्ट–ईगल *स्पिलोर्निस चीला*

डोगरा चील 74 से.मी.

वितरण : पूर्व, दक्षिण–पूर्व और दक्षिण राजस्थान के वनक्षेत्र में **पहचान** : आँख सुनहरी पीली, चोंच धूसर–नीली, ऊपर और सिरे पर काली, चोंच के पीछे पीला, पैर पीले; गहरा भूरा रंग, सिर पर गोलाकार काला और सफेद कलगी, कलगी के पंख उत्तेजना के समय खड़े होने पर वह स्पष्ट दिखती है, अधोभाग हलके भूरे रंग का जिस पर सफेद और काले बिन्दु और रेखायें; गहरे रंग की पूंछ पर चौड़ा वलय **व्यवहार और आवास** : वन क्षेत्र में घाटियाँ और जलधाराओं वाला प्रदेश इनका आवास है, वृक्ष पर बैठ कर या आकाश में चक्कर लगाते हुए शिकार ढूंढते हैं **भोजन** : सर्प, छिपकली, गिरगिट, पक्षी आदि **प्रजनन** : फरवरी–मार्च, प्रायः 1 अंडा, पीत–सफेद रंग का **संरक्षण महत्व** : वन्यजीव सुरक्षा अधिनियम – शेड्यूल 1 **(प्लेट 16, चित्र 109)**

वेस्टर्न मार्श–हैरिअर *सर्कस ऐरुजिनोसस*

सफेद सिरा 54–59 से.मी.

वितरण : अप्रवासी; मुख्य रूप से राजस्थान के पूर्वी भाग में, पश्चिम और उत्तर में भी यदाकदा देखे जाते हैं **पहचान** : आँख लाल–भूरी, चोंच चमकीली काली, चोंच के आधार और आँख के बीच पीला रंग, पैर पीले; वयस्क नर भूरा, सिर, गर्दन और सीना पीत लाल–भूरा; पूंछ और डैनों पर चाँदी जैसा धूसर रंग; डैनों के सिरे काले; मादा और अवयस्क नर गहरे चाकलेट जैसे भूरे रंग के जिनके सिर के ऊपर मक्खन के रंग की टोपी **व्यवहार और आवास** : सरकंडे और खरपतवार वाले दलदली क्षेत्र के

ऊपर धीमी गति से उड़ते हुए दिखाई देते हैं, शिकार के दिखने पर झटके से दिशा बदल कर नीचे की ओर गोता लगा कर शिकार पकड़ते हैं, अन्यथा किनारे पर या सरकंडों के बीच बैठे दिखाई पड़ते हैं **भोजन** : जलपक्षी, मेंढक, चूहे और टिड्डे आदि **संरक्षण महत्व** : वन्यजीव सुरक्षा अधिनियम – शेड्यूल 1 **(प्लेट 16, चित्र 110)**

मौन्टेगू'ज हैरिअर *सर्कस पाइरेर्गस*

मौन्टेगू गिरगिटमार 46–49 से.मी.

वितरण : अप्रवासी; राजस्थान के पूर्वी भाग में, पश्चिम में प्रवास के दौरान **पहचान** : आँख हरी–पीली, पैर पीले; वयस्क नर गहरे राख–धूसर रंग के जिस पर कुछ–कुछ भूरापन, सफेद अधोभाग पर भूरी रेखायें; माध्यमिक पंखों पर काली धारी उड़ान के दौरान पहचानने में मददगार; मादा सुनहरी–भूरी, डैनों के प्राथमिक पंख अंदर की तरफ़ भूरी रेखाओं से युक्त और डैनों की पिछले किनारे गहरे रंग के; पूंछ पर 3–4 चौड़ी भूरी पट्टियां **व्यवहार और आवास** : अकेले या जोड़े में, कभी–कभी एक उपयुक्त घास के मैदान में अनेक; रात्रि विश्राम खुले मैदान में भूमि पर; शिकार को भूमि पर पकड़ कर वहीं खाते हैं **भोजन** : गिरगिट, छिपकली, चूहे, मेंढक, टिड्डे आदि **संरक्षण महत्व** : वन्यजीव सुरक्षा अधिनियम – शेड्यूल 1 **(प्लेट 17, चित्र 111)**

पैलिड हैरिअर *सर्कस मेक्रोरस*

पीत गिरगिटमार 46–51 से.मी.

वितरण : अप्रवासी; लगभग सम्पूर्ण राजस्थान **पहचान** : आँख हरी–पीली, पैर पीले; नर का ऊपरी शरीर हलके धूसर रंग का, सिर का रंग और भी हलका, अधोभाग सफेद, डैनों के छोर पर एक काला तिकोन; मादा सुनहरी–भूरी, चेहरे पर रेशेदार पंखों की उल्लू जैसी तश्तरी; प्राथमिक पंखों पर अनिश्चित भूरी रेखायें और डैने के पिछले किनारे गहरे नहीं; यह गुण इसे मौन्टेगू'ज की मादा से अलग करते हैं, पूंछ पर 6–7 धूसर पट्टियां **व्यवहार और आवास** : प्रायः अकेले नीची उड़ान भरते हुए घास के मैदान और झाड़ियों का निरीक्षण करते रहते हैं, शिकार के दिखने पर तीव्र गति से घूम कर गोता लगाते हैं, चट्टानों और पेड़ों पर बैठते हैं **भोजन** : छिपकली, गिरगिट, चूहे, छोटे पक्षी और टिड्डे **संरक्षण महत्व** : वन्यजीव सुरक्षा अधिनियम–शेड्यूल 1, आई.यू.सी.एन.–लगभग संकट में **(प्लेट 17, चित्र 112)**

नोटः दो अन्य दुर्लभ हैरिअर जो राजस्थान में दिख सकते हैं– 1. हैन हैरिअर सर्कस सायनिअस और 2. पाईड हैरिअर सर्कस मिलेनोल्यूकस।

शिकरा *एक्सीपिटर बेडिअस*

शिकरा नर 31 से.मी., मादा 36 से.मी.

वितरण : लगभग सम्पूर्ण राजस्थान **पहचान** : आँख नारंगी–पीली, चोंच धूसर–नीली – सिरे पर काली, पैर पीले; छोटा आकार, राख के रंग का धूसर–नीला पक्षी, छोटे और गोल डैने, लम्बी पट्टीदार पूंछ, सफेद सीने पर आड़ी लाल–भूरी सघन धारियां जो पेट पर विरल हो जातीं हैं, गले के मध्य में एक धूसर रेखा, मादा बड़ी और गहरे धुंये जैसे भूरे रंग की; अवयस्क भूरे, अधोभाग पर गहरी खड़ी धारियां और बिन्दु **व्यवहार और आवास** : पेड़ों की शाखाओं के बीच शिकार की तलाश में छुप कर बैठे रहते हैं, झपट्टा मार कर आक्रमण करते हैं, पक्षियों को झाड़ियों के बीच से भी पकड़ते हैं, उड़ान तेज; शहरों और गाँवों की मानवीय आबादी के पास बगीचों, पेड़ों के झुरमुट आदि में रहते हैं **भोजन** : चूहे, गिलहरी, पक्षी, छिपकली, गिरगिट और मेंढक **प्रजनन** : मार्च से जून, 3–5 अंडे, हलके नीले–धूसर **संरक्षण महत्व** : वन्यजीव सुरक्षा अधिनियम – शेड्यूल 1 **(प्लेट 17, चित्र 113)**

यूरेसिअन स्पैरोहाक *एक्सीपिटर नाईसस*

बाशा 31–36 से.मी.

वितरण : अप्रवासी; दुर्लभ, उत्तर, पूर्व, दक्षिण–पूर्व और दक्षिण राजस्थान **पहचान** : आँख सुनहरी पीली, काले सिरे वाली नीली–धूसर चोंच, पैर पीले; गहरे स्लेट जैसे धूसर रंग का शरीर, सिर लगभग काला; पूंछ पर 4–5 पट्टियों का होना और गले पर धूसर रेखा का न होना इसे शिकरा से अलग करते हैं, आँख के ऊपर (सुपरसीलियम) सफेद रेखा; मादा बड़ी, भूरी, पेट पर हलकी भूरी धारियां **व्यवहार और आवास** : घने व छितराये वन क्षेत्र का पक्षी, पेड़ों की शाखाओं के बीच छुप कर शिकार पर तेजी से आक्रमण करता है और शिकार को कुछ दूर ले जाकर आराम से खाता है **भोजन** : मुख्य रूप से पक्षी **संरक्षण महत्व** : वन्यजीव सुरक्षा अधिनियम – शेड्यूल 1 **(प्लेट 17, चित्र 114)**

ओरिएन्टल हनी बजार्ड *पर्निस टाइलोर्हिंकस*

मधुकर 57–60 से.मी.

वितरण : लगभग सम्पूर्ण राजस्थान, मरुस्थल के अतिरिक्त **पहचान** : आँख सुनहरी पीली, चोंच धूसर–नीली, पैर पीले; शरीर के रंग में भिन्नता पर मुख्य रूप से धूसर–भूरा, सिर छोटा और गहरे रंग काय हलके भूरे अधोभाग पर सामान्यतः सफेद आड़ी धारियां; सिर पर छोटी चोटी जो उत्तेजित होने पर खड़ी कर लेते हैं, डैने नीचे से चाँदी जैसे धूसर और उन पर गहरे रंग की रेखायें; पूंछ के छोर से पहले एक गहरी पट्टी और मध्य में धारियां; छोटा और पतला सिर, लम्बी गर्दन इनकी मुख्य पहचान हैं **व्यवहार और आवास** : पेड़ों की शाखाओं पर पत्तियों के बीच छुप कर बैठते हैं, प्रायः मानवीय आबादी के पास और हलके जंगल, गाँवों के वृक्ष–कुंज, शहरी बगीचे, खेत आदि के पास भी; जंगल और आबादी क्षेत्र के बड़े वृक्षों पर, विशाल पुलों के नीचे मधुमक्खियों के छत्ते तलाशते रहते हैं **भोजन** : शहद और मधुमक्खियों के लारवा **प्रजनन** : अप्रैल से जून; अंडे 2, मक्खन के या हलके लाल या पीत–कांसे के रंग के **संरक्षण महत्व** : वन्यजीव सुरक्षा अधिनियम – शेड्यूल 1 **(प्लेट 17, चित्र 115)**

व्हाइट–आइड बजार्ड *बतास्तुर टीसा*

टीसा 43 से.मी.

वितरण : सम्पूर्ण राजस्थान **पहचान** : आँख सफेद या हलकी पीली, चोंच और पैर पीले, चोंच सिरे पर काली; छोटा आकार, गला सफेद, गाल पर दो गहरी धारियां और एक गले के मध्य में; अधोभाग भूरे और सफेद; पूंछ लालामी लिये हुए भूरी; उड़ान के समय नीचे से देखने पर चौड़े चाँदी जैसे धूसर–भूरे पंख गहरे रंग के शरीर से अलग पहचान में आते हैं **व्यवहार और आवास** : पतझड़ी वन क्षेत्र, झाड़ी युक्त घास के मैदान और खेतों के पास मिलते हैं, प्रायः टेलीफोन के खम्भे या किसी ऊंचे स्थान से शिकार पर निगाह रखते हैं, शिकार पर तेजी से झपटते हैं, प्रजनन काल में इनकी आवाज सुनाई देती है **भोजन** : चूहे, सर्प, गिरगिट, मेंढक और बड़े कीड़े **प्रजनन** : फरवरी से मई; 3 अंडे, हरे–सफेद रंग के **संरक्षण महत्व** : वन्यजीव सुरक्षा अधिनियम – शेड्यूल 1 **(प्लेट 17, चित्र 116)**

लौंग–लेग्ड बजार्ड *बूटिओ रुफिनस*

चूहामार 61 से.मी.

वितरण : अप्रवासी; उत्तर और पश्चिम राजस्थान में सामान्य, पूर्वी भाग में यदा कदा **पहचान** : आँख पीली–भूरी, सींग के रंग की चोंच सिरे पर काली, पैर नींबू जैसे पीले; शरीर के रंग के दो प्रकार – हलका और गहरा, गहरे भूरे से लेकर हलके रेत जैसे रंग तक; सफेद या हलका भूरा सिर, गला और सीना; पूंछ पर लालामी लिये हुए मक्खन जैसा रंग और सिरे के पहले चौड़ी पट्टी; उड़ान में देखने पर धारीदार पूंछ, प्राथमिक पंखों पर हलके रंग का धब्बा और कलाई पर गहरा धब्बा इनकी पहचान हैं **व्यवहार और आवास** : सामान्यतः चट्टान या पेड़ पर अकेले बैठे हुए दिखते हैं, हवा में गोल–गोल उड़ते रहते हैं, ऐसे में इनके गहरे V आकार के डैने पहचान में सहायक; उड़ान धीमी; सूखे पतझड़ी वन, खेत और अर्ध मरुस्थल इनके मुख्य आवास स्थल हैं **भोजन** : छोटे स्तनपायी, पक्षी, सरीसृप, टिड्डे और मेंढक **संरक्षण महत्व** : वन्यजीव सुरक्षा अधिनियम – शेड्यूल 1 **(प्लेट 17, चित्र 117)**

कौमन बजार्ड *बूटिओ बूटिओ*

सामान्य चूहामार 51–56 से.मी.

वितरण : अप्रवासी; उत्तर और पश्चिम राजस्थान, पूर्वी भाग में प्रवास के दौरान **पहचान**: आँख भूरी, चोंच सफेद–भूरी, पैर पीले; शरीर गहरे भूरे से हलके भूरे तक, सिर और अधोभाग हलके भूरे, सीने पर गहरी धारियां और कुछ सफेद चिन्ह, पेट और जांघ पर गहरा भूरा धब्बा; पूंछ हलकी धूसर या लाल–धूसर, पूंछ पर 7–8 संकरी धारियां **व्यवहार और आवास** : अर्ध मरु प्रदेश और खुले मैदान का शिकारी पक्षी, बहुत अधिक जानकारी नहीं पर गिद्धों के साथ देखा जाता है; उड़ान धीमी, वृक्षों की ऊँचाई पर उड़ता दिखाई देता है **भोजन** : छोटे स्तनपायी, सरीसृप और कीड़े **संरक्षण महत्व** : वन्यजीव सुरक्षा अधिनियम – शेड्यूल 1 **(प्लेट 18, चित्र 118)**

टाऊनी ईगल *अक्यूला रैपेक्स*

ओकाब 63–71 से.मी.

वितरण : सम्पूर्ण राजस्थान **पहचान** : आँख पीली–भूरी, चोंच काली, चोंच और आँख के बीच व पैर पीले; भारी शरीर, रंग अनेक प्रकार का,

हलके भूरे से भूरे–काले तक; पूंछ का सिरा गोलाकार; डैने लम्बे, बैठी स्थिति में पूंछ के छोर तक पहुंचते हैं, मुंह का खुलाव (गेप) आँख के बीच तक; मादा बड़ी **व्यवहार और आवास** : झाड़ियों वाले मैदान, खेत, खुले मैदान में दिखते हैं, अधिकतर गिद्ध, चील और कौवे आदि पक्षियों के साथ; अपना भोजन दूसरे शिकारी पक्षियों से छीन कर प्राप्त करते हैं, सामूहिक रूप से बड़े पेड़ों पर रात्रि विश्राम करते हैं **भोजन** : छोटे स्तनपायी, सरीसृप और पक्षी, मरे जानवर भी **प्रजनन** : नवम्बर से अप्रैल; ऊंचे पेड़ों पर बड़े आकार का घोंसला; 2–3 अंडे, सफेद या धूसर–सफेद रंग के **संरक्षण महत्व** : वन्यजीव सुरक्षा अधिनियम – शेड्यूल 1 **(प्लेट 18, चित्र 119)**

स्टेप्प ईगल *अक्यूला निपालेन्सिस*

जुमिज़ 76–80 से.मी.

वितरण : अप्रवासी; सम्पूर्ण राजस्थान **पहचान** : आँख गहरी भूरी, चोंच काली, आँख और चोंच के बीच गहरा पीला, पैर पीले; गहरे भूरे से हलके भूरे तक रंग; मुंह का खुलाव आँख के पीछे तक; चौड़े और बड़े डैने, उड़ते समय छोर के प्राथमिक पंख फैले हुए; पैरों पर पंख; डैने पर ऊपर की ओर दो सफेद धारियां **व्यवहार और आवास** : मैदान और पठार पर खुले जंगल और सूखे इलाके इनके आवास स्थल हैं, गिद्ध वगैरह के साथ मरे जानवर फेंकने के स्थान पर एकत्रित होते हैं, अतः आबादी वाले क्षेत्र के पास मिलते हैं, अन्य शिकारी पक्षियों का शिकार भी छीन लेते हैं, स्वयं भी शिकार करते हैं **भोजन** : स्तनपायी, पक्षी, सरीसृप और मरे जानवर **संरक्षण महत्व** : वन्यजीव सुरक्षा अधिनियम – शेड्यूल 1 **(प्लेट 18, चित्र 120)**

ईस्टर्न इम्पीरिअल ईगल *अक्यूला हेलिएका*

बड़ा जुमिज़ 72–83 से.मी.

वितरण : अप्रवासी; कम संख्या में राजस्थान के पूर्वी भाग में **पहचान** : चोंच नीली–धूसर, पैर पीले; बड़ा आकार, लम्बे और चौड़े डैने; शरीर गहरा कालापन लिये हुए भूरा, मटमैला सफेद सिर और गर्दन, पूंछ के सिरे पर सफेद और उसके ऊपर एक काली पट्टी; कंधे पर सफेद धब्बे; गुदा और पूंछ के आधार पर हलका पीत–भूरा रंग; अवयस्क हलके या गहरे भूरे, पूंछ के आधार पर सफेद, अधोभाग पर धारियां **व्यवहार और आवास** : अकेले

या जोड़े में घंटों एक ही पेड़ पर बैठे दिखते हैं, अधिकतर जलक्षेत्र के पास मंडराते रहते हैं, पास आये हुए शिकार पर झपट्टा मार कर आक्रमण करते हैं, अन्य पक्षियों का शिकार भी छीन लेते हैं **भोजन** : चूहे, पक्षी और सरीसृप, मरे जानवर भी **संरक्षण महत्व** : वन्यजीव सुरक्षा अधिनियम – शेड्यूल 1, आई.यू.सी.एन. – असुरक्षित **(प्लेट 18, चित्र 121)**

ग्रेटर स्पाटेड ईगल *अक्यूला क्लेन्गा*
कालजंगा 64–72 से.मी.

वितरण : अप्रवासी; पूर्व, दक्षिण–पूर्व, दक्षिण राजस्थान, पश्चिम में भी देखे गये हैं **पहचान** : काले सिरे वाली नीली–धूसर चोंच, आँख और चोंच के बीच हरा–पीला, पैर पीले; मध्यम आकार का चौड़े पर अनुपात में छोटे डैनों वाला पक्षी, सिर गठीला और पूंछ छोटी; गहरा भूरा रंग लाल आभा के साथ; डैनों और शरीर पर सफेद बिन्दु; अधोभाग हलके रंग के; मादा बड़ी **व्यवहार और आवास** : जंगल के बीच की नदियां या नहर, तालाब आदि के पास के वन क्षेत्र में पाये जाते हैं, पेड़ पर बैठ कर शिकार तलाशते हैं और जल पक्षियों को पानी के किनारे की वनस्पति में से निकाल कर शिकार करते हैं **भोजन** : मेंढक, मछली, कूट, मूरहेन आदि जल पक्षी **संरक्षण महत्व** : वन्यजीव सुरक्षा अधिनियम – शेड्यूल 1, आई.यू.सी.एन. – असुरक्षित **(प्लेट 18, चित्र 122)**

इंडियन स्पाटेड ईगल *अक्यूला हेस्टाटा*
पहाड़ी टीसा 61–66 से.मी.

वितरण : असामान्य, पूर्व राजस्थान में कुछ स्थानों पर **पहचान** : ग्रेटर स्पाटेड ईगल से कुछ छोटा पर इस आधार पर पहचान संभव नहीं; उड़ान के समय डैने कलाई के जोड़ से नीचे की ओर कोण पर रहते हैं, अन्यथा लगभग ग्रेटर स्पाटेड जैसे ही दिखते हैं **व्यवहार और आवास** : ग्रेटर स्पाटेड जहाँ पानी के पास मिलते हैं वहीं ये मैदानी इलाके में; खेत, खुले जंगल और मैदान इनको पसंद हैं, शिकार को भूमि पर पकड़ते हैं और दूसरों से छीनते भी हैं **भोजन** : मेंढक, छिपकली, पक्षी, चूहे आदि **प्रजनन**: अप्रैल से जुलाई, 1–2 अंडे, सफेद रंग पर लाल, भूरे धब्बे **संरक्षण महत्व**: वन्यजीव सुरक्षा अधिनियम – शेड्यूल 1, आई.यू.सी.एन. – असुरक्षित **(प्लेट 18, चित्र 123)**

बोनेल्ली'ज ईगल *हेरिएटस फेसिएटस*

मोरन्गी 65–72 से.मी.

वितरण : राजस्थान के पूर्वी भाग में, शरद ऋतु में पश्चिम राजस्थान में भी **पहचान** : आँख पीली–भूरी या नारंगी–पीली, चोंच नीली–धूसर, आँख और चोंच के बीच गन्धक जैसा पीला, पैर पीले; ऊपर का शरीर शहद जैसे भूरे रंग का, नीचे का सफेद या बहुत हलका लालाभ–भूरा; पूंछ ऊपर गहरी धूसर और नीचे सफेद, पूंछ के सिरे से पहले एक काली पट्टी; उड़ान के समय नीचे से सफेद शरीर, गहरे भूरे डैनों के पंख और बारीक रेखाओं वाले प्राथमिक, द्वितीयक व तृतीयक उड़ान के पंख, चौड़ी पट्टीदार पूंछ पहचान में सहायक; मादा बड़ी **व्यवहार और आवास** : मैदान और घाटियों के जंगल में पाये जाते हैं, चपल शिकारी, जोड़ा मिल कर शिकार करता है, अपने से बड़े प्राणियों के शिकार में सक्षम **भोजन** : स्तनपायी, बड़े पक्षी और घायल जलपक्षी **प्रजनन** : शरद काल में; 2 अंडे, सफेद रंग पर भूरे धब्बे **संरक्षण महत्व** : वन्यजीव सुरक्षा अधिनियम – शेड्यूल 1 **(प्लेट 18, चित्र 124)**

क्रेस्टेड हाक–ईगल *निसीटस सिर्हेटस*

शाहबाज़ 61–72 से.मी.

वितरण : पूर्व, दक्षिण–पूर्व, दक्षिण राजस्थान **पहचान** : आँख पीली या चमकीली नारंगी–पीली, चोंच काली, पैर पीले; गहरा या पीत–भूरा ऊपरी शरीर, अधोभाग सफेद, गला बारीक काली धारियों से युक्त, पेट पर भूरी चौड़ी धारियां; सिर पर पीछे की ओर लम्बे पंखों की कलगी जो उत्तेजना पर खड़ी कर लेते हैं, गुदा भाग गहरा भूरा और पूंछ पर हलकी धारियां; मादा कुछ बड़ी **व्यवहार और आवास** : आबादी के पास के खुले जंगल जहाँ ये घने छायादार पेड़ों की ओट से शिकार कर सकें इनको पसन्द हैं, शाखाओं पर लगभग सीधा शरीर रखकर बैठते हैं, वहीं से शिकार को देखकर आक्रमण करते हैं और पंजों में दबाकर वापस पेड़ पर ले जाते हैं **भोजन** : गिलहरी, चूहे, छिपकली, तीतर, बटेर और पालतू मुर्गी **प्रजनन** : नवम्बर से अप्रैल; 1 अंडा, लाल धब्बों से युक्त सफेद **संरक्षण महत्व** : वन्यजीव सुरक्षा अधिनियम – शेड्यूल 1 **(प्लेट 18, चित्र 125)**

बूटेड ईगल *हेरिएटस पेन्नेटस*

गिरगिटमार 45–53 से.मी.

वितरण : अप्रवासी; राजस्थान के पूर्वी भाग में **पहचान** : आँख भूरी, चोंच नीली–धूसर, आँख और चोंच के बीच पीला, पैर मटमैले पीले;

सामान्यतः दो रंग के पक्षी पाये जाते हैं, हलका रंग–रूप – पीत–कांसे जैसा या लालाभ–सफेद या शहद जैसा, प्राथमिक पंखों पर कालापन; सिर, गर्दन और सिर के बगल में और भी अधिक हलका, माथा मटमैला सफेद, आँख के आगे काली रेखा; अधोभाग मटमैले, ऊपरी सीने और ठोढ़ी पर काली रेखायें; गहरा रंग–रूप – शरीर भूरा, अधोभाग गहरे भूरे या पीत–कत्थई, सीने पर काली रेखायें; पूंछ ऊपर से धूसर–भूरी, नीचे से हलकी; मादा बड़ी **व्यवहार और आवास** : वन क्षेत्र, खेत और आबादी के पास के जंगल; घने पेड़ों पर बैठते हैं और जोड़े में शिकार करते हैं, उड़ान में पीछा कर या जमीन पर झपट्टा मारकर शिकार करते हैं, रात घने पेड़ों में पत्तियों के बीच बिताते हैं **भोजन** : छोटे स्तनपायी, पक्षी और सरीसृप **संरक्षण महत्व** : वन्यजीव सुरक्षा अधिनियम – शेड्यूल 1 **(प्लेट 18, चित्र 126)**

आस्प्रे *पेंडिओन हेलिएटस*

मच्छीमार 56 से.मी.

वितरण : अप्रवासी; राजस्थान के पूर्वी भाग में **पहचान** : आँख पीली, पलकें हरित–नीली, चोंच काली, पैर हलका हरापन या पीलापन लिये हुए; शरीर गहरा भूरा, सिर पर सफेद रेखायें, अधोभाग सफेद, सीने पर चौड़ी भूरी धारियों की पट्टी; आँख के बीच से एक काली रेखा; मादा कुछ बड़ी **व्यवहार और आवास** : जलाशय, नदी और बाँध के किनारों पर पेड़ के ठूंठ, पानी के ऊपर उभरी हुई चट्टान पर अकेले बैठे हुए दिखते हैं, पानी के ऊपर मछली की तलाश में गोलाई में उड़ान भरते हैं, शिकार के दिखते ही पानी की सतह की ओर झपट्टा लगाकर मछली को अपने नाखूनों के बीच पकड़ कर पूर्व स्थान पर आकर बैठ कर खाते हैं **भोजन** : केवल मछली **संरक्षण महत्व** : वन्यजीव सुरक्षा अधिनियम – शेड्यूल 1 **(प्लेट 19, चित्र 127)**

लैसर केस्ट्रेल *फाल्को नौमानी*

छोटा खरमुटिया 29–31 से.मी.

वितरण : शरद काल में प्रवास के दौरान उत्तर और पश्चिम राजस्थान **पहचान** : आँख गहरी भूरी, चोंच नीली–धूसर, आँख के आगे नारंगी–पीला, पैर पीले, सफेद नाखून पहचान में सर्वाधिक सहायक; नर – राख जैसा धूसर सिर, गर्दन, पीठ का निचला भाग और नितम्ब; पूंछ के सिरे पर सफेद बिन्दु और काली पट्टी; बाकी का ऊपरी शरीर ईंट जैसा लाल; अधोभाग

हलके या गहरे कत्थई, अवयस्क के सीने और बगल में काले बिन्दु; मादा – हलकी कत्थई, पीठ पर काले धब्बों की कतार; अधोभाग हलके रंग के, सीने पर बारीक काली रेखायें और पेट पर धब्बे; बैठने की स्थिति में डैने पूंछ के सिरे तक पहुंचते हैं **व्यवहार और आवास** : छोटा, सामूहिक शिकारी पक्षी जो कतिपय स्थानों पर प्रवास के दौरान दिखता है; घास और झाड़ियों वाले मैदान और खेतों में ठूंठ या छोटे पेड़ की नंगी डालियों पर बैठे दिखते हैं, हवा में एक स्थान पर 45° के कोण पर स्थिर हो शिकार को ढूंढते हैं, ऐसा करते समय इनके डैने आगे–पीछे होते हैं जबकि कौमन केस्ट्रेल के ऊपर–नीचे **भोजन** : टिड्डे, झींगुर, गुबरैले और सेंटीपीड **संरक्षण महत्व** : वन्यजीव सुरक्षा अधिनियम – शेड्यूल 4 **(प्लेट 19, चित्र 128)**

कौमन केस्ट्रेल *फाल्को टिननकुलस*

करोंटिआ 36 से.मी.

वितरण : अप्रवासी; सम्पूर्ण राजस्थान **पहचान** : आँख भूरी, चोंच धूसर–नीली सिरे पर काली, आँख के आगे पीला, पैर पीले या नारंगी–पीले; नर के सिर और गर्दन के बगल में धूसर जिस पर बारीक काली रेखायें; गाल पर काली गलमुच्छ; चमकीली ईंट जैसी लाल पीठ पर काले बिन्दु; नितम्ब और पूंछ धूसर, पूंछ के सिरे पर पट्टी; अधोभाग हलके कांसे के रंग के, सीने पर काली रेखायें और पेट पर धब्बे; मादा लगभग पूरी हलके कत्थई रंग की, पीठ पर आड़ी काली धारियां; नर से कुछ बड़ी **व्यवहार और आवास** : खुले घास के मैदान, पहाड़ियाँ, खेत आदि में टेलीफोन के खम्भे, पत्थर, कंटीली झाड़ी और बबूल पर बैठे दिखते हैं, प्रायः अकेले या दूर–दूर बैठे जोड़े में; हवा में स्थिर हो कर शिकार को चिन्हित करके सीधे नीचे की ओर झपट्टा मारते हैं **भोजन** : कीड़े, मेंढक, छिपकली, गिरगिट, चूहे और छोटे पक्षी **संरक्षण महत्व** : वन्यजीव सुरक्षा अधिनियम – शेड्यूल 4 **(प्लेट 19, चित्र 129)**

पेरेग्रीन फाल्कन *फाल्को पेरेग्रिनस*

भायरी 38–48 से.मी.

वितरण : अप्रवासी; राजस्थान के पूर्वी भाग में **पहचान** : आँख भूरी, चोंच नीली–धूसर, आँख के आगे पीला, पैर पीले; सिर लगभग काला–धूसर, काले गलमुच्छे; धूसर पीठ पर काली धारियां; अधोभाग लालाभ–सफेद, सीने के नीचे से धूसर–काली आड़ी धारियां; मादा बड़ी; उड़ान में हलका धूसर

शरीर और संकरी काली रेखाओं से भरे फैले हुए डैने पहचान में सहायक **व्यवहार और आवास** : प्रायः अकेले, सुबह और शाम को अधिक सक्रिय; ठूंठ या चट्टानों पर बैठे शिकार को तलाशते हैं, नदी, तालाब, झील और दलदल के पास रहना पसन्द करते हैं, विशेषरूप से जहाँ अप्रवासी जल पक्षी उपस्थित हों **भोजन** : बतख, कूट, मूरहेन, वेडर, कबूतर और तीतर आदि **संरक्षण महत्व** : वन्यजीव सुरक्षा अधिनियम – शेड्यूल 1 **(प्लेट 19, चित्र 130)**

लग्गर फाल्कन *फाल्को जग्गर*

जग्गर 43–46 से.मी.

वितरण : लगभग सम्पूर्ण राजस्थान **पहचान** : आँख गहरी भूरी, चोंच धूसर–नीली, पैर पीले; ऊपरी शरीर गहरे राख जैसे भूरे, कपाल और गर्दन के ऊपर कुछ–कुछ सफेद, गहरे रंग का गलमुच्छ आँख से नीचे तक; सफेद अधोभाग पर पानी की बूंद जैसे भूरे चिन्ह जो कि बगल और जांघ पर बड़े, मादा बड़ी **व्यवहार और आवास** : सूखे मैदानी इलाके और खेत इनकी पसन्द के आवास हैं, पेड़ के शिखर और खम्भों का शिकार ढूंढने के लिये उपयोग करते हैं, जोड़े एक साथ शिकार करते हैं **भोजन** : चूहे, छिपकली, गिरगिट, छोटे पक्षी, टिड्डे आदि **प्रजनन** : जनवरी से अप्रैल; 3–4 अंडे, गुलाबी–मलाई के रंग के जिन पर लाल या लाल–भूरे धब्बे **संरक्षण महत्व** : वन्यजीव सुरक्षा अधिनियम – शेड्यूल 1, आई.यू.सी.एन. – लगभग संकट में **(प्लेट 19, चित्र 131)**

रेड–हैडेड मर्लिन *फाल्को चिक्वेरा*

तुरुमती 31–36 से.मी.

वितरण : कम संख्या में लगभग सम्पूर्ण राजस्थान **पहचान** : आँख भूरी, चोंच सिरे पर काली, आँख व उसके आगे की त्वचा पीली, पैर पीले; छोटा धूसर और सफेद पक्षी, सिर कत्थई, सिर के बगल में और गाल पर रेखायें, बाकी का शरीर नीला–धूसर, डैनों के उड़ान वाले पंख काले; सीने पर गहरी धारियां, बगल में और पेट पर रेखायें; धूसर पूंछ पर काली धारियां और सिरे से पहले एक पट्टी **व्यवहार और आवास** : जोड़े में रहते हैं और शिकार भी साथ–साथ ही करते हैं, सीधी उड़ान लेकर शिकार का पीछा करते हैं, गाँवों, जलधाराओं और खेतों के पास के वृक्ष इनके पसन्दीदा आवास हैं **भोजन** : छोटे पक्षी, चूहे, छिपकली और कीड़े **प्रजनन** : जनवरी

से मई; 3–4 अंडे, हलके लाल–सफेद रंग के **संरक्षण महत्व** : वन्यजीव सुरक्षा अधिनियम – शेड्यूल 1 **(प्लेट 19, चित्र 132)**

ग्रे फ्रान्कोलिन *फ्रान्कोलिनस पोंडिसिरिएनस*

तीतर 33 से.मी.

वितरण : सम्पूर्ण राजस्थान **पहचान** : आँख भूरी, चोंच पीत–धूसर, पैर हलके लाल; गठीला शरीर, छोटी पूंछ वाला धूसर–भूरा पक्षी; लालाभ–भूरे ऊपरी भाग पर काली और मटमैली सफेद लहरदार रेखायें, बिन्दु और धारियां; अधोभाग बादाम के छिलके के रंग का, गर्दन पर आड़ी रेखायें और पेट पर लहरदार रेखायें; गले पर पीला–लाल धब्बा एक अर्ध वलय से घिरा हुआ; पूंछ लाल–भूरी; नर कुछ बड़ा **व्यवहार और आवास** : कंटीली झाड़ियों वाले घास के मैदान और गांव के पास स्थित खाली खेत इनके आवास हैं, जोड़े में या पारिवारिक समूह में मिलते हैं, शरीर उठाकर चलते हैं, बीच–बीच में भूमि पर दाने इत्यादि चुगते और ढूंढते हैं, खतरे से बचने के लिये उड़ने के स्थान पर झाड़ियों में छुपना पसन्द करते हैं **भोजन** : बीज, अनाज, घास की कोंपल, बेर और कीड़े **प्रजनन** : मार्च से सितम्बर; भूमि पर घास के तिनके और पत्तियों का घोंसला बनाते हैं, 4–8 अंडे, हलके बादामी रंग के **संरक्षण महत्व** : वन्यजीव सुरक्षा अधिनियम – शेड्यूल 4 **(प्लेट 19, चित्र 133)**

ब्लैक फ्रान्कोलिन *फ्रान्कोलिनस फ्रान्कोलिनस*

काला तीतर 34 से.मी.

वितरण : पूर्व, दक्षिण–पूर्व, दक्षिण राजस्थान, उत्तर राजस्थान में भी देखा गया है **पहचान** : आँख भूरी, चोंच काली, पैर लाल–भूरी; नर गहरे काले रंग का, ऊपरी शरीर पर सफेद और कत्थई धब्बे, धारियां और बिन्दु; गाल पर सफेद धब्बा; गले पर लाल–भूरा और चौड़ा पट्टा; अधोभाग काले सिवाय पेट के पीछे और गुदा भाग के जो कि लाल–भूरा; मादा हलके भूरे रंग की बिना गाल और गर्दन पर सफेद या लाल–भूरे धब्बों के; केवल गर्दन पर पीछे की ओर एक हलका लाल–भूरा धब्बा; ठोढ़ी और गला मटमैले सफेद, अधोभाग पर काली और सफेद रेखायें और धब्बे **व्यवहार और आवास** : घास के मैदान और खेतों में मिलते हैं, सुबह और शाम को 4–5 के समूह में दाने चुगते देखे जा सकते हैं, पेड़ या अन्य ऊंचे स्थान पर बैठकर आवाज लगाते हैं, तेजी से डैने फड़फड़ा कर उड़ते हैं पर शीघ्र

ही घास के बीच उतर जाते हैं **भोजन** : घास के बीज, अनाज, कोंपलें, कंद, बेर और जंगली अंजीर **प्रजनन** : मार्च से अक्टूबर; भूमि पर घास और पत्ते एकत्रित कर ऊँची घास के मध्य 6–9 जैतूनी–भूरे अंडे देते हैं **संरक्षण महत्व** : वन्यजीव सुरक्षा अधिनियम – शेड्यूल 4 **(प्लेट 19, चित्र 134)**

पेन्टेड फ्रान्कोलिन *फ्रान्कोलिनस पिक्टस*

चित्तूर 31 से.मी.

वितरण : दक्षिण और दक्षिण–पूर्व राजस्थान **पहचान** : आँख नारंगी–भूरी, चोंच गहरी भूरी, पैर भूरे–नारंगी; ऊपरी भाग भूरा–काला, पूरे शरीर पर सफेद धब्बे, बिन्दु और धारियां; आँख के ऊपर और चेहरा हलका लाल–भूरा; काले अधोभाग पर घने सफेद धब्बे, बिन्दु और धारियां; पेट के मध्य और गुदा पर लाल–भूरा रंग; नर का गला लाल–भूरा, मादा का सफेद **व्यवहार और आवास** : ऊंचे–नीचे घास के मैदान, खेत और जलधारा के पास के इलाकों में पाये जाते हैं, जोड़े में या पारिवारिक समूह में रहते हैं, शर्मीला, छुपने में सक्षम **भोजन** : अनाज, घास के बीज, कोंपलें, बेर, कीड़े आदि **प्रजनन** : जून से सितम्बर; घास और पत्तियों का घोंसला खेत में या घास और झाड़ी के नीचे बनाते हैं, 4–8 अंडे, जैतूनी–भूरे रंग के **संरक्षण महत्व** : वन्यजीव सुरक्षा अधिनियम – शेड्यूल 4 **(प्लेट 20, चित्र 135)**

रेन क्वेल *कोटर्निक्स कोरोमेन्डेलिका*

चीना बटेर 18 से.मी.

वितरण : पूर्व और दक्षिण–पूर्व राजस्थान, वर्षाकाल में अन्यत्र वितरण **पहचान** : आँख गहरी भूरी, चोंच काली, पैर गुलाबी या गुलाबी–धूसर; नर के सिर और गर्दन पर विशिष्ट रंग विधान; सीने का ऊपरी भाग काला, गले पर दो काले अर्द्धवलय; आँख के ऊपर एक सफेद रेखा; अधोभाग सफेद, बगल में काली रेखायें; मादा कुछ छोटी और भूरे रंग की, प्राथमिक पंख बिना धारियों के **व्यवहार और आवास** : झाड़ियों के जंगल, नम घास के मैदान और खेत इनके आवास स्थल हैं, वर्षा के साथ इनका विचरण विभिन्न क्षेत्रों में होता रहता है; अकेले या छोटे समूह में रहते हैं **भोजन** : घास के बीज, ज्वार, बाजरा **प्रजनन** : मार्च से अक्टूबर, अधिकतर जून–जुलाई में; 6–11 लाल–भूरे या पीले–भूरे अंडे भूमि पर देते हैं **संरक्षण महत्व** : वन्यजीव सुरक्षा अधिनियम – शेड्यूल 4 **(प्लेट 20, चित्र 136)**

स्तनपायी

प्लेट - 1

1. रीसस मकाक

2 नार्दर्न प्लेन्स ग्रे लंगूर

3. सांबर

4. स्पाटेड डीअर

5. ब्लैक बक (नर, मादा और बच्चा)

प्लेट - 2   स्तनपायी

6. फ़ोर-होर्न्ड एन्टीलोप

7. नीलगाय (नर)

8. इंडियन गज़ेल

9. वाईल्ड बोअर

10. स्लाथ बेअर

11. गोल्डन जैकाल

12. ग्रे वुल्फ

13. वाईल्ड डोग

14. बंगाल फौक्स

15. इंडियन डेजर्ट फौक्स

16. स्ट्राइप्ड हायना

17. बंगाल टाईगर

18. लेपर्ड

19. कैराकल

20. जंगल कैट

21. डेजर्ट कैट

22. फिशिंग कैट

23. रस्टी स्पाटड कैट

24. हनी बैजर/रैटल

25. स्मूथ-कोटेड ओटर

26. स्माल इंडियन सिवेट

27. कौमन पाम सिवेट

28. इंडियन ग्रे मंगूज

29. रड्डी मंगूज

प्लेट - 6 स्तनपायी

30. स्माल इंडियन मंगूज

31. थिक-टेल्ड पेंगोलिन

32. ग्रे मस्क श्रू (हाऊस श्रू)

33. लौंग-इअर्ड हेजहौग

34. पेल हेजहौग

35. इंडियन जायंट फ्लाइंग स्क्विरल

36. नादर्न पाम स्क्विरल

37. इंडियन डेजर्ट जर्बिल

38. सैंड-कलर्ड मेटाड

39. इंडियन बुश रैट

40. इंडियन क्रेस्टेड पोर्कूपाईन

41. इंडियन हेअर

42. इंडियन फ्लाईग फाक्स

43. फल्वस फ्रुट बैट

44. शार्ट-नोज्ड फ्रूट बैट

45. ग्रेटर माऊस-टेल्ड बैट

46. इंडियन पिपिस्ट्रेल

47. पेन्टेड बैट

48. ग्रेटर फाल्स वैम्पायर बैट

49. गंगा रिवर डाल्फिन

50. लिटल ग्रीब

51. ग्रेट क्रेस्टेड ग्रीब

52. ग्रेट व्हाईट पेलीकन

53. डाल्मेसिअन पेलीकन

54. लिटल कोर्मोरेंट

55. इंडियन शैग

56. ग्रेटर कोर्मोरेंट

57. ओरिएंटल डार्टर

58. लिटल इग्रेट

59. इंटरमीजिएट इग्रेट

60. ग्रेट इग्रेट

61. कैटल इग्रेट

62. इंडियन पौंड-हेरोन

63. ग्रे हेरोन

64. पर्पल हेरोन

65. ब्लैक-क्राऊंड नाइट-हेरोन

66. स्ट्रिएटेड हेरोन (लिटल ग्रीन हेरोन)

67. चेस्टनट (सिनमन) बिटर्न 68. यूरेसिअन (ग्रेट) बिटर्न 69. पेन्टेड स्टोर्क

70. एसिअन ओपनबिल 71. व्हाईट-नेक्ड (वूली-नेक्ड) स्टोर्क 72. यूरोपियन व्हाईट स्टोर्क

73. ब्लैक स्टोर्क (अवयस्क-वयस्क) 74. ब्लैक-नेक्ड स्टोर्क (मादा-अवयस्क)

प्लेट - 12 पक्षी

75. इंडियन ब्लैक आईबिस 76. ओरिएन्टल व्हाईट आईबिस 77. ग्लौसी आईबिस

78. यूरेसिअन स्पूनबिल 79. ग्रेटर फ्लेमिंगो 80. कौटन टील

81. कौम्ब डक (नर) 82. स्पाट-बिल्ड डक

83. नौदर्न पिनटेल

84. नौदर्न शोवेलर (नर-मादा)

85. गैडवाल

86. मल्लार्ड (मादा-नर)

87. यूरेसिअन विजन (नर-मादा)

प्लेट - 14 पक्षी

88. गार्गेनी (मेल-फिमेल)

89. कौमन टील

90. रड्डी (ब्राह्मनी) शेल्डक

91. रेड क्रेस्टेड पोचार्ड

92. टफ्टेड पोचार्ड

93. कौमन पोचार्ड

94. फेरुजिनस पोचार्ड

95. लेसर व्हिसलिंग डक

96. ग्रेलैग गूज

97. बार-हैडेड गूज

98. ब्लैक-शोल्डर्ड काईट

99. ब्लैक काईट

100. पलास'स फिश-ईगल

101. ग्रेटर ग्रे-हैडेड फिश-ईगल

102. इजिप्शिअन वल्चर

103. व्हाईट-रम्प्ड वल्चर

104. लोंग-बिल्ड वल्चर

105. यूरेसिअन ग्रिफोन

106. रेड-हैडेड वल्चर

107. सिनेरिअस वल्चर

108. शौर्ट-टोड स्नेक-ईगल

109. क्रेस्टेड सर्पेन्ट-ईगल

110. वेस्टर्न मार्श-हैरिअर

111. मौन्टेगू'ज हैरिअर (नर-मादा)

112. पैलिड हैरिअर (अवयस्क)

113. शिकरा

114. यूरेसिअन स्पैरोहाक

115. ओरिएन्टल हनी बजार्ड

116. व्हाइट-आइड बजार्ड

117. लौंग-लेग्ड बजार्ड

118. कौमन बजार्ड

119. टाऊनी ईगल

120. स्टेप्प ईगल

121. ईस्टर्न इम्पीरिअल ईगल

122. ग्रेटर स्पाटेड ईगल

123. इंडियन स्पाटेड ईगल

124. बोनेल्ली'ज ईगल

125. क्रेस्टेड हाक-ईगल

126. बूटेड ईगल

127. आस्प्रे

128. लैसर केस्ट्रेल

129. पेरेग्रीन फाल्कन

130. कौमन केस्ट्रेल (मादा-नर)

131. लग्गर फाल्कन

132. रेड-हैडेड मर्लिन

133. ग्रे फ्रान्कोलिन

134. ब्लैक फ्रान्कोलिन

135. पेन्टेड फ्रान्कोलिन 136. रेन क्वेल 137. कौमन क्वेल

138. रौक बुश-क्वेल (मादा-नर) 139. जंगल बुश-क्वेल (मादा-नर)

140. पेन्टेड स्परफाउल (नर-मादा) 141. रेड स्परफाउल (नर-मादा)

142. ग्रे जंगलफाउल (मादा-नर)

143. इंडियन पीफाउल (नर)

144. स्माल बटनक्वेल

145. यलो-लेग्ड बटनक्वेल

146. बार्ड बटनक्वेल

147. सारस क्रेन

148. कौमन क्रेन

149. डेमोईसेल क्रेन

150. स्लेटी-ब्रेस्टेड रेल 151. व्हाईट-ब्रेस्टेड वाटरहेन 152. ब्राउन क्रेक

153. बेलन'स क्रेक 154. वाटरकौक 155. पर्पल स्वाम्पहेन

156. कौमन मूरहेन 157. कूट 158. ग्रेट इंडिअन बस्टर्ड

159. मैक्वीन'स बस्टर्ड

160. लैसर फ्लोरिकन

161. ब्रांज़-विंग्ड जसाना

162. फीजेन्ट-टेल्ड जसाना

163. ग्रेटर पैन्टेड स्नाईप (नर-मादा)

164. लिटिल रिंग्ड प्लोवर

165. केन्टिश प्लोवर

166. कौमन रिंग्ड प्लोवर

167. लैसर सैंड प्लोवर 168. ग्रेटर सैंड प्लोवर 169. पैसिफिक गोल्डन प्लोवर

170. रेड-वैटल्ड लैपविंग 171. यलो-वैटल्ड लैपविंग 172. रिवर लैपविंग

173. सोसिएबल लैपविंग 174. व्हाईट-टेल्ड लैपविंग 175. ब्लैक-टेल्ड गोडविट

176. बार-टेल्ड गोडविट
177. व्हिम्ब्रेल
178. यूरेसिअन कर्ल्यू

179. कौमन रैडशैंक
180. स्पाटेड रैडशैंक
181. ग्रीनशैंक

182. ग्रीन सैंडपाईपर
183. वुड सैंडपाईपर
184. मार्श सैंडपाईपर

185. कौमन सैंडपाईपर

186. टेमिन्क’स स्टिन्ट

187. लिटल स्टिन्ट

188. रफ

189. कौमन स्नाइप

190. पिनटेल स्नाइप

191. जैक स्नाइप

192. ब्लैक-विंग्ड स्टिल्ट

193. पाइड अवोसेट

194. यूरेसिअन स्टोन-कर्ल्यू

195. ग्रेट थिक-नी

196. इंडिअन कोर्सर

197. क्रीम-कलर्ड कोर्सर

198. स्माल प्रेटिन्कोल

199. कौलर्ड प्रेटिन्कोल

200. पलास'स गल

201. ब्लैक-हेडेड गल

202. ब्राउन-हेडेड गल

203. यलो-लेग्ड गल

204. रिवर टर्न

205. ब्लैक-बेल्लीड टर्न

206. व्हिस्कर्ड टर्न

207. लिटल टर्न

208. इंडिअन स्किमर

209. चेस्ट्नट-बेलीड सैन्डग्राऊज 210. ब्लैक-बेलीड सैन्डग्राऊज 211. स्पाटेड सैन्डग्राऊज

212. पेन्टेड सैन्डग्राऊज (नर-मादा) 213. रौक पिजन

214. यलो-आईड पिजन 215. यलो-लेग्ड ग्रीन-पिजन 216. लाफिंग डोव

217. स्पौटेड डोव 218. यूरेसिअन कौलर्ड डोव 219. रेड-कौलर्ड डोव (मादा-नर)

220. ओरिएन्टल टर्टल-डोव 221. प्लम-हैडेड पैराकीट (नर-मादा) 222. रोज-रिंग्ड पैराकीट

223. अलेक्जेंड्रीन पैराकीट 224. पाइड क्रेस्टेड कुकू 225. कौमन हाक-कुकू

226. ग्रे-बेलीड प्लेन्टिव कुकू

227. एसिअन कोयल (मादा-नर)

128. सिरकीर मल्कोहा

229. ग्रेटर कौकल

230. कौमन बार्न-आऊल

231. इंडिअन ईगल-आऊल

232. डस्की ईगल-आऊल

233. ब्राउन फिश-आऊल

234. कौलर्ड स्कौप्स-आऊल

235. यूरेसिअन स्कौप्स-आऊल 236. मौटल्ड वुड-आऊल 237. स्पौटेड आऊलेट

238. जंगल आऊलेट 239. शौर्ट-इअर्ड आऊल 240. इंडिअन लिटल नाईटजार

241. इंडिअन जंगल नाईटजार 242. लार्ज-टेल्ड नाईटजार

243. फ्रेन्कलि'स नाईटजार

244. लिटल स्विफ्ट

245. एसिअन पाम स्विफ्ट

246. क्रेस्टेड ट्रीस्विफ्ट (मादा-नर)

247. स्माल ब्ल्यू किंगफिशर

248. लैसर पाईड किंगफिशर

249. व्हाइट-ब्रेस्टेड किंगफिशर

प्लेट - 34 पक्षी

250. स्टोर्क-बिल्ड किंगफिशर

251. लिटल ग्रीन बी-ईटर

252. ब्लू-टेल्ड बी-ईटर

253. ब्लू-चीक्ड बी-ईटर

254. इंडिअन रोलर

255. यूरोपिअन रोलर

256. कौमन हुपू

257. इंडिअन ग्रे हौर्नबिल

258. कौपरस्मिथ बार्बेट

259. ब्राउन-हैडेड बार्बेट

260. यूरेसिअन रायनेक

261. इंडियन पिग्मी वुडपेकर

262. यलो-फ्रन्टेड पाइड वुडपेकर (मादा-नर)

263. ब्लैक-बैक्ड फ्लेमबैक

264. ब्लैक-रम्प्ड फ्लेमबैक

265. इंडिअन पित्ता

266. सिंगिंग बुशलार्क

267. इंडिअन बुशलार्क

268. एशी-क्राउन्ड स्पेरो-लार्क (मादा-नर)

269. ब्लैक-क्राउन्ड स्पेरो-लार्क

270. रुफस-टेल्ड फिन्च-लार्क

271. डेजर्ट फिन्च-लार्क

272. बायमेकुलेटेड लार्क

273. ग्रेटर शौर्ट-टोड लार्क

274. क्रेस्टेड लार्क

275. साइक'स लार्क

276. ओरिएन्टल स्काईलार्क

277. डस्की क्रेग-मार्टिन

278. कौमन स्वैलो

279. वायर-टेल्ड स्वैलो

280. स्ट्रीक-थ्रोटेड स्वैलो

281. रेड-रम्प्ड स्वैलो

282. लार्ज पाइड वैगटेल

283. व्हाइट वैगटेल

284. सिट्रीन वैगटेल

285. यलो वैगटेल

286. ग्रे वैगटेल

287. टाउनी पिपिट

288. ब्लिथ'स पिपिट

289. लोंग-बिल्ल्ड पिपिट

290. ट्री पिपिट

291. पैडीफील्ड पिपिट

292. वाटर पिपिट

293. कौमन वुडश्राइक

294. लार्ज कुकूश्राइक

295. ब्लैक-हैडेड कुकूश्राइक

296. स्माल मिनिवेट

297. व्हाईट-बेलीड मिनिवेट

298. रेड-वेन्टेड बुलबुल

299. व्हाइट-इयर्ड बुलबुल

300. कौमन आयोरा

301. बे-बैक्ड श्राइक

302. लौंग-टेल्ड श्राइक

303. रुफस-टेल्ड श्राइक

304. ब्राउन श्राइक

305. ग्रेट ग्रे श्राइक

306. ब्लू रौक थ्रश

307. औरेन्ज-हैडेड थ्रश

308. टिकेल'स थ्रश

309. यूरेसिअन ब्लैकबर्ड

310. ब्लूथ्रोट

311. ओरिएन्टल मेगपाई रोबिन (नर-मादा)

312. इंडिअन रोबिन

313. ब्लैक रेडस्टार्ट

314. व्हाइट-ब्रोड बुशचैट

315. साइबेरिअन स्टोनचैट

316. पाइड बुशचैट (नर-मादा)

317. ब्राउन रौक-चैट   318. डेजर्ट व्हीटइअर   319. इसाबेल्लीन व्हीटइअर

320. वेरिएबल व्हीटइअर (नर-मादा)   321. कौमन बैबलर

322. जंगल बैबलर   323. लार्ज ग्रे बैबलर   324. यलो-आइड बैबलर

325. टाउनी-बेलीड बैबलर

326. ज़िटिंग सिस्टिकोला

327. प्लेन प्रिनिआ

328. एशी प्रिनिआ

329. जंगल प्रिनिआ

330. ग्रे-ब्रेस्टेड प्रिनिआ

331. कौमन टेलरबर्ड

332. साइबेरिअन चिफचौफ

प्लेट - 44 पक्षी

333. एसिअन डेजर्ट वार्बलर 334. लैसर व्हाइटथ्रोट 335. ग्रेटर व्हाइटथ्रोट

336. इंडिअन रीड-वार्बलर 337. ब्लिथ'स रीड-वार्बलर 338. पैडीफील्ड वार्बलर

339. सल्फर-बेलीड लीफ-वार्बलर 340. स्पौटेड फ्लाईकैचर 341. एसिअन ब्राउन फ्लाईकैचर

342. वर्डिटर फ्लाईकैचर

343. रेड-ब्रेस्टेड फ्लाईकैचर

344. टिकेल'स ब्लू फ्लाईकैचर

345. ग्रे-हैडेड केनेरी-फ्लाईकैचर

346. एसिअन पेरेडाइज-फ्लाईकैचर

347. व्हाईट-ब्रोड फैनटेल

348. व्हाईट-स्पौटेड फैनटेल

349. ग्रेट टिट

350. ब्लैक-लोरेड टिट

351. स्पौटेड क्रीपर

352. पर्पल सनबर्ड (मादा-नर)

353. पर्पल-रम्प्ड सनबर्ड

354. ओरिएन्टल व्हाईट-आई

355. क्रेस्टेड बन्टिंग (मादा-नर)

356. ग्रे-नेक्ड बन्टिंग

357. ब्लैक-हैडेड बन्टिंग

358. रैड-हैडेड बन्टिंग

359. कौमन रोजफिंच

360. रेड अवाडावट (मादा-नर)

361. ग्रीन अवाडावट

362. स्केली-ब्रेस्टेड मुनिआ

363. इंडिअन सिल्वरबिल

364. ब्लैक-हैडेड मुनिआ

365. हाउस स्पैरो (मादा-नर)

366. स्पैनिश स्पैरो

367. यलो-थ्रोटेड स्पैरो

368. बया वीवर (मादा-नर)

369. स्ट्रीक्ड वीवर

370. रोजी स्टारलिंग

371. कौमन स्टारलिंग

372. ब्राह्मनी मैना   373. एसिअन पाइड स्टारलिंग   374. कौमन मैना

375. बैंक मैना   376. गोल्डन ओरिओल   377. ब्लैक ड्रोन्गो

378. व्हाईट-बेल्लीड ड्रोन्गो   379. एशी वूडस्वैलो   380. रुफस ट्रीपाई

381. हाउस क्रो

382. जंगल क्रो

383. कौमन रैवन

384. मार्श क्रोकोड़ाईल

385. घड़ियाल

386. इंडियन स्टार टोरटोईज

387. इंडियन साफ्ट-शैल टर्टल

388. इंडियन फ्लैप-शेल टर्टल

389. क्राउंड रिवर टर्टल

प्लेट - 52 सरीसृप

390. पेन्टेड रूफ्ड टर्टल

391. थ्री-स्ट्राइप्ड रूफ्ड टर्टल

392. इंडियन रूफ्ड टर्टल

393. इंडियन टेन्ट टर्टल

394. स्पाटेड पोंड टर्टल

395. नोदर्न हाऊस गेको

396. बार्क (ट्री) गेको

397. टर्माइट हिल गेको

398. ब्राह्मनी स्किंक

399. लिटल स्किंक

400. स्नेक स्किंक

401. थ्री-फिंगर्ड सैंडफिश

402. इंडियन फ्रिन्ज-फिन्गर्ड लिजार्ड

403. जेर्डन्स स्नेक-आई

404. ब्रिलिएंट ग्राउंड अगामा

405. शौर्ट-टेल्ड ग्राउंड अगामा

406. कौमन गार्डन लिजार्ड

407. स्पाइनी-टेल्ड लिजार्ड

408. कौमन इंडियन मानिटर

409. डेजर्ट मानिटर

410. इंडियन कैमीलिओन

411. बीक्ड वर्म स्नेक

412. इंडियन राक पायथन

413. कौमन सैंड (रसेल्स अर्थ) बोआ

414. रेड सैंड (जोन्स अर्थ) बोआ

415. कौमन ट्रिंकेट स्नेक

416. इंडियन रेट स्नेक

417. ग्लौसी-बेलीड रेसर

418. कौमन कुकरी स्नेक

419. रसेल्स कुकरी स्नेक

420. कौमन ब्रांज-बैक ट्री स्नेक

421. कौमन वोल्फ स्नेक

422. चेकर्ड कीलबैक स्नेक

423. बफ-स्ट्राईप्ड कीलबेक स्नेक

424. ग्रीन कीलबेक स्नेक

425. कौमन कैट स्नेक

426. लीथ'स सैंड स्नेक

427. कौमन व्हाईन स्नेक

428. कौमन इंडियन क्रैट

429. इंडियन (स्पेक्टेकल्ड) कोबरा

430. रसेल्स वाईपर

431. सा-स्केल्ड वाईपर

432. कौमन इंडियन टोड

433. मार्बल्ड टोड

434. ओर्नेट माईक्रोहाईलिड

435. मार्बल्ड बेलून फ्राग

436. कौमन ट्री फ्राग

437. स्किट्टरिंग फ्राग

438. इंडियन पौन्ड फ्राग

439. इंडियन बुल फ्राग

440. इंडियन क्रिकेट फ्राग

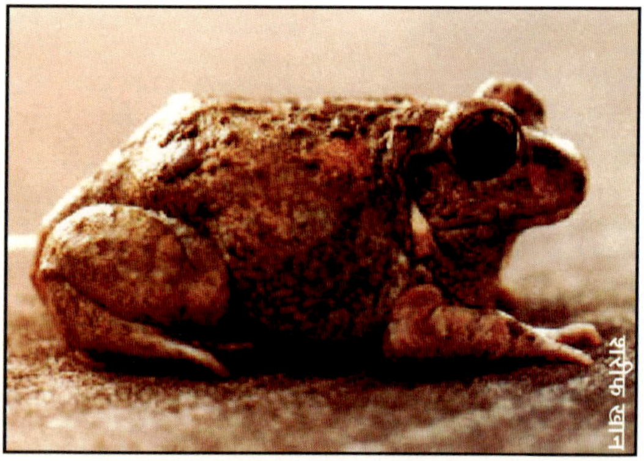

441. इंडियन बरोईंग फ्राग

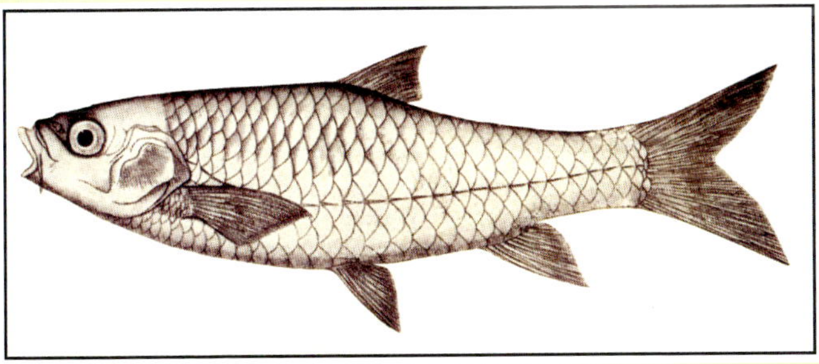

442. माहसीर (नहरम)

443. काली (डेक्कन) माहसीर

444. गोल्डन माहसीर (कोरचूला,चादू)

445. अरूली बार्ब

446. सिल्वर कार्प

447. स्नो ट्राऊट (असैला)

448. पाबदा कैटफिश (गोदाली)

449. लान्ची

450. गेन्गेटिक एलिआ (पतंगा)

कौमन क्वेल *कोटर्निक्स कोटर्निक्स*

बड़ा बटेर 20 से.मी.

वितरण : अप्रवासी; लगभग सम्पूर्ण राजस्थान **पहचान** : आँख भूरी, चोंच नीली–धूसर, पैर हलके गुलाबी या गुलाबी–भूरे; शरीर हलका भूरा, पीत भाले जैसे चिन्ह और साथ ही अनिश्चित लाल–भूरे और काले धब्बों व रेखाओं से आच्छादित ठोढ़ी और ठोढ़ी से गले तक काली रेखा; गर्दन पर दो काले अर्ध–वलय सीना लाल–कांसे जैसा; बगलें काली धारियों के साथ भूरी; मादा की ठोढ़ी और गला हलके मटमैले रंग का और सीने पर काले धब्बे **व्यवहार और आवास** : खेत, ऊंचे–नीचे घास के मैदान और कटी फसल वाले खेतों में पाये जाते हैं, प्रायः जोड़े में; अचानक सामना हो जाने पर सीधे ऊपर की ओर उड़ते हैं और कुछ दूर जाकर घास में छुप जाते हैं **भोजन** : धान, ज्वार, बाजरा, घास के बीज, कीड़े आदि **संरक्षण महत्व** : वन्यजीव सुरक्षा अधिनियम – शेड्यूल 4 **(प्लेट 20, चित्र 137)**

रौक बुश–क्वेल *पर्डीकुला अर्गून्डाह*

चट्टानी लव्वा 17 से.मी.

वितरण : उत्तर, मध्य, दक्षिण–पूर्व, दक्षिण राजस्थान के सूखे क्षेत्र **पहचान** : आँख नारंगी–भूरी, चोंच धूसर–काली, पैर हलके पीले या धूसर–पीले; नर के ऊपरी सीने और पेट पर सघन काली रेखायें, हलका ईंट जैसा लाल गला और कान के पंख; मादा के अधोभाग गुलाबी आभा के साथ हलके रंग के, आँख के ऊपर की रेखा और ठोढ़ी सफेद **व्यवहार और आवास** : पत्थर और चट्टानों वाले सूखे झाड़ियों के मैदान और अर्ध मरुस्थल इनके आवास स्थल हैं, छोटे समूह में रहते हैं, शर्मीले, छुपे रहना पसन्द करते हैं **भोजन** : घास के बीज, अनाज आदि **प्रजनन** : लगभग वर्षोपरान्त पर प्रजनन गतिविधी सितम्बर–अक्टूबर और जनवरी–फरवरी में अधिक; झाड़ी या घास के बीच जमीन पर घोंसला बनाते हैं, 4–8 अंडे, मलाई जैसे सफेद रंग के **संरक्षण महत्व** : वन्यजीव सुरक्षा अधिनियम – शेड्यूल 4 **(प्लेट 20, चित्र 138)**

जंगल बुश–क्वेल *पर्डीकुला एसिआटिका*

जंगली लव्वा 17 से.मी.

वितरण : पूर्व और दक्षिण–पूर्व राजस्थान **पहचान** : आँख नारंगी–भूरी, चोंच काली, पैर हलके नारंगी; ऊपरी शरीर कत्थई–भूरा, हलकी

मटमैली और काली रेखायें और धब्बे; आँख के ऊपर हलकी पीत और बादामी रेखायें; बाकी का नीचे का शरीर सफेद जिस पर संकरी काली धारियां; मादा के अधोभाग गुलाबी–कत्थई **व्यवहार और आवास** : घास और झाड़ियों के जंगल; 6–20 के समूह में रहते हैं, झाड़ियों के नीचे बैठ कर आराम और रात्रि विश्राम करते हैं, ऐसे में सभी का मुंह बाहर की ओर रहता है; आहट पर सभी अलग–अलग दिशाओं में उड़ते हैं पर शीघ्र ही वापस समूह एकत्रित हो जाता है **भोजन** : घास के व अन्य बीज, अनाज और फलियां **प्रजनन** : अप्रैल से अगस्त; घोंसला जमीन पर; 4–8 अंडे, मलाई जैसे सफेद रंग के **संरक्षण महत्व** : वन्यजीव सुरक्षा अधिनियम – शेड्यूल 4 **(प्लेट 20, चित्र 139)**

पेन्टेड स्परफाउल *गेल्लोपर्डिक्स लुनुलाटा*

अस्कल मुर्ग 32 से.मी.

वितरण : पूर्व, दक्षिण–पूर्व, दक्षिण राजस्थान **पहचान** : आँख गहरी भूरी, चोंच सींग जैसी भूरी, पैर धूसर जैतूनी–भूरे; नर के हरे–कालेमाथे और कपाल पर सफेद बिन्दु, सिर के बगल और गर्दन पर बड़े सफेद धब्बे; ऊपरी कत्थई पीठ पर सफेद गोले, कंधे और डैनों के कुछ पंख धातुई हरे; काली पूंछ पर हरी आभा; हलके बादामी सीने और पेट के ऊपरी हिस्से पर तिकोने काले चिन्ह; बाकी पेट पर छोटे बिन्दु; मादा का रंग सादा, ऊपरी शरीर भूरा, कपाल काला और सिर के बगल में बादामी; ठोढ़ी, गाल और गला बादामी, पेट जैतूनी–भूरा **व्यवहार और आवास** : पहाड़ियाँ, कराई और घाटियां इनके पसन्दीदा आवास हैं, जोड़े में या पारिवारिक समूह में रहते हैं, ऊंचे–नीचे पहाड़ी जंगल में पत्तियों के ढेर उलट–पुलट कर भोजन तलाशते हैं, बचाव के लिये उड़ने की जगह चल कर छुपना पसन्द करते हैं **भोजन** : बीज, कंद–मूल, महुआ के फूल, बेर और दीमक **प्रजनन** : जनवरी से जून; 3–5 हलके भूरे अंडे जमीन पर घोंसला बना कर देते हैं **संरक्षण महत्व** : वन्यजीव सुरक्षा अधिनियम – शेड्यूल 4 **(प्लेट 20, चित्र 140)**

रेड स्परफाउल *गेल्लोपर्डिक्स स्पेडीसिआ*

चोखरा 36 से.मी.

वितरण : दक्षिण राजस्थान, विशेषकर आबू पर्वत **पहचान** : आँख पीली–भूरी, चोंच सींग के रंग की भूरी आधार पर लाल, आँख का घेरा लाल, पैर लाल–भूरे; नर का कपाल गहरा भूरा, हलका धूसर चेहरा और

गर्दन, ऊपरी शरीर का रंग लाल–बादामी और उस पर भूरे गोले और काली लहरदार रेखायें; अधोभाग लाल–बादामी और धूसर–भूरे धब्बे; मादा का माथा रेत जैसा भूरा, कपाल और गर्दन के पीछे काला; पीठ का भाग धूसर या रेत जैसा – लालाभ और बारीक काली रेखाओं के साथ; ठोढ़ी और गला सफेद, सीने और बगल में काले धब्बों के साथ बादामी रंग **व्यवहार और आवास** : झाड़ियों और बांस के जंगल में पाये जाते हैं, जोड़े में या पारिवारिक समूह में मिलते हैं, शर्मीले और छुपकर रहने वाले **भोजन** : बीज, कंद–मूल, बेर और कीड़े **प्रजनन** : जनवरी से जून; भूमि पर छिछले गड्ढों में घास और पत्तियां एकत्रित कर घोंसला बनाते हैं, 3–5 अंडे, मटमैले रंग के **संरक्षण महत्व** : वन्यजीव सुरक्षा अधिनियम – शेड्यूल 4 **(प्लेट 20, चित्र 141)**

ग्रे जंगलफाउल	*गैलस सोन्नेराट्टी*
जंगली मुर्गा	नर 70–80 से.मी., मादा 30 से.मी.

वितरण : दक्षिण राजस्थान, विशेषकर आबू पर्वत के आस–पास **पहचान** : आँख नारंगी–भूरी, चोंच पीत–गुलाबी, कलगी और चेहरे के मांसल लोलक और मस्से गहरे लाल, पैर पीले या गुलाबी; मादा के छोटी कलगी और चेहरे की त्वचा ईंट के रंग की; नर का शरीर गहरा धूसर उस पर सफेद रेखायें, पीठ चमकदार, बैंगनी–काले डैनों के पंख; लम्बी घुमावदार पूंछ; पीठ के ऊपर के पंख सिरे पर चमकदार नारंगी या सुनहरे; काले–धूसर अधोभाग, सीने पर सफेद रेखायें, पेट पर भूरी–धूसर रेखायें; बगलें जंग के रंग की लाल; मादा के कपाल और गर्दन का रंग बुंदकीदार भूरा, ऊपरी शरीर हलका बादामी–भूरा जिस पर सफेद धारियां; गला सफेद, अधोभाग सफेद, सीने पर काली परिधि वाले सफेद गोले **व्यवहार और आवास** : जोड़े या पारिवारिक समूह में छितराये जंगल के निवासी, रात्रि में पेड़ की शाखाओं पर विश्राम करते हैं **भोजन** : अनाज, कंद–मूल, बेर, जंगली अंजीर, दीमक और टिड्डे **प्रजनन** : फरवरी से मई; 5–6 अंडे, हलके पीत–भूरे रंग के **संरक्षण महत्व** : वन्यजीव सुरक्षा अधिनियम – शेड्यूल 4 **(प्लेट 21, चित्र 142)**

इंडियन पीफाउल	*पावो क्रिस्टेटस*
मोर	नर 200–225 से.मी. (पूंछ सहित), मादा 86 से.मी.

वितरण : राष्ट्रीय पक्षी; सम्पूर्ण राजस्थान **पहचान** : आँख भूरी, चेहरे की त्वचा सफेद, चोंच गहरी भूरी, पैर सफेद–भूरे; नर के सिर पर पंखों का

मुकुट, गर्दन और सीना चमकीला नीला, धातुयी कांसे और हरे रंग की बहुत लम्बी पूंछ; सफेद गोलों से भरी कांसे और हरे रंग की पीठ; पूंछ के पंख प्रजनन काल के बाद झड़ जाते हैं, मादा छोटी, पूंछ लम्बी नहीं; सिर और सिर के पीछे भूरा, निचली गर्दन हरी, सीना हलका पीला–भूरा; डैने के प्राथमिक पंख भूरे और बादामी नर की ही तरह **व्यवहार और आवास** : सर्व सामान्य; गांव व उप शहरी इलाकों में लगभग पालतू; जंगल और उसके किनारे बसे गांव, खेत, बिना खेती की जमीन और उप नगरीय इलाकों में मिलते हैं, छोटे समूह में नर और 3–4 मादा एक साथ; जंगल के बीच खुले मैदान और झाड़ियों के बीच भोजन तलाशते हुए दिखते हैं, प्रजनन काल में नर अपनी पूंछ के पंख उठाकर मादा को आकृष्ट करने के लिये नाचते हैं **भोजन** : सर्वभक्षी **प्रजनन** : जून से सितम्बर; जमीन पर; 4–6 अंडे, पीत–सफेद या मटमैले रंग के **संरक्षण महत्व** : वन्यजीव सुरक्षा अधिनियम – शेड्यूल 1 **(प्लेट 21, चित्र 143)**

स्माल बटनक्वेल *टर्निक्स सिल्वेटिका*

दबकी 13 से.मी.

वितरण : दक्षिण–पूर्व और दक्षिण राजस्थान, वर्षा काल में मध्य राजस्थान में भी **पहचान** : आँख पीली या भूसे के रंग की, चोंच धूसर, पैर हलके नीले–धूसर या गुलाबी–सफेद; छोटा आकार और नुकीली पूंछ इनको अन्य तीन अंगुलियों वाली बटनक्वेल में अलग पहचान देते हैं, कपाल कालिख लिये हुए भूरा जिसके बीच में सफेद रेखा; पीठ का ऊपरी भाग कत्थई जिस पर हलके पीत अर्ध गोले; पृष्ठ पर अनिश्चित काली और भूरी धारियां; सीना पीत–भूरा काले बिन्दु; मादा कुछ बड़ी **व्यवहार और आवास** : झाड़ीयुक्त घास का मैदान और खेत इनके आवास हैं, अकेले या जोड़े में मिलते हैं **भोजन** : घास के और अन्य बीज, घास की कोंपल और कीड़े **प्रजनन** : वर्षाकाल में; जमीन पर 3–4 धूसर–सफेद अंडे देते हैं **संरक्षण महत्व** : वन्यजीव सुरक्षा अधिनियम – शेड्यूल 4 **(प्लेट 21, चित्र 144)**

यलो–लेग्ड बटनक्वेल *टर्निक्स टेन्की*

पीली–टाँग लव्वा 15 से.मी.

वितरण : पूर्व और दक्षिण–पूर्व राजस्थान, वर्षा काल में मध्य राजस्थान में भी **पहचान** : आँख सफेद, चोंच धूसर–सफेद और आधार पर पीली आभा, पैर पीले; कपाल कुछ–कुछ कत्थई और पीत मिश्रित काला, एक हलकी मध्य रेखा; आँख के ऊपर और सिर के बगल में पीत; ऊपरी भाग धूसर–भूरा, काली आड़ी और लहरदार धारियां; ठोढ़ी और गला सफेद;

भूरे सीने के बगल में काले बिन्दु, बाकी का अधोभाग हलके पीत; मादा बड़ी, गर्दन के नीचे पीट पर चौड़ा नारंगी–भूरा पट्टा **व्यवहार और आवास** : नम घास के मैदान, छोटी झाड़ियाँ और खेत में अकेले या जोड़े में मिलते हैं, झाड़ी या चट्टान की आड़ में बैठते हैं **भोजन** : बीज, ज्वार, बाजरा, और कीड़े **प्रजनन** : जून से सितम्बर; घास के बीच जमीन पर 4 धूसर–सफेद अंडे देते हैं **संरक्षण महत्व** : वन्यजीव सुरक्षा अधिनियम – शेड्यूल 4 **(प्लेट 21, चित्र 145)**

बार्ड बटनक्वेल *टर्निक्सससिटेटर*

गुन्डलू 15 से.मी.

वितरण : राजस्थान के पूर्वी भाग में **पहचान** : आँख सफेद, चोंच नीली–धूसर, पैर धूसर; कपाल गहरा भूरा और एक हलकी मध्य रेखा; सिर के बगल में सफेद पर काले धब्बे; पीठ कत्थई–भूरी जिस पर काले और सफेद धब्बे; गर्दन के बगल में और सीने पर काली रेखायें, नारंगी–कत्थई या पीत–नारंगी बगलें और पेट **व्यवहार और आवास** : झाड़ियों और घास के बीच में घूमते रहते हैं, अकेले या जोड़े में एक ही स्थान का बारम्बार उपयोग करते हैं, बहुत कठिनाई से अपना स्थान छोड़ कर उड़ते हैं, जहाँ सुरक्षित महसूस करते हैं वहाँ खुले में आकर भोजन ढूंढते हैं **भोजन** : घास के व अन्य बीज, कोंपल, अनाज और कीड़े **प्रजनन** : जून से अक्टूबर; जमीन पर 4 धूसर–सफेद अंडे देते हैं **संरक्षण महत्व** : वन्यजीव सुरक्षा अधिनियम – शेड्यूल 4 **(प्लेट 21, चित्र 146)**

सारस क्रेन *ग्रुस एन्टीगोन*

सारस, बीला 156 से.मी.

वितरण : पूर्व, दक्षिण–पूर्व, दक्षिण और मध्य राजस्थान में कुछ स्थानों पर **पहचान** : आँख नारंगी, चोंच हलकी हरी–धूसर, कपाल और कान की त्वचा राख जैसी धूसर, सिर और ऊपरी गर्दन की त्वचा लाल, पैर गुलाबी; लम्बी टागों और लम्बी गर्दन वाला स्थानीय क्रेन, लाल सिर और गर्दन और धूसर कपाल इनको अलग पहचान देते हैं, शरीर धूसर, गर्दन पर सफेद पन लिये हुए हलका रंग तो पीठ पर गहरा; अवयस्क भूरे **व्यवहार और आवास** : जलक्षेत्र और दलदल के किनारे, सरकंडे के बीच, खेतों में मिलते हैं, प्रायः जोड़े में या चूजों और अवयस्क के साथ; सुबह और दोपहर के बाद का समय दलदल, खेत या सरकंडों के बीच भोजन की खोज करते हुए बिताते हैं, वर्तमान में बहुत कम संख्या में कुछ ही स्थानों पर मिलते हैं, इनके

आवास और प्रजनन क्षेत्र में आई कमी ने इनकी संख्या बहुत कम कर दी है **भोजन** : मछली, मेंढक, गोह, सर्प, टिड्डे आदि, साथ ही जलीय कंद–मूल भी **प्रजनन** : फरवरी से मई और अगस्त से नवम्बर; दलदल या धान के खेत के बीच ऊंचे स्थान पर जलीय वनस्पति एकत्रित कर बड़ा घोंसला बनाते हैं, 1–2 अंडे, धूसर–सफेद रंग के **संरक्षण महत्व** : वन्यजीव सुरक्षा अधिनियम – शेड्यूल 4, आई.यू.सी.एन. – असुरक्षित **(प्लेट 21, चित्र 147)**

कौमन क्रेन *ग्रुस ग्रुस*

कुर्च 114 से.मी.

वितरण : अप्रवासी; कम संख्या में लगभग सम्पूर्ण राजस्थान पर पूर्वी भाग में कम **पहचान** : आँख नारंगी–लाल, चोंच पीत–हरी, पैर काले; शरीर धूसर–भूरा, कपाल की त्वचा लाल, आँख के पीछे से गर्दन तक एक सफेद धारी जो कि गले से सीने तक की काली पट्टी के पीछे स्पष्ट दिखती है; पूंछ लम्बे घुमावदार गहरे धूसर–भूरे पंखों के नीचे ढंकी हुई; अवयस्क धूसर, भूरी और हलकी धूसर आभा के साथ **व्यवहार और आवास** : छोटे समूह में दिखते हैं, कभी–कभी पश्चिम राजस्थान में बड़े समूह में भी; सजग, पास आने नहीं देते, खतरे की आहट पर एकदम से उड़ जाते हैं, शरद ऋतु की फसलों के बीच या नदियों के किनारे दिखते हैं **भोजन** : फसल और घास की कोंपलें, कंद–मूल, अनाज, कीड़े और सरीसृप **संरक्षण महत्व** : वन्यजीव सुरक्षा अधिनियम – शेड्यूल 4 **(प्लेट 21, चित्र 148)**

डेमोईसेल क्रेन *ग्रुस वर्गो*

कुरजा 95 से.मी.

वितरण : अप्रवासी; पश्चिम राजस्थान में बड़े समूह में, अन्यत्र कभी–कभी और कम संख्या में **पहचान** : आँख लाल, चोंच हलकी हरी सिरे पर लाल, पैर काले; छोटे आकार और धूसर रंग की सुंदर क्रेन, चेहरा और गर्दन काले, कपाल धूसर, चेहरे के बगल में सफेद रेशेदार पंख के गुच्छे, गर्दन से लटकते काले पंख और लम्बे धूसर प्राथमिक पंख पूंछ के ऊपर लटकते हुए **व्यवहार और आवास** : नदी व जलाशय के किनारे पर दिन में आराम करते और सुबह व शाम को दाना चुगते हैं, खेत, धान की फसल, तालाबों के किनारे, गांव के पास प्रायः दिखते हैं, राजस्थान में इनका सांस्कृतिक और लोकसाहित्य में बड़ा महत्व है जिसके कारण इनको सुरक्षा मिली हुई है **भोजन** : गेहूँ, चना, धान और फलियां **संरक्षण महत्व** : वन्यजीव सुरक्षा अधिनियम – शेड्यूल 4 **(प्लेट 21, चित्र 149)**

स्लेटी–ब्रेस्टेड रेल *गैल्लिरेलस स्ट्रिएटस*

पट्टेदार रेल 27 से.मी.

वितरण : दक्षिण–पूर्व राजस्थान **पहचान** : आँख लाल–भूरी, चोंच ऊपर भूरी, नीचे पीत–लाल या लाल, पैर जैतूनी–धूसर; सिर और गर्दन के बगल में लालाभ बादामी, ऊपरी गहरा भूरे शरीर पर अनिश्चित सफेद लहरदार धारियाँ और बिन्दु; गला सफेद, सीना और आगे की गर्दन धूसर; पेट और बगल में सफेद धारियां; मादा की पीठ हलके रंग की और अधोभाग सफेद **व्यवहार और आवास** : अकेले या जोड़े में जलीय वनस्पति के बीच छुप कर घूमते रहते हैं, बहुत शर्मीले, थोड़ी सी आहट पर भी सजग होकर छुप जाते हैं, इन्हें देख पाना अत्यन्त कठिन, शायद इसी कारण अन्य क्षेत्र में नहीं देखे गये हैं, गर्दन को ऊपर–नीचे करते हुए सीधे होकर चलते हैं **भोजन** : जलीय वनस्पति की कोंपलें और बीज, कीड़े, झींगे, घोंघे आदि भी **संरक्षण महत्व** : वन्यजीव सुरक्षा अधिनियम – शेड्यूल 4 **(प्लेट 22, चित्र 150)**

व्हाईट–ब्रेस्टेड वाटरहेन *अमौरोर्निस फीनिक्यूरस*

दबक 32.5 से.मी.

वितरण : राजस्थान के पूर्वी भाग में **पहचान** : आँख लाल, चोंच पीली–हरी, आधार पर लाल, पैर हलके पीले; लम्बे पैरों वाला सामान्य पक्षी, काला–धूसर शरीर, चेहरा और सीना सफेद, कपाल काला, पूंछ के नीचे लाल **व्यवहार और आवास** : वनस्पति से भरे दलदल, धान के खेत, तालाब के किनारे के सरकंडों के बीच रहते हैं, अकेले या जोड़े में; कम शर्मीले, जल क्षेत्र के पास खुले में भी घूमते रहते हैं **भोजन** : कीड़े, उनके लारवा, घोंघे, केंचुये और जलीय वनस्पति **प्रजनन** : वर्षा काल में; जलाशय के किनारे पर जलीय वनस्पति को इकट्ठा कर घोंसला बनाते हैं, 6–7 गुलाबी–सफेद अंडे **संरक्षण महत्व** : वन्यजीव सुरक्षा अधिनियम – शेड्यूल 4 **(प्लेट 22, चित्र 151)**

ब्राउन क्रेक *अमौरोर्निस अकूल*

भूरा क्रेक 28 से.मी.

वितरण : राजस्थान के पूर्वी भाग में **पहचान** : आँख लाल, चोंच धूसर या हलकी हरी, पैर गुलाबी भूरे या बैंगनी; छोटी पूंछ वाली भूरा और

धूसर जल क्षेत्र का पक्षी; सिर और गर्दन के बगल में धूसर, गला सफेद, पीठ, डैने और पूंछ गहरे जैतूनी–भूरे रंग के **व्यवहार और आवास** : दलदली क्षेत्र, सरकंडों और जलीय वनस्पति से भरे हुए इनके आवास स्थल हैं। शर्मीले, छुपने के एक स्थान से दूसरे पर जाते हुए ही दिखाई पड़ते हैं। जलीय वनस्पति के बीच भोजन तलाशते और रहते हैं **भोजन** : कीड़े, घोंघे, केंचुये और बीज **प्रजनन** : मई से अगस्त; सरकंडों और घास के बीच घोंसला बनते हैं। 5–6 अंडे, मटमैले सफेद या हलके गुलाबी चित्तीदार **संरक्षण महत्व** : वन्यजीव सुरक्षा अधिनियम – शेड्यूल 4 **(प्लेट 22, चित्र 152)**

बेलन'स क्रेक *पोर्ज़ाना पुसेल्ला*

झिल्ली 19 से.मी.

वितरण : अप्रवासी; पूर्व, दक्षिण–पूर्व राजस्थान **पहचान** : आँख लाल, चोंच हरी–धूसर सिरे पर गहरी, पैर पीत–हरे; शरीर का ऊपरी भाग कत्थई जैतूनी–भूरा और धारीदार भूरा, आँख के ऊपर और गर्दन की बगल में धूसर, एक भूरी रेखा आँख के बीच से गर्दन तक; कंधे, पीठ, पुट्ठे पर संकरे सफेद धब्बे; गला, सीना और पेट का आगे का भाग धूसर, बाकी पेट और गुदा भूरी जिस पर सफेद धारियाँ **व्यवहार और आवास** : जलीय वनस्पति, सरकंडे से आच्छादित दलदली भूमि और पानी से भरे खेतों में पाये जाते हैं, अकेले या जोड़े में; प्रायः छुपे रहते हैं और यदा–कदा ही दिखाई देते हैं। पूंछ को ऊपर–नीचे करते हुए तैरती हुई वनस्पति पर चलने में सक्षम **भोजन** : जलीय पौधों के बीज और कीड़े **संरक्षण महत्व** : वन्यजीव सुरक्षा अधिनियम – शेड्यूल 4 **(प्लेट 22, चित्र 153)**

वाटरकौक *गैलिक्रेक्स सिनेरिआ*

कोरा नर 43 से.मी., मादा 36 से.मी.

वितरण : दुर्लभ; पूर्व राजस्थान **पहचान** : प्रजनन काल में नर की आँख लाल, चोंच पीली और कपाल कवच लाल और पीत–गुलाबी, पैर लाल; प्रजनन काल के बाद में नर और मादा की हर ऋतु में आँख पीत–भूरी, चोंच और कपाल कवच पीले से और पैर हलके हरे–भूरे; प्रजनन काल में नर काला, धूसर धब्बों वाला, अन्य समय में नर और मादा गहरे भूरे, कुछ कत्थई धब्बों के साथ; अधोभाग हलके रंग के जिस पर गहरी लहरदार धारियां; मादा छोटी **व्यवहार और आवास** : सरकंडों से भरे छिछले पानी

या दलदल और धान के खेतों में रहते हैं। सुबह और शाम को सक्रिय; हमेशा छुपने की जगह के आस–पास ही रहते हैं। पूंछ को उठा कर रखते हैं और ऊपर–नीचे करते रहते हैं। उड़ान कमजोर, उड़ते समय पैर लटकते रहते हैं **भोजन** : जलीय पौधों की कोंपल और बीज, धान, जलीय कीड़े **प्रजनन** : जून से सितम्बर; सरकंडों के बीच जलीय पौधों से गहरे कटोरे जैसा घोंसला बनाते हैं। 3–6 अंडे, सफेद या हलके गुलाबी गहरे धब्बों युक्त **संरक्षण महत्व** : वन्यजीव सुरक्षा अधिनियम – शेड्यूल 4 **(प्लेट 22, चित्र 154)**

पर्पल स्वाम्पहेन *पोरफाईरिओ पोर्फाईरिआ*

जलकुकरी 43 से.मी.

वितरण : लगभग सम्पूर्ण राजस्थान **पहचान** : आँख गहरी लाल, चोंच और सिर का कवच लाल, पैर हलके लाल; बैंगनी–नीले रंग का आसानी से पहचान में आने वाला रेल जाति का पक्षी, लाल चोंच और कवच इसकी पहचान और भी आसान कर देते हैं। अवयस्क हलके रंग के, चोंच धूसर **व्यवहार और आवास** : दलदल, जलाशयों के किनारे, नहर के पास जहाँ जलीय पौधे और घास बहुतायत से हो वहाँ आसानी से दिखे जा सकते हैं। नहरीकरण ने इनके क्षेत्र के विस्तार में सहायता की है; प्रायः 5–15 के समूह में रहते हैं। उड़ान कमजोर, उड़ते समय पैर लटकते रहते हैं **भोजनः** बीज, अनाज, वनस्पति, घोंघे और कीड़े **प्रजनन** : वर्षा ऋतु में; जलीय पौधों के बीच 3–7 हलके पीत या गुलाबीपन लिये हुए पीत अंडे देते हैं **संरक्षण महत्व** : वन्यजीव सुरक्षा अधिनियम – शेड्यूल 4 **(प्लेट 22, चित्र 155)**

कौमन मूरहेन *गैलिन्यूला क्लोरोपस*

जलमुर्गी 32.5 से.मी.

वितरण : लगभग सम्पूर्ण राजस्थान **पहचान** : आँख लाल, चोंच का सिरा पीत, चोंच के ऊपर लाल कवच, पैर हरे–पीले; पानी में छोटी बतख जैसी दिखती है पर भूमि पर सामान्य वाटरहेन जैसी; शरीर स्लेट जैसा धूसर और भूरा, डैनों के किनारे पर और पूंछ के नीचे सफेद **व्यवहार और आवासः** जलीय पौधों से भरे दलदल, छिछले पानी के तालाब और जलाशय के किनारे या पानी में तैरते हुए दिखते हैं। पौधों और घास के बीच चलते समय पूंछ को ऊँचा रखते हैं और सिर को ऊपर–नीचे करते रहते हैं

भोजन : कीड़े, केंचुये, घोंघे, धान, कोंपलें और बीज **प्रजनन** : मई से अगस्त; जलीय पौधों के बीच 5–12 हलके पीत लाल धब्बेदार अंडे देते हैं **संरक्षण महत्व** : वन्यजीव सुरक्षा अधिनियम – शेड्यूल 4 **(प्लेट 22, चित्र 156)**

कूट *फुलिका अट्रा*
टिकरी 39 से.मी.

वितरण : लगभग सम्पूर्ण राजस्थान में अप्रवासी पर दक्षिण राजस्थान के कुछ स्थानों में स्थानीय **पहचान** : आँख लाल, चोंच और कवच सफेद, पैर हलके हरापन लिये हुए; पूरा शरीर स्लेट जैसा काला पर, सफेद चोंच और कवच इनकी पहचान आसान कर देते हैं **व्यवहार और आवास** : जलाशय, तालाब, बाँध, नहर पर पाया जाने वाला सामान्य जल पक्षी; सामूहिक, 30–80 की संख्या में प्रायः दिखते हैं पर 800–1000 तक के समूह भी उपयुक्त जलाशय पर मिल जाते हैं। खतरे की आहट पर पानी में आधा छोड़ते–आधा उड़ते हुए दूर चले जाते हैं और पुनः भोजन की खोज आरम्भ कर देते हैं **भोजन** : जलीय पौधों की कोंपलें, बीज और शैवाल; कीड़े और घोंघे भी **संरक्षण महत्व**: वन्यजीव सुरक्षा अधिनियम–शेड्यूल 4 **(प्लेट 22, चित्र 157)**

ग्रेट इंडिअन बस्टर्ड *आर्डिओटिस निग्रिसेप्स*
गोडावन, नाहरगूंजनी नर 122 से.मी., मादा 92 से.मी.

वितरण : दुर्लभ; पश्चिम और मध्य राजस्थान के कुछ स्थानों तक सीमित **पहचान** : आँख पीली, पलकें सफेद, चोंच धूसर–सफेद, पैर हलके पीत या धूसर सफेद; नर की गर्दन सफेद, काली चोटी और कपाल, ऊपरी शरीर पीत–भूरा, डैनों के आरम्भ के काले पंखों पर सफेद बिन्दु; गर्दन के निचले भाग पर एक काला वलय; मादा छोटी और इसकी गर्दन कुछ धूसर **व्यवहार और आवास** : झाड़ीयुक्त घास के मैदान, अर्ध मरुस्थल और खेत इनको पसन्द हैं। अकेले या 5–6 के छोटे और छिटपुट समूह में खुले मैदान में घूमते देखे जाते हैं। तेज छोड़ने की क्षमता, उड़ने के स्थान पर झाड़ी के नीचे छुपना अधिक पसन्द करते हैं। अत्यन्त दुर्लभ, इसी कारण इन्हें चरम संकट की श्रेणी में रखा गया है; यह राजस्थान का राज्य पक्षी भी है **भोजन** : सर्वभक्षी **प्रजनन** : मार्च से सितम्बर; जमीन पर घोंसला बना कर 1–2 हलके भूरे रंग के गहरे धब्बेदार अंडे देते हैं। नर कई मादाओं के

साथ रहता है और गर्दन को फुला कर, पूंछ को ऊँचा कर मादा को आकर्षित करता है **संरक्षण महत्व** : वन्यजीव सुरक्षा अधिनियम – शेड्यूल 1, आई.यू.सी.एन. – चरम संकट में **(प्लेट 22, चित्र 158)**

मैक्वीन'स (हौबारा) बस्टर्ड *क्लैमाईडोटिस अन्ड्यूलेटा*

तिल्लोर 60 से.मी.

वितरण : दुर्लभ अप्रवासी; पश्चिम राजस्थान, मध्य और दक्षिण–पूर्व में भी देखा गया है **पहचान** : आँख सुनहरी, चोंच ऊपर काली नीचे हरा या पीलापन लिये हुए, पैर हरापन लिये हुए सफेद–धूसर; नर के ऊपरी रेत जैसे भूरे शरीर पर काली लहरदार धारियाँ, कपाल पर छोटी काली–सफेद चोटी; गर्दन पर रेशेदार पंख, गले से सीने तक लटकते हुए लम्बे धूसर गुच्छेदार पंख; मादा छोटी, गुच्छेदार पंख नहीं **व्यवहार और आवास** : मरुस्थल और अर्द्धमरुस्थल के निवासी; पूर्वी राजस्थान में सरसों के खेत और घास के मैदान में देखे गये हैं। शर्मीले, आहट पर एकदम से उड़ जाते हैं और कुछ दूर जाकर पुनः उतर जाते हैं। चाल ऊँट जैसी, गर्दन को लचकाते हुए **भोजन** : सर्वभक्षी, मुख्य रूप से शाकाहारी **संरक्षण महत्व** : वन्यजीव सुरक्षा अधिनियम – शेड्यूल 4 आई.यू.सी.एन. – असुरक्षित **(प्लेट 23, चित्र 159)**

लैसर फ्लोरिकन *सायफिओटाइड़्स इंडिका*

खरमोर 46–51 से.मी.

वितरण : दुर्लभ, राजस्थान के मध्य, दक्षिण–पूर्व और दक्षिण भाग में प्रजनन के लिये आने वाले प्रवासी **पहचान** : आँख लालाभ सुनहरी–भूरी, चोंच भूरी या गुलाबी–पीली, पैर धूसर पीले; प्रजनन काल में नर काला और सफेद, सिर पर लम्बे ऊपर की ओर घूमे हुए पंख सिरे पर पत्ते के आकार के; गर्दन के पीछे ऊपर की ओर सफेद पट्टी और डैनों के ऊपरी पंख सफेद; पीठ धूसर–भूरी; मादा रेत जैसी भूरी, पीठ पर कालेतीर जैसे चिन्ह, सिर पर लम्बे पंख नहीं और आकार कुछ बड़ा **व्यवहार और आवास** : ऊँची घास के मैदान और फसल वाले खेतों में छुपकर रहते हैं, शर्मीले और सजग, आहट पर तुरन्त भाग कर छुप जाते हैं। प्रजनन काल में नर ऊंचे स्थान से छलांग लगाकर मादा को आकृष्ट करते हैं, इसी समय ये देखे जाते हैं। मादा को देखना अत्यन्त कठिन **भोजन** : कीड़े, सेंटीपीड, छिपकली और मेंढक **प्रजनन** : जुलाई से सितम्बर; राजस्थान में वर्षा के

साथ–साथ आ जाते हैं। 3–5 अंडे, जैतूनी–भूरे रंग के **संरक्षण महत्व** : वन्यजीव सुरक्षा अधिनियम – शेड्यूल 4 आई.यू.सी.एन. – संकट में **(प्लेट 23, चित्र 160)**

ब्रांज़–विंग्ड जसाना *मेटोपीडिअस इंडिकस*

जलपीपी 28–31 से.मी.

वितरण : राजस्थान के पूर्वी भाग में सामान्य **पहचान** : आँख भूरी, चोंच हरी–पीली सिरे पर लाल चिन्ह और कवच नीला–धूसर, पैर धूसर; सिर, गर्दन और सीना चमकदार काले, पीठ और डैने धातुई हरे–कांसे जैसे रंग के, पूंछ बादामी लाल; आँख से गुद्दे तक सफेद धारी; मादा थोड़ी बड़ी **व्यवहार और आवास** : जलीय खरपतवार से भरे तालाब, जलाशय, नहर के स्थिर पानी और दलदल के बीच के छिछले पानी में तैरते पौधों और पत्तियों पर चलते अकसर देखे जा सकते हैं। टांगें लम्बी और अंगुलियां बहुत लम्बी; पानी में डुबकी लगा सकते हैं और तैर भी सकते हैं। खतरे के समय चूजों को नर अपने डैनों में छुपा लेते हैं **भोजन** : जलीय पौधों के बीज, कंद–मूल और कीड़े **प्रजनन** : मार्च से जुलाई; जलीय पौधों के बीच घोंसला बनाते हैं। मादा कई नरों के लिये अंडे देती है, अंडों और चूजों की जिम्मेदारी नर सम्हालते हैं। प्रायः चमकदार कांसे के रंग के 4 भूरे अंडे **संरक्षण महत्व** : वन्यजीव सुरक्षा अधिनियम – शेड्यूल 4 **(प्लेट 23, चित्र 161)**

फीजेन्ट–टेल्ड जसाना *हाईड्रोफेजिएनस चिरुर्गस*

पिहो 31 से.मी. (पूंछ के साथ 51 से.मी.)

वितरण : मुख्यतः राजस्थान के पूर्वी भाग में पर मध्य और पश्चिम के कुछ हिस्सों में भी **पहचान** : प्रजनन काल में आँख भूरी, चोंच स्लेट जैसी धूसर, पैर हलके नीले–धूसर; अन्य समय में आँख हलकी पीली, चोंच पीली या भूरी, पैर हलके हरे–धूसर; प्रजनन काल में सफेद और चॉकलेटी–भूरे रंग का सुंदर पक्षी, पूंछ के पंख लम्बे और नीचे की ओर घूमे हुए, चेहरा और आगे की गर्दन सफेद, गर्दन पर पीछे सुनहरा रंग; अन्यथा सफेद और भूरा रंग, सीने पर काली पट्टी, पूंछ के लम्बे पंख नहीं **व्यवहार और आवास** : शरद ऋतु में सामूहिक; पैर की लम्बी अंगुलियां पानी में तैरते पौधों पर चलने में सहायक, छिछले पानी के तालाब, जलाशय, नहर के स्थिर पानी के पौधों के बीच पाये जाते हैं **भोजन** : जलीय वनस्पति और

कीड़े **प्रजनन** : जून से सितम्बर; जलीय वनस्पति पर तैरता हुआ या स्थिर घोंसला बनाते हैं। मादा कई नरों के लिये अंडे देती है, नर अंडों को सेकते हैं। प्रायः 4 अंडे, चमकीले लाल–भूरे या हरे–कांसे जैसे रंग के **संरक्षण महत्व** : वन्यजीव सुरक्षा अधिनियम – शेड्यूल 4 **(प्लेट 23, चित्र 162)**

ग्रेटर पैन्टेड स्नाईप *रोस्ट्रेटुला बेन्गालेन्सिस*

राज चहा 25 से.मी.

वितरण : पूर्व और दक्षिण–पूर्व राजस्थान **पहचान** : आँख लाल, चोंच गुलाबी–भूरी, पैर पीले या जैतूनी–हरे; चोंच लम्बी, पतली और सिरे पर थोड़ी नीचे को घूमी हुई; मादा की गर्दन और सीना गहरा लाल–भूरा, सिर गहरे रंग का और आंखों की गोलाई में और पीछे सफेद रेखा, कंधे से सीने पर सफेद अर्ध चन्द्राकार, डैने धातुई काँसे जैसे भूरे; नर हलके रंग के, सिर और गर्दन पर चमक नहीं, आँख और कंधे का सफेद रंग मटमैला **व्यवहार और आवास** : दलदल और छिछले पानी के किनारे की वनस्पति के बीच छुपे रहते हैं। दलदल में लम्बी चोंच से भोजन की तलाश करते समय पीछे का शरीर ऊपर–नीचे करते रहते हैं। उड़ान धीमी और अन्य रेल जाति के पक्षियों जैसी; दिन का समय सूखी चट्टानों, पत्थरों के बीच छुप कर बिताते हैं **भोजन** : घोंघे, झींगे, केंचुये आदि **प्रजनन** : जुलाई से सितम्बर; प्रजनन की जिम्मेदारी नर सम्हालता है, मादा कई नरों के लिये अंडे देती है; अंडे 3–4, पीले धब्बेदार **संरक्षण महत्व** : वन्यजीव सुरक्षा अधिनियम – शेड्यूल 4 **(प्लेट 23, चित्र 163)**

लिटिल रिंग्ड प्लोवर *करेड्रिअस डूबिअस*

जीरा 16 से.मी.

वितरण : लगभग सम्पूर्ण राजस्थान **पहचान** : आँख भूरी, आँख का वलय पीला, चोंच काली सिरे पर पीली, पैर धूसर हरे–पीले; सिर गोल, कपाल का पिछला भाग रेत जैसा धूसर–भूरा और उस पर आगे की ओर काली पट्टी, आँख के ऊपर और माथे पर सफेद; गला सफेद, सीने के ऊपर से गर्दन के पीछे तक काली कंठी, प्रजनन काल में स्पष्ट **व्यवहार और आवास** : जोड़े या छोटे समूह में जलाशय, बाँध के नम किनारों पर पाये जाते हैं। तेजी से चलते हुए जमीन से कीड़े आदि उठाते हैं, पैरों से पीट कर झींगे और कीड़े बाहर निकालते हैं **भोजन** : केंचुये, कीड़े, झींगे, लारवा आदि **प्रजनन** : अप्रेल से जुलाई; पानी के किनारे के सूखे क्षेत्र में भूमि पर

4 पीले–भूरे धारीदार अंडे देते हैं **संरक्षण महत्व** : वन्यजीव सुरक्षा अधिनियम – शेड्यूल 4 **(प्लेट 23, चित्र 164)**

केन्टिश प्लोवर *करेड्रिअस अलेक्सेन्ड्रिनस*

केन्टिश तित्ती 17.5 से.मी.

वितरण : अप्रवासी; लगभग सम्पूर्ण राजस्थान **पहचान** : आँख भूरी, चोंच काली, पैर काले या पीत–धूसर; रेत जैसा भूरा शरीर का रंग, कपाल धूसर–भूरा, माथा गहरे रंग का, आँख की रेखा हलकी भूरी; सीने के बगल में गहरे भूरे धब्बे; अधोभाग सफेद; प्रजनन काल में नर का कपाल और गर्दन का पिछला भाग बादामी लाल **व्यवहार और आवास** : बड़े जलाशय, नदी और बाँध आदि के किनारे पर छोटे समूह में अन्य पक्षियों के साथ पाये जाते हैं। सिर नीचा कर छोड़ते हैं **भोजन** : छोटे केंकड़े और कीड़े **संरक्षण महत्व** : वन्यजीव सुरक्षा अधिनियम – शेड्यूल 4 **(प्लेट 23, चित्र 165)**

कौमन रिंग्ड प्लोवर *करेड्रिअस हाएटिकुला*

कंठिया तित्तिब 19 से.मी.

वितरण: असामान्य अप्रवासी; पूर्व और दक्षिण–पूर्व राजस्थान **पहचान** : आँख भूरी, पलकें पीली, चोंच धूसर आधार पर नारंगी; माथा सफेद, कपाल सामने से गहरा भूरा, पीछे रेत जैसे रंग का भूरा, माथे से आँख तक सफेद धारी, आंखों के आगे से कर्ण छिद्र तक काली धारी; गर्दन और सीने के बीच काली और सफेद कंठी जो कि प्रवास के समय आधी; अधोभाग सफेद; उड़ान में डैनों की निचली सतह पर सफेद रेखा इनकी स्पष्ट पहचान **व्यवहार और आवास** : ज़ोड़े में या समूह में देखे जाते हैं। गर्दन को कंधों के बीच दबा कर रखते हैं। जलाशयों के कंकरीले किनारों पर रहते हैं। उड़ान तेज और जमीन से कुछ मीटर ऊपर **भोजन** : कीड़े, केंकड़े, झींगे और केंचुये आदि **संरक्षण महत्व** : वन्यजीव सुरक्षा अधिनियम– शेड्यूल 4 **(प्लेट 23, चित्र 166)**

लैसर सैंड प्लोवर *करेड्रिअस मन्गोलस*

छोटी रेत तित्ती 20 से.मी.

वितरण : असामान्य अप्रवासी; राजस्थान के कुछ भाग में यदा कदा देखा जाता है **पहचान** : आँख गहरी भूरी, चोंच काली, पैर जैतूनी–धूसर या

गुलाबी–धूसर; माथा हलका भूरा, कर्ण छिद्र गहरे भूरे, गर्दन की सफेद पट्टी अस्पष्ट या अनुपस्थित; ऊपरी शरीर रेत जैसा भूरा और अधोभाग सफेद, सीने के बगल में धूसर धब्बे जो कि अधूरी सीने की पट्टी बनाते हैं। गठीला शरीर और छोटी चोंच इसे ग्रेटर सैंड प्लोवर से अलग पहचान देते हैं **व्यवहार और आवास** : जलाशय, झील और बड़े बाँध आदि के स्थिर जल के निकट रेतीले किनारे पर पाये जाते हैं। स्टिंट, प्लोवर आदि अन्य 'वेडर' के साथ बड़े समूह में रहते हैं। दिन में एक पैर पर खड़े होकर आराम और रात्रि में भोजन के लिये घूमते हैं **भोजन** : केंकड़े, केंचुये और कीड़े **संरक्षण महत्व** : वन्यजीव सुरक्षा अधिनियम – शेड्यूल 4 **(प्लेट 24, चित्र 167)**

ग्रेटर सैंड प्लोवर *करेड्रिअसलेशनाल्टी*

बड़ी रेत तित्ती 22 से.मी.

वितरण : दुर्लभ अप्रवासी; पूर्वी राजस्थान में यदा कदा दिखते हैं **पहचान** : आँख भूरी, चोंच काली, पैर जैतूनी–धूसर; माथा और आँख के ऊपर की रेखा मटमैली सफेद, आँख के नीचे गहरे रंग की पट्टी, ऊपरी शरीर गहरा भूरा–धूसर; अधोभाग सफेद, सीने पर भूरे धब्बे; बड़ा आकार और कुछ लम्बी चोंच और पैर इसे लैसर सैंड प्लोवर से अलग पहचान देते हैं **व्यवहार और आवास** : सामूहिक, बहुत विशाल झुंड में रहते हैं पर राजस्थान में छोटे समूह में हलके खारे पानी के जलाशय, झील आदि के रेतीले किनारों पर मिलते हैं **भोजन** : केंकड़े, कीड़े और केंचुये **संरक्षण महत्व** : वन्यजीव सुरक्षा अधिनियम – शेड्यूल 4 **(प्लेट 24, चित्र 168)**

पैसिफिक गोल्डन प्लोवर *प्लूविएलिस फल्वा*

छोटा बातान 24 से.मी.

वितरण : दुर्लभ अप्रवासी; पूर्व और दक्षिण–पूर्व राजस्थान **पहचान** : आँख भूरी, चोंच काली, पैर धूसर; सुनहरे धब्बों से भरा हुआ धूसर ऊपरी शरीर, अधोभाग काला और सफेद; मटमैली या सफेद आँख के ऊपर की पट्टी; माथे से सीने की ओर की सफेदधारी, आँख और गर्दन के बगल से जाती हुई; मार्च तक कुछ पक्षी प्रजनन वाले रंग रूप में आ जाते हैं, काला अधोभाग और ऊपर लगभग काले शरीर पर सुनहरे धब्बे **व्यवहार और आवास** : कम संख्या में कभी–कभी राजस्थान में देखे गये हैं। शर्मीले; जलाशय, झील आदि के नम किनारों पर बैठे या भोजन की तलाश में घूमते देखे जा सकते हैं **भोजन** : कीड़े, केंचुये, झींगे आदि **संरक्षण महत्व** : वन्यजीव सुरक्षा अधिनियम – शेड्यूल 4 **(प्लेट 24, चित्र 169)**

रेड–वैटल्ड लैपविंग *वैनेल्लस इंडिकस*

टिटहरी 33 से.मी.

वितरण : सम्पूर्ण राजस्थान **पहचान** : आँख लाल, चोंच लाल सिरे पर काली, पैर हरे–पीले; सामान्य पक्षी, जिसे सभी पहचानते हैं। कपाल, गुद्दा और सीना काला, आँख के पीछे सफेद धब्बा, आँख के आगे लाल मस्से; शरीर गहरा भूरा, पुट्ठे पर सफेद, पूंछ पर एक चौड़ा काला पट्टा; अधोभाग सफेद **व्यवहार और आवास** : राजस्थान में शहरी, ग्रामीण स्थानों में नाली, पोखर, नाले आदि पर सामान्य रूप से जोड़े में रहते हैं। तालाब, नदी, बाँध, नहर आदि के किनारे पर भी; अपने आवास और घोंसले की सुरक्षा करते हैं और जोर–जोर से शोर कर या हवाई आक्रमण करके कुत्तों आदि तक को भगा देते हैं। शरद काल में बड़े समूह में एकत्रित होते हैं **भोजन** : कीड़े, चींटी, घोंघे, केंचुये, गुबरैले आदि **प्रजनन**: मार्च से सितम्बर; जमीन पर कंकड़, गोबर आदि एकत्रित कर घोंसला बनाते हैं और उसमें 3–4 शंकु के आकार के भूरे धब्बेदार अंडे देते हैं **संरक्षण महत्व** : वन्यजीव सुरक्षा अधिनियम – शेड्यूल 4 **(प्लेट 24, चित्र 170)**

यलो–वैटल्ड लैपविंग *वैनेल्लस मलाबारिकस*

ज़र्दी 27 से.मी.

वितरण: मध्य, पूर्व, दक्षिण–पूर्व, दक्षिण राजस्थान **पहचान**: आँख सफेद या मटमैली, चोंच काली आधार पर पीली, पैर पीले; आँख के सामने पीले मस्से, कपाल काला, एक पतली सफेद रेखा काले कपाल और सिर के बगल में, सीना और ऊपरी शरीर भूरा, सीने और सफेद अधोभाग के बीच काली रेखा **व्यवहार और आवास** : लगभग टिटहरी जैसा पर सूखे इलाकों में पानी से दूर अधिक मिलते हैं। जोड़े में या 15–20 के समूह में खाली खेतों, बंजर भूमि और चराई की जमीन पर दिखते हैं **भोजन** : कीड़े, टिड्डे और गुबरैले **प्रजनन** : मार्च से जुलाई; बंजर भूमि पर कंकड़ों का घोंसला बना कर 4 पत्थर के रंग के धब्बेदार अंडे देते हैं **संरक्षण महत्व** : वन्यजीव सुरक्षा अधिनियम – शेड्यूल 4 **(प्लेट 24, चित्र 171)**

रिवर लैपविंग *वैनेल्लस डुवासेल्ली*

नदी की टिटहरी 31 से.मी.

वितरण : पूर्व और दक्षिण–पूर्व राजस्थान **पहचान** : आँख गहरी भूरी, चोंच काली, पैर काले; रेत जैसी हलका भूरा ऊपरी शरीर, काला माथा और

कपाल और चोटी, ठोढ़ी, गाल और गला काले, ऊपरी सीना सफेद बगल में गुलाबी–भूरा; पूंछ के ऊपरी पंख और पूंछ सफेद सिरे पर काली; कंधे पर काला और डैनों के प्राथमिक पंख काले **व्यवहार और आवास** : अकेले या जोड़े में नदी के रेतीले या कंकरीले तट या उसके आस–पास ही मिलते हैं। तैरने और डुबकी लगाने में सक्षम; उड़ान डैनों को फड़फड़ा कर धीमी **भोजन** : कीड़े, केंचुये, झींगे, मेंढक और टेडपोल **प्रजनन** : मार्च से जून; तट पर रेत या कंकड़ों के बीच घोंसला बनाकर 3–4 पीले पत्थर जैसे धब्बेदार अंडे देते हैं **संरक्षण महत्व** : वन्यजीव सुरक्षा अधिनियम – शेड्यूल 4, आई.यू.सी.एन. – लगभग संकट में **(प्लेट 24, चित्र 172)**

सोसिएबल लैपविंग *वैनेल्लस ग्रिगेरिअस*

माल टिटोड़ी 30 से.मी.

वितरण : दुर्लभ अप्रवासी; मध्य, उत्तर और पूर्व राजस्थान **पहचान** : अंख भूरी, चौदह और पैर काले; कपाल भूरा, माथा मटमैला भूरा, आँख के ऊपर सिर की गोलाई में सफेद पट्टी, ठोढ़ी और गला सफेद, सीना गहरे धब्बेदार भूरा; ऊपरी शरीर धूसर–भूरा, निचली पीठ और पूंछ सफेद, पूंछ के सिरे पर काली पट्टी; पेट धूसर–सफेद **व्यवहार और आवास** : छोटे समूह में सूखी बंजर भूमि, खेत और घास के मैदान में रहते हैं। भूमि पर छोड़ते हुए कीड़े–मकोड़े पकड़ते हैं। संरक्षण की दृष्टि से महत्वपूर्ण क्योंकि इनकी आबादी में तीव्र गिरावट आई है **भोजन** : कीड़े, टिड्डे और झींगुर **संरक्षण महत्व** : वन्यजीव सुरक्षा अधिनियम -- शेड्यूल 4, आई.यू.सी.एन. – चरम संकट में **(प्लेट 24, चित्र 173)**

व्हाईट–टेल्ड लैपविंग *वैनेल्लस ल्युकुरस*

सफेद पूंछ टिटोड़ी 28 से.मी.

वितरण : अप्रवासी; असामान्य, पूर्व और दक्षिण–पूर्व राजस्थान **पहचान** : आँख भूरी या लाल, चोंच काली, पैर पीले; सिर और पीठ गुलाबी–भूरे, आँख के ऊपर हलका सफेद, पुट्ठा और पूंछ सफेद; ठोढ़ी, गला और गर्दन राख जैसा धूसर या कुछ गुलाबीपन लिये हुए; सीना धूसर; पैर लम्बे और गहरे पीले **व्यवहार और आवास** : घास के दलदली मैदान, खेत, धान के खेत, तालाब के नम किनारों पर वनस्पति के बीच घूमते हुए देखे जाते हैं। प्रायः अकेले या छितराये हुए छोटे समूह में रहते हैं। सजग और शर्मीले **भोजन** : जलीय कीड़े, केंचुये, झींगे, और घोंघे **संरक्षण महत्व** : वन्यजीव सुरक्षा अधिनियम – शेड्यूल 4 **(प्लेट 24, चित्र 174)**

ब्लैक–टेल्ड गोडविट *लाईमोसा लाईमोसा*

जंगराल 41 से.मी.

वितरण : अप्रवासी; पूर्व, दक्षिण पूर्व, दक्षिण राजस्थान **पहचान** : चोंच आधार से तीन–चौथाई लाल बाकी काली, पैर गहरे धूसर; ऊपरी शरीर धूसर–भूरा; पूंछ काली; टांगें और चोंच बहुत लम्बी, उड़ते समय पैर पूंछ से पीछे तक; अधोभाग गले से सीने तक हलके धूसर–भूरे; डैनों के ऊपरी भाग पर एक सफेद धारी; काली पूंछ, सीधी चोंच और डैनों पर धारी इसको बार–टेल्ड से अलग पहचान देते हैं **व्यवहार और आवास** : सजग, खतरे की आहट पर उड़ जाते हैं। जलाशय, तालाब, बाँध के छिछले पानी में भोजन तलाशते हैं, चोंच को पूरा डुबो कर सतह के अन्दर से कीड़े आदि पकड़ते हैं। 15–20 के छोटे समूह में रहते हैं **भोजन** : घोंघे, झींगे, कीड़े और उनके लारवा **संरक्षण महत्व** : वन्यजीव सुरक्षा अधिनियम – शेड्यूल 4, आई.यू.सी.एन.– लगभग संकट में **(प्लेट 24, चित्र 175)**

बार–टेल्ड गोडविट *लाईमोसा लेप्पोनिका*

काली–दुम गुदेरा 36–41 से.मी.

वितरण : अप्रवासी; असामान्य, कम संख्या में पूर्व और दक्षिण पूर्व राजस्थान में **पहचान** : आँख भूरी, चोंच धूसर–भूरी सिरे पर काली, पैर हरे–धूसर; भूरे ऊपरी शरीर पर गहरी धारियां; अधोभाग हलके धूसर–भूरे रंग का, सीने पर रेखायें; चोंच पतली और सिरे पर ऊपर की ओर उठी हुई; पूंछ पर आड़ी धारियां **व्यवहार और आवास** : जलाशय, झील, बाँध आदि के रेतीले या मिट्टी वाले तट पर अन्य 'वेडर्स' के साथ पाये जाते हैं। सामूहिक; आदतें ब्लैक–टेल्ड जैसी ही **भोजन** : घोंघे और जलीय कीड़े **संरक्षण महत्व** : वन्यजीव सुरक्षा अधिनियम – शेड्यूल 4 **(प्लेट 25, चित्र 176)**

व्हिम्ब्रेल *न्यूमेनिअस फिओपस*

छोटा गुलिन्दा 43 से.मी.

वितरण : अप्रवासी; मध्य और दक्षिण पूर्व में प्रवास के दौरान **पहचान** : आँख गहरी भूरी, चोंच ऊपर से भूरी निचले सिरे पर गुलाबी, पैर नीले–धूसर; आकार में कर्ल्यू से छोटा और नीचे की ओर घूमी हुई चोंच भी उतनी लम्बी नहीं; माथा और कपाल भूरा, कपाल पर लम्बवत गहरी रेखायें और एक सफेद मध्य रेखा, आँख से कर्ण छिद्र तक रेखा; ऊपरी शरीर सफेद

गोलों वाला गहरा भूरा, पुट्ठा और पीठ का निचला भाग सफेद, पूंछ भूरी; अधोभाग सफेद, सीने पर भूरी रेखायें **व्यवहार और आवास** : जलाशय, बाँध, बड़े तालाब आदि के दलदली किनारों पर कीचड़ के अन्दर से कीड़े पकड़ते हैं। शर्मीले, उड़ान तेज; मूलतः समुद्र के किनारे के पक्षी **भोजन** : घोंघे और केंकड़े **संरक्षण महत्व** : वन्यजीव सुरक्षा अधिनियम–शेड्यूल 4 **(प्लेट 25, चित्र 177)**

यूरेसिअन कर्ल्यू *न्यूमेनिअस आर्क्वाटा*

घोंघ 60 से.मी.

वितरण : अप्रवासी; पूर्व, दक्षिण पूर्व राजस्थान **पहचान** : ऑख भूरी, चोंच गहरी भूरी आधार पर गुलाबी, पैर गुलाबी–धूसर; बहुत लम्बी नीचे की ओर घूमी हुई चोंच और बड़ा आकार इनकी मुख्य पहचान हैं। गहरा रेत जैसा रंग, उसके ऊपर कत्थई गोल और लम्बे चिन्ह; अधोभाग सफेद, उस पर काली धारियां; उड़ान में सफेद पुट्ठा और निचली पीठ दिखते हैं **व्यवहार और आवास** : जलाशय, बाँध, बड़े तालाब के किनारे प्रायः अकेले मिलते हैं। छिछले पानी में गहराई तक चोंच डुबो कर भोजन ढूंढते हैं। सजग, खतरे की आहट पर आवाज करते हुए उड़ जाते हैं **भोजन** : केंकड़े और घोंघे **संरक्षण महत्व** : वन्यजीव सुरक्षा अधिनियम – शेड्यूल 4, आई.यू.सी. एन. – लगभग संकट में **(प्लेट 25, चित्र 178)**

कौमन रैडशैंक *ट्रिन्गा टोटेनस*

छोटा बातान 28 से.मी.

वितरण : अप्रवासी; पूर्व, मध्य, दक्षिण पूर्व और दक्षिण राजस्थान में सामान्य **पहचान** : आँख भूरी, सिरे पर चोंच काली और आधार पर नारंगी–लाल, पैर नारंगी–लाल; ऊपरी शरीर धूसर–भूरा, पीठ का निचला भाग और पुट्ठा सफेद, सफेद पूंछ पर भूरी धारियां; अधोभाग सफेद, सीने पर भूरी धारियां **व्यवहार और आवास** : सभी तालाब, पोखर, जलाशय, धान के खेत, नदी के किनारे पर सामान्य रूप से उपलब्ध; चोंच को पानी में डुबो कर भोजन तलाशते हैं। अकेले या समूह में अन्य 'वेडर्स' के साथ रहते हैं, सजग होने पर पूंछ ऊपर–नीचे करते हैं **भोजन** : घोंघे, केंकड़े, केंचुये, कीड़े **संरक्षण महत्व** : वन्यजीव सुरक्षा अधिनियम – शेड्यूल 4 **(प्लेट 25, चित्र 179)**

स्पाटेड रैडशैंक *ट्रिन्गा इरिथ्रोपस*

सुरमा 33 से.मी.

वितरण : अप्रवासी; लगभग सम्पूर्ण राजस्थान **पहचान** : आँख भूरी, चोंच काली–भूरी आधार पर नारंगी, पैर नारंगी–लाल; माथा, कपाल और गर्दन के पीछे राख जैसा रंग, आँख के ऊपर सफेद रेखा; पुट्ठे और ऊपरी पूंछ के पंख धारीदार सफेद; अधोभाग सफेद, गले और ऊपरी सीने पर भूरे धब्बे; शरद काल में धब्बे और धारियां अधिक स्पष्ट; जो पक्षी गर्मी के आगमन तक रुक जाते हैं वे लगभग काले रंग की वेश–भूषा में परिवर्तित हो जाते हैं। रेड्शैंक के मुकाबले लम्बी टांगें और चोंच **व्यवहार और आवास** : अकेले या छोटे समूह में अन्य 'वेडर्स' के साथ रहते हैं। झील, जलाशय, बाँध आदि के छिछले पानी वाले किनारों पर मुंह तक चोंच डुबाये हुए भोजन खोजते हैं **भोजन** : छोटी मछलियां, केंकड़े, झींगे, केंचुये **संरक्षण महत्व** : वन्यजीव सुरक्षा अधिनियम – शेड्यूल 4 **(प्लेट 25, चित्र 180)**

ग्रीनशैंक *ट्रिन्गा नेब्यूलेरिआ*

टिमटिमा 36 से.मी.

वितरण : अप्रवासी; राजस्थान के पूर्वी भाग में **पहचान** : आँख भूरी, चोंच हलका हरापन लिये हुए, पैर हरे–भूरे या जैतूनी–हरे; ऊपरी शरीर गहरा धूसर, माथा सफेद, निचली पीठ, पुट्ठआ और पूंछ सफेद, पूंछ पर हलकी धारियां; सीने और बगल में बारीक रेखायें अन्यथा अधोभाग सफेद; चोंच हलकी सी ऊपर की ओर उठी हुई **व्यवहार और आवास**: जलाशय, झील, तालाब, नदी के किनारे पर दिखते हैं, प्रायः अकेले या अन्य 'वेडर्स' के साथ; टांगों तक के गहरे पानी में जाकर भोजन की खोज करते हैं। सजग होने पर पिछला शरीर और सिर ऊपर–नीचे करते हैं **भोजन** : घोंघे, केंकड़े, कीड़े, केंचुये और टेडपोल **संरक्षण महत्व** : वन्यजीव सुरक्षा अधिनियम – शेड्यूल 4 **(प्लेट 25, चित्र 181)**

ग्रीन सैंडपाईपर *ट्रिन्गा ओक्रोपस*

टुतुआरी 24 से.मी.

वितरण : अप्रवासी; सम्पूर्ण राजस्थान **पहचान** : हलकी हरी चोंच सिरे पर काली, पैर हलके हरे–धूसर; सिर और गर्दन राख जैसे रंग के, ऊपर का शरीर भूरा, पुट्ठा और पूंछ सफेद, पूंछ पर बारीक रेखायें; गला, सीना और बगल में भूरी धारियां; उड़ान में सफेद पुट्ठा और पूंछ पहचान में

सहायक **व्यवहार और आवास** : पोखर, तालाब, नहर के किनारे छोटे समूह या अकेले मिलते हैं। किनारे की नम जमीन में कीड़े तलाशते हैं। सिर और पीछे के शरीर को ऊपर–नीचे करते हैं **भोजन** : जलीय कीड़े, घोंघे, केंकड़े, केंचुये **संरक्षण महत्व** : वन्यजीव सुरक्षा अधिनियम – शेड्यूल 4 **(प्लेट 25, चित्र 182)**

वुड सैंडपाईपर *ट्रिन्गा ग्लैरिओला*

चपका 21 से.मी.

वितरण : अप्रवासी; सम्पूर्ण राजस्थान **पहचान** : चोंच काली–भूरी आधार पर हरापन लिये हुए, पैर हलके जैतूनी–हरे; ऊपरी शरीर धूसर और सीप के रंग का भूरा, शरीर पर सफेद गोल धब्बे; आँख के ऊपर सफेद रेखा, पुट्ठा और पूंछ सफेद; अधोभाग सफेद, सीने पर अस्पष्ट भूरी धारियां; पूंछ पर भूरी रेखायें **व्यवहार और आवास** : अकेले या छोटे समूह में जलाशय, तालाब, नहर और नदी के नम किनारों पर घूमते दिखते हैं। पेट तक गहरे पानी में भी चले जाते हैं। पस में क्षेत्रीयता दिखाई देती है **भोजन** : छोटे घोंघे, झींगे, कीड़े और केंचुये **संरक्षण महत्व** : वन्यजीव सुरक्षा अधिनियम – शेड्यूल 4 **(प्लेट 25, चित्र 183)**

मार्श सैंडपाईपर ट्रिन्गा स्टेग्नेटिलिस

तिलुआ 25 से.मी.

वितरण : अप्रवासी; राजस्थान के पूर्वी भाग में **पहचान** : चोंच पतली और लम्बी, काली या भूरी आधार पर हरापन लिये हुए, पैर हलके जैतूनी–हरे; शरीर धूसर–भूरा, दुबला, आँख के ऊपर सफेद रेखा; माथा, सिर के बगल में, पीठ और पुट्ठा सफेद; पूंछ भूरी हलकी धारियां; अधोभाग सफेद, सीने के बगल में हलकी धारियां **व्यवहार और आवास** : नहर, नदी, तालाब, पोखर के दलदली घास वाले किनारों पर मिलते हैं। अकेले या छोटे समूह में; कीचड़ में कीड़े और अन्य जीव चोंच को अर्द्धचन्द्राकार गोले में घुमा कर ढूंढते हैं **भोजन** : छोटे घोंघे, झींगे, कीड़े और केंचुये **संरक्षण महत्व** : वन्यजीव सुरक्षा अधिनियम – शेड्यूल 4 **(प्लेट 25, चित्र 184)**

कौमन सैंडपाईपर *एक्टिटिस हाईपोल्यूकस*

पनेवा 20 से.मी.

वितरण : अप्रवासी; सम्पूर्ण राजस्थान **पहचान** : चोंच सींग जैसी भूरी, पैर हरे–भूरे; ऊपरी शरीर धूसर–भूरा, जिस पर पतली काली रेखायें; आंख

के ऊपर सफेद रेखा; अधोभाग सफेद, ऊपरी सीना बगल में भूरा और उसके ठीक नीचे एक अर्द्ध चन्द्राकार सफेद गोल पट्टी पेट से ऊपर की ओर जाती हुई; पूंछ सिरे और बाहरी किनारों पर सफेद **व्यवहार और आवास :** पोखर, तालाब, दलदल, बाँध, नदी के रेतीले या चट्टानी किनारों पर पाया जाने वाला सामान्य पक्षी; अकेले या 2–4 के समूह में रहते हैं। सजग, सिर और शरीर का पीछे का भाग ऊपर–नीचे करते रहते हैं **भोजन :** घोंघे, झींगे, केंचुये, कीड़े **संरक्षण महत्व :** वन्यजीव सुरक्षा अधिनियम – शेड्यूल 4 **(प्लेट 26, चित्र 185)**

टेमिन्क'स स्टिन्ट *कैलिड्रिस टेमिन्की*

जलरंग 13 से.मी.

वितरण : अप्रवासी; पूर्व, दक्षिण पूर्व और दक्षिण राजस्थान **पहचान :** चोंच काली, पैर जैतूनी–हरे या जैतूनी–पीले; छोटा आकार, धूसर–भूरा रंग और पीठ पर गहरे धब्बों की अनुपस्थिति इनको गहरे भूरे लिटल स्टिंट से अलग करते हैं। अधोभाग सफेद, सीने पर हलका भूरा; पूंछ के बाहरी सफेद पंख भी इनकी पहचान में सहायक **व्यवहार और आवास :** सामूहिक, अन्य स्टिंट और 'वेडर्स' के साथे बड़े समूह में पानी के किनारे पर पाये जाते हैं। खतरे की आहट पर सीधे ऊपर की ओर उड़ान भरते हैं। भोजन नम भूमि की सतह से उठाते हैं **भोजन :** छोटे कीड़े, झींगे, घोंघे आदि **संरक्षण महत्व :** वन्यजीव सुरक्षा अधिनियम – शेड्यूल 4 **(प्लेट 26, चित्र 186)**

लिटल स्टिन्ट *कैलिड्रिस माईन्यूटा*

छोटा पनलव्वा 13 से.मी.

वितरण : अप्रवासी; राजस्थान के पूर्वी भाग में **पहचान :** चोंच काली, पैर काले–भूरे; आकार छोटा; ऊपरी शरीर गहरे और हलके धब्बेदार धूसर–भूरा या धूसर, अधोभाग सफेद; कंधे पर गहरा रंग, टेमिन्क'स स्टिंट से इसको काले पैर, धूसर पूंछ के बाहरी पंख और भूरा धब्बेदार शरीर अलग करते हैं। गठीला बदन **व्यवहार और आवास :** सामूहिक और सामाजिक, अन्य 'वेडर्स' के साथ बहुत बड़े समूह बनाता है; प्रवास के आरम्भ और वापसी यात्रा के समय इनके बड़े झुंड जलाशयों पर एकत्रित होते हैं। जलाशय, बाँध, तालाब और नदी के किनारे तेजी से चलते हुए कीड़े आदि पकड़ते हैं। असुरक्षित होने पर पूरा समूह एक साथ उड़ान भरता है **भोजन :** कीड़े, झींगे, केंचुये, घोंघे **संरक्षण महत्व :** वन्यजीव सुरक्षा अधिनियम – शेड्यूल 4 **(प्लेट 26, चित्र 187)**

रफ *फाईलोमेकस पग्नेक्स*

बगबद नर 31 से.मी., मादा 25 से.मी.

वितरण : अप्रवासी; सामान्यतः राजस्थान के पूर्वी भाग में **पहचान** : शरद काल में आँख भूरी, चोंच काली सिरे पर नारंगी, पैरों का रंग जैतूनी, जैतूनी–नारंगी, गुलाबी या पीत–जैतूनी; नर और मादा के आकार में स्पष्ट अन्तर अन्यथा शरद काल में रंग एक सा, शरीर गहरा भूरा–धूसर, पीठ पर काले धब्बे; सिर और गर्दन हलके भूरे–धूसर, गला सफेद, सीने पर धारियां; प्रजनन काल में शरीर का रंग गहरा, चमकीला और नारंगी रंग वाला **व्यवहार और आवास** : सामूहिक, 300–400 के समूह में खेत, घास के नम मैदान, धान के खेत, जलाशय के किनारे पर मिलते हैं। दिन के समय किनारे पर या पानी के मध्य द्वीप पर विश्राम करते हैं **भोजन** : जलीय पौधों के बीज, धान, कीड़े, झींगे, घोंघे **संरक्षण महत्व** : वन्यजीव सुरक्षा अधिनियम – शेड्यूल 4 **(प्लेट 26, चित्र 188)**

कौमन स्नाइप *गैलिनेगो गैलिनेगो*

चहा 26 से.मी.

वितरण : अप्रवासी; लगभग सम्पूर्ण राजस्थान **पहचान** : आँख गहरी भूरी, चोंच सींग के रंग की धूसर–पीली, पैर हलके जैतूनी–हरे; शरीर गहरे और हलके भूरे रंग का, बगल में भूरी धारियां; चोंच बहुत लम्बी, रंग व व्यवहार के कारण दलदली स्थान पर देख पाना कठिन; ऊपरी भाग पर गहरी काली, कत्थई और पीत धारियां; नीचे मटमैला सफेद; पिनटेल स्नाइप से अलग पहचान बहुत कठिन, नम दलदली आवास और शरीर पर धारियां इनको पिनटेल से अलग करतीं हैं **व्यवहार और आवास** : अकेले दलदली भूमि पर पौधों के बीच रहते हैं, पानी के किनारे चलते हुए भोजन तलाशते हैं अन्यथा दब कर छुपे हुए बैठे रहते हैं। सजग पर अपने आवास से घुल–मिल जाने की क्षमता के कारण अत्यन्त खतरे की स्थिति में ही टेढ़ी–मेढ़ी उड़ान भरते हैं **भोजन** : केंचुये, कीड़े, लारवा और घोंघे आदि **संरक्षण महत्व** : वन्यजीव सुरक्षा अधिनियम – शेड्यूल 4 **(प्लेट 26, चित्र 189)**

पिनटेल स्नाइप गैलिनेगो स्टेन्यूरा

भड़क 26 से.मी.

वितरण : अप्रवासी; पूर्व, दक्षिण पूर्व और दक्षिण राजस्थान **पहचान** : चोंच सींग जैसी भूरी आधार पर हलकी हरी, पैर पीले–हरे; ऊपरी शरीर

गहरा भूरा, काली, भूरी और पीत सघनधारियों से भरा; नीचे मटमैला सफेद; आँख के ऊपर की हलकी पीत धारी आँख के आगे उभरी गोलाई लिये हुए; कंधे के चिन्ह धारीदार (कौमन स्नाइप) न होकर पत्राकार; उड़ान में पैर पूंछ के पीछे तक निकले रहते हैं। डैनों की अन्दरूनी सतह पर बड़ा सफेद हिस्सा नहीं **व्यवहार और आवास** : प्रायः अकेले दलदल, नम मैदान, धान के खेत और नहर के पास के दलदल में रहते हैं। सुबह और शाम को नम किनारों पर भोजन तलाशते हैं। आहट पर तेजी से ऊपर की ओर उठ कर टेड़ी–मेड़ी उड़ान भरते हैं **भोजन** : छोटे घोंघे, केंचुये, कीड़े और उनके लारवा **संरक्षण महत्व** : वन्यजीव सुरक्षा अधिनियम – शेड्यूल 4 **(प्लेट 26, चित्र 190)**

जैक स्नाइप *लिम्नोक्रिप्टिस मिनिमस*

छोटा चहा 20 से.मी.

वितरण : अप्रवासी; राजस्थान के पूर्वी भाग में **पहचान** : चोंच हलकी सींग जैसी भूरी सिरे पर काली और आधार पर गुलाबी या हरापन लिये हुए, पैर पीलापन लिये हुए हरे; छोटा आकार और छोटी चोंच इनको अन्य स्नाइप से अलग करते हैं। कपाल पर गहरी भूरी मध्य रेखा, आँख के ऊपर की पीत रेखा विभाजित; कंधे और पीठ के बगल की रेखायें अधिक स्पष्ट; शरीर पर हरी या बैंगनी आभा; पूंछ का सिरा तिकोना **व्यवहार और आवास** : अकेले और छुप कर रहना पसन्द करते हैं। भोजन की तलाश के समय सिर को ऊपर–नीचे करते रहते हैं। दलदल, नम भूमि, धान के खेत, झील और जलाशय के किनारे पर पाये जाते हैं **भोजन** : छोटे घोंघे, कीड़े और उनके लारवा, केंचुये **संरक्षण महत्व** : वन्यजीव सुरक्षा अधिनियम – शेड्यूल 4 **(प्लेट 26, चित्र 191)**

ब्लैक–विंग्ड स्टिल्ट *हिमेन्टोपस हिमेन्टोपस*

गजपांव 32 से.मी.

वितरण : सम्पूर्ण राजस्थान **पहचान** : आँख लाल, चोंच पतली, नुकीली काली, पैर गुलाबी; लम्बे पैर और लम्बी पतली और नुकीली चोंच इनकी पहचान में सहायक; शरीर सफेद, पीठ और डैने काले; पूंछ हलकी धूसर; नर का सिर मादा से अधिक सफेद और पीठ व डैने अधिक काले, जबकि मादा में गहरे धूसर; अवयस्क के पंख भूरे **व्यवहार और आवास** : दलदली भूमि, तालाब, पोखर, शहरी नाले, नहर और जलाशय के किनारे

का सामान्य पक्षी; सामूहिक, छोटे से लेकर 100–200 के बड़े समूह में मिलते हैं। भोजन छिछले पानी में जिस गहराई में अन्य 'वेडर्स' नहीं पहुंच सकते वहाँ तलाशते हैं **भोजन** : जलीय कीड़े, झींगे, केंकड़े, घोंघे और केंचुये **प्रजनन** : अप्रैल से अगस्त; पानी के समीप सूखे स्थान पर घोंसला बना कर 4–5 हलके भूरे और धब्बेदार अंडे देते हैं **संरक्षण महत्व** : वन्यजीव सुरक्षा अधिनियम – शेड्यूल 4 **(प्लेट 26, चित्र 192)**

पाइड अवोसेट *रिकर्विरोस्ट्रा अवसेट्टा*

कुस्या चहा 43 से.मी.

वितरण : अप्रवासी; गध्य राजस्थान, कभी–कभी पूर्व और दक्षिण पूर्व में **पहचान** : आँख लाल, चोंच काली, पैर नीले–धूसर; काले और सफेद रंग का शरीर, लम्बी, नुकीली और ऊपर की ओर घूमी हुई चोंच इनको सबसे अलग पहचान देते हैं। कपाल और पीछे की ओर गर्दन काली, डैने सफेद प्राथमिक पंख काले, कंधे पर काली पट्टी **व्यवहार और आवास** : जोड़े या छोटे समूह में खारे या क्षारीय पानी वाले जलक्षेत्रों को पसन्द करते हैं। छिछले पानी में चोंच को अर्द्धचन्द्राकार गोले में घुमा कर भोजन तलाशते हैं। मध्य राजस्थान में खारे पानी की सांभर झील पर ही प्रायः मिलते हैं **भोजन** : छोटे घोंघे, झींगे, केंकड़े और कीड़े **संरक्षण महत्व** : वन्यजीव सुरक्षा अधिनियम – शेड्यूल 4 **(प्लेट 26, चित्र 193)**

यूरेसिअन स्टोन–कर्ल्यू
(यूरेसिअन थिक–नी) *बर्हिनस इडिक्नेमस*

करवानाक 41 से.मी.

वितरण : लगभग सम्पूर्ण राजस्थान **पहचान** : आँख पीली, चोंच काली आधार पर पीली, पैर हरे–पीले; भूरा शरीर, पीठ पर काली धारियां, सिर बड़ा, आंखें चश्मे जैसी बड़ी; खड़े होने पर डैनों पर मटमैली सफेद पट्टियां, उड़ान में डैनों पर सफेद धारियां और एक सफेद धब्बा **व्यवहार और आवास** : नदी के किनारे के घास के मैदान, झाड़ियों के बीच खड़े या बैठे दिखाई देते हैं। शाम से लेकर सुबह तक सक्रिय, दिन में छायादार स्थान पर विश्राम; एक ही स्थान पर लगातार देखे जाते हैं **भोजन** : कीड़े, केंचुये, मकड़ी, बिच्छू, छोटे सरीसृप **प्रजनन** : मार्च से जून; जमीन पर 2–3 पत्थर के रंग के धब्बेदार अंडे देते हैं **संरक्षण महत्व** : वन्यजीव सुरक्षा अधिनियम – शेड्यूल 4 **(प्लेट 27, चित्र 194)**

ग्रेट थिक–नी *इसेकस रिकर्विरोस्ट्रिस*

बड़ा करवानाक 50 से.मी.

वितरण : पूर्व, दक्षिण पूर्व राजस्थान **पहचान** : आँख नींबू जैसी पीली, चोंच काली आधार पर पीली, पैर हरे–धूसर; ऊपरी शरीर रेत जैसा धूसर–भूरा, अधोभाग मटमैले सफेद; चोंच भारी और निचला भाग सिरे पर ऊपर की और घूमा हुआ; आंखें बड़ी, उनके ऊपर सफेद पट्टी; कंधे पर गहरी भूरी या काली पट्टी; उड़ान में प्राथमिक पंखों पर चौड़ा सफेद धब्बा **व्यवहार और आवास** : शाम से सुबह तक सक्रिय; दिन का समय जलाशय, नदी, झील के चट्टानी या पथरीले किनारे या रेतीले द्वीपों पर खड़े या बैठे बिताते हैं। छोटे समूह में रहते हैं। तेजी से भाग कर फिर उड़ान भरते हैं और ऐसे में सीटी जैसी आवाज करते हैं **भोजन** : मुख्य रूप से केंकड़े; मेंढक, घोंघे, कीड़े भी **प्रजनन** : मार्च से जून; किनारे की खुली जमीन या द्वीप पर प्रायः 2 मटमैले धब्बेदार अंडे देते हैं **संरक्षण महत्व** : वन्यजीव सुरक्षा अधिनियम – शेड्यूल 4 **(प्लेट 27, चित्र 195)**

इंडिअन कोर्सर *कर्सोरिअस कोरोमेन्डेलिकस*

नुकरी 26 से.मी.

वितरण : लगभग सम्पूर्ण राजस्थान **पहचान** : आँख सुनहरी भूरी, चोंच काली, पैर सफेद; सिर गहरे कत्थई रंग का, बादामी भूरा शरीर, धूसर अधोभाग; आँख के ऊपर सफेद और बीच से काली रेखा; सफेद पैर और नीचे की और घूमी हुई चोंच इनकी पहचान है **व्यवहार और आवास** : घास और झाड़ियों के मैदान में, बंजर या जुते हुए खेत की भूमि पर खड़े दिखते हैं। जोड़े में या छितराये हुए छोटे समूह में; भूमि पर छोटे–छोटे कदमों से भागते हैं फिर रुक जाते हैं **भोजन** : टिड्डे, गुबरैले, कीड़े, झींगुर **प्रजनन** : मई से अगस्त; जमीन पर 2–3 हलके पीले पत्थर के रंग के काले धब्बेदार अंडे देते हैं **संरक्षण महत्व** : वन्यजीव सुरक्षा अधिनियम – शेड्यूल 4 **(प्लेट 27, चित्र 196)**

क्रीम–कलर्ड कोर्सर *कर्सोरिअस कर्सर*

रेतल नुकरी 23 से.मी.

वितरण : पश्चिम राजस्थान के रेगिस्तानी इलाकों में **पहचान** : आँख भूरी, चोंच काली, पैर सफेद; पीली रेत जैसा रंग, अधोभाग हलके रंग के;

आँख के पीछे से गर्दन की ओर जाती एक काली रेखा, उसके ऊपर सफेद रेखा; कपाल हलका कत्थई, गुद्दा धूसर; डैनों के किनारे काले; चोंच नीचे की ओर घूमी हुई **व्यवहार और आवास** : छोटे छितराये समूह में अर्द्धमरुस्थली मैदान, रेत के धोरे या पथरीले रेगिस्तान में रहते हैं। छोटे–छोटे कदमों से छोड़ते हुए कीड़े आदि भोजन जमीन से उठाते हैं **भोजन** : गुबरैले, चींटे, टिड्डे, अन्य कीड़े **संरक्षण महत्व** : वन्यजीव सुरक्षा अधिनियम – शेड्यूल 4 **(प्लेट 27, चित्र 197)**

स्माल प्रेटिन्कोल *ग्लेरिओला लेक्टिआ*

छोटा बबुई बातान 17 से.मी.

वितरण : पूर्व, दक्षिण पूर्व राजस्थान, मुख्य रूप से चम्बल नदी के किनारे **पहचान** : आँख भूरी, चोंच काली सिरे पर लाल, पैर भूरे–काले; रेत जैसा धूसर रंग, पूंछ सिरे पर चौकोर और आधार पर सफेद; डैने नुकीले; माथा धूसर, चोंच से आँख तक काली रेखा; अधोभाग हलके धूसर–भूरे, सीने पर लालामी लिये हुए और पेट पर सफेदी **व्यवहार और आवास** : सामूहिक; नदी के रेतीले या कंकरीले द्वीप या तट पर रहते हैं। अधिकांशतः पानी के समीप; शाम को अधिक सक्रिय जब ये उड़ान में ही कीड़ों आदि का शिकार हवा में ही करते हैं, कुछ–कुछ छोटे चमगादड़ की तरह **भोजन** : उड़ने वाले कीड़े, गुबरैले, दीमक आदि **प्रजनन** : फरवरी से मई; सामूहिक रूप से नदी की रेत पर 2–3 हलके रेत जैसे भूरे धब्बेदार अंडे देते हैं **संरक्षण महत्व** : वन्यजीव सुरक्षा अधिनियम – शेड्यूल 4 **(प्लेट 27, चित्र 198)**

कौलर्ड प्रेटिन्कोल *ग्लेरिओला प्रेटिन्कोला*

बड़ा बबुई बातान 24 से.मी.

वितरण : अप्रवासी; दुर्लभ, पूर्व और दक्षिण पूर्व राजस्थान में देखे गये हैं **पहचान** : आँख गहरी भूरी, चोंच काली आधार पर लाल, पैर धूसर–काले; सिर और पीठ जैतूनी–भूरे; आँख के आगे काला, पूंछ काली, आधार पर सफेद; ठोढ़ी और गला पीलापन लिये हुए भूरा, गहरे भूरे सीने और गले के बीच काला वलय; पेट सफेद; उड़ान में बादामी रंग का डैनों का निचला भाग दिखता है **व्यवहार और आवास** : सामूहिक; शाम को अधिक सक्रिय; नदी के किनारे, खेत, घास के मैदान के ऊपर उड़ते हुए हवा में कीड़े पकड़ते हैं, दिन का समय नदी के तट पर या नदी के बीच की रेत पर

बिताते हैं **भोजन** : कीट–पतंगे, दीमक, गुबरैले आदि **संरक्षण महत्व** : वन्यजीव सुरक्षा अधिनियम – शेड्यूल 4 **(प्लेट 27, चित्र 199)**

पलास'स गल *लारस इक्थिएटस*

बड़ा डोमरा 69 से.मी.

वितरण : अप्रवासी; सामान्य, पूर्व और दक्षिण पूर्व राजस्थान **पहचान** : आँख भूरी, चोंच पीली सिरे पर लाल धब्बा और काला वलय, पैर हरित–पीले; बड़ा आकार, शरद काल में सफेद सिर पर काली–भूरी रेखायें, बसंत के आते–आते सिर काला और आँख के ऊपर और नीचे अर्द्ध चन्द्राकार चिन्ह; सामने की पीठ धूसर; प्राथमिक पंख सफेद, बाहर की ओर स्थित प्राथमिक पंखों के सिरे से पहले काले वलय; अवयस्क का धब्बेदार भूरा शरीर, सफेद सिर और पूंछ के सिरे से पहले चौड़ा काला वलय **व्यवहार और आवास** : दिन में अन्य 'गल्स' के समूह के साथ बड़े जलाशय, बाँध, तालाब, नदी आदि पर मिलते हैं पर रात को अपनी प्रजाति के समूह के साथ; तैरते हुए मछलियों को पकड़ते हैं, अन्य पक्षियों के साथ भी शिकार करते हैं और जल में पड़ी गंदगी भी खाते हैं **भोजन** : मछली, झींगे, पानी में फेंके गये सड़े–गले जानवर और मांस के टुकड़े **संरक्षण महत्व** : वन्यजीव सुरक्षा अधिनियम – शेड्यूल 4 **(प्लेट 27, चित्र 200)**

ब्लैक–हेडेड गल *लारस रिडिबन्डस*

गंगा चिल्ली 40 से.मी.

वितरण : अप्रवासी; पूर्व और दक्षिण पूर्व राजस्थान **पहचान** : आँख लाल–भूरी, पलकें सफेद, चोंच और पैर लाल; छोटी सफेद और धूसर रंग की 'गल'; बसंत के आते–आते सिर काला–भूरा रंग ले लेता है; शरद काल में सफेद सिर पर आँख के आगे और कर्ण छिद्र पर गहरे अर्द्ध चन्द्राकार चिन्ह; डैनों के प्राथमिक पंख पूरे काले; अवयस्क की पूंछ के सिरे पर काली पट्टी और डैने के ऊपर के कुछ पंख और तृतीयक पंख गहरे भूरे **व्यवहार और आवास** : झील, तालाब, जलाशय, नदी पर अन्य 'गल्स' के साथ मिश्रित समूह में दिखते हैं। पानी के ऊपर उड़ते–उड़ते भोजन तलाशते हैं। रात्रि में सुरक्षित स्थान पर पानी के किनारे या द्वीप पर विश्राम **भोजन** : मछली, झींगे, कीड़े, केंचुये, घोंघे और पानी की गंदगी **संरक्षण महत्व** : वन्यजीव सुरक्षा अधिनियम – शेड्यूल 4 **(प्लेट 27, चित्र 201)**

ब्राउन–हेडेड गल *लारस ब्रुनिसिफेलस*

डोमरा 42 से.मी.

वितरण : अप्रवासी; मध्य, पूर्व और दक्षिण पूर्व राजस्थान **पहचान** : आँख लाल–भूरी, चोंच नारंगी–लाल या लाल, पैर नारंगी–लाल; ऊपरी शरीर हलका धूसर नीचे का पूरा सफेद; शरद काल के आरम्भ में और वापसी प्रवास के पहले सिर भूरा; अन्यथा सिर हलका धूसर, कर्ण छिद्र पर अर्द्धचन्द्राकार चिन्ह; ब्लैक–हेडेड गल से अलग पहचान में इनका कुछ बड़ा आकार और दो प्राथमिक पंखों पर सफेद गोले सहायक; अवयस्क धूसर धब्बेदार भूरापन लिये हुए और पूंछ के सिरे से पहले एक काली पट्टी **व्यवहार और आवास** : सामूहिक; रात्रि विश्राम स्थल से लम्बी दूरी पार कर भोजन स्थल तक जाते हैं। भोजन स्थल प्रायः आवादी वाले क्षेत्र के समीप होते हैं जहाँ इनको भोजन आसानी से उपलब्ध होता है; आबादी के पास के जलाशय, तालाब, झील, बाँध आदि स्थानों पर अन्य 'गल्स' और जलपक्षियों के साथ पाये जाते हैं **भोजन** : मछली, झींगे और जल में पड़ी गंदगी **संरक्षण महत्व** : वन्यजीव सुरक्षा अधिनियम – शेड्यूल 4 **(प्लेट 28, चित्र 202)**

यलो–लेग्ड गल *लारस केकिनान्स*

पीलेपैरडोमरा 60 से.मी.

वितरण : अप्रवासी; पूर्व और दक्षिण पूर्व राजस्थान **पहचान** : आँख सफेद या पीलापन लिये हुए; आँख का गोला सिंदूरी रंग का, चोंच चमकदार पीली, सिरे के निचले भाग पर सिंदूरी गोला, पैर पीले; सिर, गर्दन, पूंछ और अधोभाग सफेद, पीठ स्लेट जैसे रंग की धूसर; डैनों के आगे और पीछे के किनारे सफेद, उड़ान के प्राथमिक और द्वितीयक काले पंखों के सिरे पर सफेद धब्बे; शरद काल में गर्दन और सिर पर भूरी रेखायें; अवयस्क के भूरे शरीर पर छितराये हुए सफेद धब्बे और रेखायें, पूंछ भूरी **व्यवहार और आवास** : पानी पर आसानी से तैरते हैं और भूमि पर सीधे होकर चलते हैं। पानी में फेंकी हुई गंदगी की सफाई में सहायक; रात्रि विश्राम पानी के बीच ऊंचे या रेतीले स्थान पर **भोजन** : मरी मछलियां, गंदगी, केंकड़े, झींगे, घोंघे और 'टर्न' आदि पक्षियों के चूजे **संरक्षण महत्व** : वन्यजीव सुरक्षा अधिनियम – शेड्यूल 4 **(प्लेट 28, चित्र 203)**

रिवर टर्न *स्टर्ना औरेन्सिआ*

बड़ी कुररी 40 से.मी.

वितरण : राजस्थान के पूर्वी भाग में **पहचान** : आँख भूरी, चोंच गहरी पीली, पैर लाल; कपाल, माथा और गुद्दा काले, आँख के नीचे सफेद; डैने और पीठ धूसर, अधोभाग सफेद या मटमैले; पूंछ गहराई तक विभाजित; शरद काल में सिर पर सफेद धारियां और धब्बे; अवयस्क मटमैले सफेद, माथा और आँख के ऊपर सफेद **व्यवहार और आवास** : अकेले या छोटे समूह में जलाशय, नदी, तालाब के ऊपर उड़ते हुए दिखाई देते हैं। उड़ान में ही शिकार को भांप कर पानी की ओर झपटते हैं, लगभग डूबते हुए मछली को पकड़ते हैं। पानी के नम किनारों या रेत में आराम करते हैं **भोजन** : मछली और कीड़े **प्रजनन** : मार्च से जून; रेत में या कंकरीले किनारे पर 3–4 पत्थर जैसे धूसर बैंगनी धब्बेदार अंडे देते हैं **संरक्षण महत्व** : वन्यजीव सुरक्षा अधिनियम – शेड्यूल 4, आई.यू.सी.एन.–लगभग संकट में **(प्लेट 28, चित्र 204)**

ब्लैक–बेल्लीड टर्न *स्टर्ना अक्यूटिकौडा*

काला–पेट कुररी 33 से.मी.

वितरण : पूर्व और दक्षिण पूर्व राजस्थान में कम संख्या में **पहचान** : चोंच नारंगी पीली, पैर नारंगी लाल या लाल; कपाल और गुद्दा चमकदार काले, आँख के आगे, गाल और गला सफेद; ऊपरी सीना, पेट और पूंछ के नीचे के पंख गहरे चॉकलेटी–भूरे या काले; पीठ और डैने धूसर; शरद काल में कपाल सफेद और गुद्दे पर काली रेखायें, पेट सफेद या काले धब्बेदार **व्यवहार और आवास** : छोटे समूह में नदी और बड़े जलाशयों पर पानी की सतह से कुछ ऊपर धीरे–धीरे उड़ते दिखाई देते हैं। मछली दिखने पर सीधे पानी की ओर झपटते हैं और सतह से शिकार को उठ लेते हैं **भोजन** : मछली, झींगे और कीड़े **प्रजनन** : मार्च से जून; रेत में 2–3 रेत के रंग के अंडे देते हैं **संरक्षण महत्व** : वन्यजीव सुरक्षा अधिनियम – शेड्यूल 4, आई.यू.सी.एन. – संकट में **(प्लेट 28, चित्र 205)**

व्हिस्कर्ड टर्न *क्लाईडोनिआस हाईब्रिडस*

कुररी 25 से.मी.

वितरण : राजस्थान के पूर्वी भाग में **पहचान** : चोंच प्रजनन काल में लालामी लिये हुए भूरी, अन्यथा काली, पैर लाल या धूसर–लाल; चाँदी जैसा

धूसर और सफेद रंग, छोटा आकार; गर्मियों में कपाल काला, गाल सफेद और अधोभाग गहरे धूसर; गुदा और पूंछ के नीचे के पंख सफेद; शरद काल में कपाल पर काली रेखायें, कर्ण छिद्र पर काला धब्बा; छोटी पूंछ का सिरा बीच से दबा हुआ, अन्य 'टर्न' की तरह विभाजित नहीं **व्यवहार और आवास** : समूह में दलदली तालाब, नदी, जलाशय, बाँध आदि पर देखे जाते हैं। पानी के ऊपर और खेतों में भी उड़ते हुए कीड़े पकड़ते हैं। जमीन के ऊपर से भी कीड़े उठा लेते हैं **भोजन** : कीड़े, टेडपोल, छोटी मछली, केंकड़े, टिड्डे आदि **प्रजनन** : अप्रैल से जून; समूह में जलीय पौधों के बीच घोंसला बना कर 2–3 हलके हरे रंग के अंडे देते हैं **संरक्षण महत्व** : वन्यजीव सुरक्षा अधिनियम – शेड्यूल 4 **(प्लेट 28, चित्र 206)**

लिटल टर्न *स्टर्न्यूला अल्बिफ्रोन्स*

छोटी कुररी 23 से.मी.

वितरण : पूर्वी राजस्थान के कुछ स्थानों तक सीमित **पहचान** : चोंच पीली सिरे पर काली, पैर गर्मियों में नारंगी–पीले अन्यथा धूसर–लाल; धूसर और सफेद 'टर्न्स' में सबसे छोटी, कपाल मखमली काला, माथा सफेद, निचली पीठ और पूंछ सफेद; शरदकाल में कपाल पर सफेद रेखायें और चोंच काली **व्यवहार और आवास** : अकेले या छितराये समूह में नदी के किनारे या झीलों के पास रहते हैं। उड़ान तेज, पानी के ऊपर उड़ते हुए शिकार को तलाशते हैं। शिकार दिखने पर डैनों को पीछे की ओर करके पानी की ओर झपटते हैं **भोजन** : छोटी मछली, कीड़े और झींगे **प्रजनन** : मई–जून; 2–3 रेत के रंग के अंडे समूह में रेतीले तट या पानी के बीच के ऊंचे स्थान पर देते हैं **संरक्षण महत्व** : वन्यजीव सुरक्षा अधिनियम – शेड्यूल 4 **(प्लेट 28, चित्र 207)**

इंडिअन स्किमर *रिन्कोप्स अल्बिकोलिस*

पनचीरा 40 से.मी.

वितरण : मुख्य रूप से पूर्व राजस्थान में चम्बल नदी के आस–पास, दक्षिण पूर्व और दक्षिण में भी **पहचान** : चोंच नारंगी–लाल आधार पर गहरी लाल, पैर धूसर–लाल या लाल; माथा और गर्दन के बगल का भाग सफेद, कपाल काला, काले–भूरे गुद्दी, पीठ और डैने, अधोभाग सफेद; लाल चोंच जिसका नीचे का भाग ऊपर के भाग से अधिक लम्बा पहचान में सहायक **व्यवहार और आवास** : छोटे समूह में या अकेले नदी के किनारे रहते हैं,

कभी–कभी जलाशयों पर भी; पानी की सतह के समानान्तर उड़ते हुए चोंच का निचला भाग पानी में डालकर मछली पकड़ते हैं। प्रजनन काल में बड़े समूह एक साथ रेतीले द्वीप पर एकत्रित होते हैं **भोजन** : मछली **प्रजनन** : मार्च से जून; रेत के बीच 3–4 हलके पीत पत्थर के रंग के लाल–भूरे धब्बेदार अंडे देते हैं **संरक्षण महत्व** : वन्यजीव सुरक्षा अधिनियम – शेड्यूल 4, आई.यू.सी.एन. – असुरक्षित **(प्लेट 28, चित्र 208)**

चेस्ट्नट–बेलीड सैन्डग्राऊज *टेरोक्लस एक्सस्टस*
भट तीतर 28 से.मी.

वितरण : लगभग सम्पूर्ण राजस्थान, सुदूर पश्चिम को छोड़ कर **पहचान** : आँख गहरी भूरी, आँख का घेरा हरा–पीला, पैर धूसर–भूरे; पीलापन लिये हुए रेत जैसा धूसर रंग, सीने पर काली पट्टी; नर के ऊपरी शरीर पर हलके पीले धब्बे और गहरे अर्द्ध चंद्राकार चिन्ह, ठोढ़ी, गाल और गला हलके पीले, पेट चॉकलेटी रंग का; मादा के ऊपरी शरीर पर भूरी लहरदार रेखायें और धब्बे, ऊपरी सीने पर काले धब्बे और निचला सीना पीत **व्यवहार और आवास** : बंजर मैदान, पठार, जुते हुए खेत, सूखी घास के मैदान और सुबह व शाम जल क्षेत्र के पास दिखाई देते हैं। 15–20 के छोटे समूह में रहते हैं **भोजन** : घास और खरपतवार के बीज, कंकड़ भी इनके पेट में मिलते हैं **प्रजनन** : जनवरी से मई; सूखी भूमि पर 2–3 धूसर या पीत पत्थर के रंग के **संरक्षण महत्व** : वन्यजीव सुरक्षा अधिनियम – शेड्यूल 4 **(प्लेट 29, चित्र 209)**

ब्लैक–बेलीड सैन्डग्राऊज *टेरोक्लस ओरिएन्टेलिस*
चूड़ 39 से.मी.

वितरण : अप्रवासी; पश्चिम राजस्थान के अर्द्ध मरुस्थल और मरुस्थल प्रदेश **पहचान** : आँख भूरी, आँख का घेरा नींबू के रंग का पीला, चोंच और पैर धूसर–सफेद; नर का ऊपरी भाग रेतीला–धूसर, पीले और जैतूनी–काले रंग के धब्बों के साथ; डैनों के पंख लालिमा लिये हुए पीले; गला, गर्दन के बगल का रंग लाल–भूरा, सीना धूसर, कंधे पर काला वलय और उसके नीचे एक चौड़ा भूरा वलय, पेट काला; मादा का रंग हलका, ऊपरी भाग पर काली लहरदार रेखायें, सीने के ऊपरी भाग पर काले धब्बे और कंधे का वलय बारीक, पेट काला **व्यवहार और आवास** : अर्द्ध मरुस्थलीय प्रदेश इनकी पसन्द का आवास है, सुबह और शाम को पानी पीने के लिये लम्बी दूरी तक उड़ते हैं। अति सजग; 15–30 के समूह में रहते हैं **भोजन** : बीज,

मरुस्थलीय पौधों की कोंपलें **संरक्षण महत्व** : वन्यजीव सुरक्षा अधिनियम – शेड्यूल 4 **(प्लेट 29, चित्र 210)**

स्पाटेड सैन्डग्राऊज *टेरोक्लस सेनेगैल्लस*

नन्हो कटिंगो 36 से.मी.

वितरण : अप्रवासी; पश्चिम राजस्थान के मरुस्थल में **पहचान** : चोंच नीली–धूसर, पैर नीले–सफेद; नर पीलापन लिये हुए रेत के या पीले–धूसर रंग का, गले पर हलका नारंगी धब्बा, कंधे और डैने के ऊपरी पंख पर हलके पीत–भूरे धब्बे; पूंछ के नुकीले पंख काले, पेट से गुदा तक काला–भूरा; मादा हलके रंग की और इसका कपाल और पीठ का प्रारम्भिक भाग धब्बेदार, निचली पीठ पर काली रेखायें, सीना हलका पीला भूरा उस पर काले बिन्दु; उड़ान में पेट पर दिखने वाली काली पट्टी इनकी पहचान है **व्यवहार और आवास** : खुले रेतीले स्थान, रेगिस्तान और छितराई झाड़ियों वाले मैदान में पाये जाते हैं। सुबह और शाम को जल क्षेत्र पर पानी पीने के लिये अवश्य जाते हैं **भोजन** : घास और खरपतवार के बीज, कभी–कभी कीड़े भी **संरक्षण महत्व** : वन्यजीव सुरक्षा अधिनियम – शेड्यूल 4 **(प्लेट 29, चित्र 211)**

पेन्टेड सैन्डग्राऊज *टेरोक्लस इंडिकस*

पहाड़ी भट तीतर 28 से.मी.

वितरण : दक्षिण और दक्षिण पूर्व राजस्थान **पहचान** : चोंच नारंगी–भूरी, आँख के पास की नंगी त्वचा हलकी पीला–हरी, पैर हलके पीले; सामान्य चेस्ट्नट–बेलीड सैंडग्राऊज से कुछ छोटा आकार और पीठ पर बारीक और पास–पास काली रेखायें इनकी पहचान में सहायक; नर के सिर और सीने पर चिन्ह, कपाल का आगे के सफेद भाग पर काली पट्टी, सीने पर तीन रंग की चौड़ी पट्टियां–कत्थई, पीला–भूरा और काला; मादा हलके पीले–भूरे रंग की, पीठ पर काली रेखायें पर माथे और सीने की पट्टियां नहीं **व्यवहार और आवासः** प्रायः जोड़े में चट्टानी, छितराई झाड़ियों वाले मैदानों में देखे जाते हैं। सजग पर खतरे की आशंका पर अपने स्थान पर बिना हिले–डुले बैठे रहते हैं और अत्यन्त निकट पहुंच जाने पर तेजी से उड़ जाते हैं। अपने आवास के साथ घुल–मिल जाने की क्षमता **भोजनः** घास व अन्य पौधों के बीज **प्रजननः** प्रायः गर्मियों में; भूमि पर 2–3 हलके पीतवर्णी धब्बेदार अंडे देते हैं **संरक्षण महत्वः** वन्यजीव सुरक्षा अधिनियम–शेड्यूल 4 **(प्लेट 29, चित्र 212)**

रौक पिजन *कोलम्बा लीविआ*

कबूतर, कपोत 33 से.मी.

वितरण : सामान्य; सम्पूर्ण राजस्थान **पहचान** : आँख नारंगी, चोंच भूरी–काली आधार पर धूसर–सफेद, पैर लाल; सर्व सामान्य नीले–धूसर रंग का पक्षी, गले और ऊपरी सीने पर धातुई बैंगनी, हरी और लाल आभा, डैनों पर दो धुंये के रंग की धूसर धारियां **व्यवहार और आवासः** शहर, मानवीय बस्तियों, घाटियों, पुराने किलों, मन्दिरों और कुएं में सामूहिक रूप से रहते हैं, राजस्थान में धार्मिक आस्था के रहते इनको संरक्षण और भोजन दिया जाता है जिसके कारण मानवीय आबादी वाले स्थानों में बहुतायत से पाये जाते हैं **भोजन** : अनाज, दालें, मूंगफली और कोंपलें **प्रजनन** : वर्ष भर; थोड़े से तिनके, डंठल आदि एकत्रित कर आले, रोशनदान, कुओं के अंदर, चट्टानी उभारों में घोंसला बनाते हैं, 2–3 अंडे सफेद रंग के **संरक्षण महत्व** : वन्यजीव सुरक्षा अधिनियम – शेड्यूल 4 **(प्लेट 29, चित्र 213)**

यलो–आईड पिजन *कोलम्बा एवर्समानी*

सलारा, पहाड़ी कबूतर 30 से.मी.

वितरण : दुर्लभ अप्रवासी; उत्तर और पूर्व राजस्थान में देखे जाते हैं **पहचान** : आँख हलकी पीली या सुनहरी, आँख का घेरा हलकी पीली, चोंच हरापन लिये हुए धूसर, पैर गुलाबी; शरीर राख जैसा धूसर, कपाल, सीने और गर्दन पर बहुत हलकी नीली–हरी आभा, गर्दन के बगल में चमकदार बैंगनी रंग; डैनों पर तीन अपूर्ण धूसर धारियां, पीठ का निचला भाग सफेद, पूंछ धूसर, पूंछ के सिरे पर कालिमा और बाहरी पंखों पर हलकी धूसर पट्टी **व्यवहार और आवास** : अत्यन्त सजग और शर्मीले, छोटे समूह में खेतों के पास और वृक्ष–कुंज में देखे जाते हैं, रात्रि आवास आम या बबूल के पेड़ों पर करते हैं **भोजन** : खेतों में गिरा हुआ अनाज और बेर जैसे फल **संरक्षण महत्व** : वन्यजीव सुरक्षा अधिनियम – शेड्यूल 4, आई.यू.सी.एन. – असुरक्षित **(प्लेट 29, चित्र 214)**

यलो–लेग्ड ग्रीन–पिजन *ट्रेरोन फीनिकोप्टेरस*

हरियल 33 से.मी.

वितरण : राजस्थान के पूर्वी भाग के वन क्षेत्र में **पहचान** : आँख का बाहरी घेरा गुलाबी अंदरूनी नीला, चोंच हलकी धूसर आधार पर कुछ हरी, पैर गहरे पीले; ऊपरी शरीर जैतूनी–हरा और धूसर, अधोभाग पीले; कंधे पर

हलके बैंगनी धब्बे, गहरे पीले पैर इनकी पहचान में सहायक **व्यवहार और आवास** : वृक्ष वासी, भूमि पर बहुत कम उतरते हैं, प्रायः 5–10 के समूह में रहते हैं। सघन पेड़ों की ऊपरी डालियों पर ही बैठते हैं, जहाँ से फल आदि खाने के लिये डाली–डाली घूमते हैं। फलों के बाग, बरगद के झुरमुट, शुष्क और नम वन पसन्द करते हैं **भोजन** : बरगद, पीपल, जंगली अंजीर के पके हुए फल **प्रजनन** : मार्च से जून; पेड़ की शाखाओं पर डंठलों से हलका सा घोंसला बनाते हैं, अंडे प्रायः 2, सफेद रंग के **संरक्षण महत्व** : वन्यजीव सुरक्षा अधिनियम – शेड्यूल 4 **(प्लेट 29, चित्र 215)**

लाफिंग डोव — *स्ट्रेप्टोपीलिआ सेनेगलेन्सिस*

कमेड़ी, छोटी फाख्ता — 27 से.मी.

वितरण : सम्पूर्ण राजस्थान **पहचान** : आँख भूरी, चोंच काली–भूरी, पैर लाल; छोटे आकार, गुलाबी–भूरे और धूसर रंग का पक्षी, सिर और गर्दन नीले–गुलाबी, सीने के दोनों ओर काले और भूरे बिन्दु, सीना गुलाबी–भूरा, बाकी अधोभाग सफेद; पूंछ के बाहरी पंख की बाहरी सतह सफेद **व्यवहार और आवास** : अधिकतर जोड़े में दिखाई देते हैं, मानवीय आबादी के पास, खेत और सूखे मैदानी हिस्सों में रहते हैं, भोजन को जमीन पर चुगते हैं, प्रजनन काल में नर गर्दन फुला कर और सिर को झुका कर मादा के सामने उछल–उछल कर चलता है, इसी व्यवहार के एक अन्य रूप में नर सीधा ऊपर की ओर पंख फड़फड़ाता हुआ उड़ता है और बिना पंख चलाये नीचे उतरता है **भोजन** : धान, ज्वार, बाजरा, अन्य अनाज और दालें **प्रजनन** : जनवरी से अक्टूबर; 2 अंडे सफेद रंग के **संरक्षण महत्व** : वन्यजीव सुरक्षा अधिनियम – शेड्यूल 4 **(प्लेट 29, चित्र 216)**

स्पौटेड डोव — *स्ट्रेप्टोपीलिआ चाईनेन्सिस*

पन्डुक — 30 से.मी.

वितरण : सम्पूर्ण राजस्थान, सुदूर पश्चिम को छोड़ कर **पहचान** : आंख लाल–भूरी, पलकें और आँख का घेरा हलका लाल, पैर लाल; मध्यम आकार, पृष्ठ भाग गुलाबी–भूरा और धूसर जिस पर सफेद धब्बे, गर्दन के आधार पर सफेद बिन्दुओं से भरा काला धब्बा; पूंछ काली–भूरी, सिरे पर चौड़ी काली पट्टी; अधोभाग हलके गुलाबी–धूसर, पेट मटमैला **व्यवहार और आवास** : खाली पड़े खेतों, बैलगाड़ी के धूल भरे रास्तों, बाग, नम जंगल, खेत आदि स्थानों पर सामान्यतः रहते हैं। मानवीय आबादी के पास रहने वाले अन्य 'डोव' के मुकाबले नम स्थान अधिक पसंद करते हैं **भोजन** :

धान, ज्वार, बाजरा, गेहूँ, दालें और घास के बीज **प्रजनन:** लगभग सारे वर्ष; प्रायः 2 सफेद रंग के अंडे **संरक्षण महत्व** : वन्यजीव सुरक्षा अधिनियम – शेड्यूल 4 **(प्लेट 30, चित्र 217)**

यूरेसिअन कौलर्ड डोव *स्ट्रेप्टोपीलिआ डिकाक्टो*

घुघ्घी, फाख्ता 32 से.मी.

वितरण : सम्पूर्ण राजस्थान **पहचान** : आँख लाल, चोंच काली–भूरी, पैर गुलाबी; कबूतर से छोटा आकार, हलका धूसर और भूरा रंग, काली पूंछ और गर्दन की पिछली सतह पर एक काली आधी कंठी इनकी पहचान में सहायक, सीना कुछ–कुछ गुलाबी, पेट राख के रंग का, गुदा भाग और पूंछ के नीचे गहरा धूसर **व्यवहार और आवास** : मानवीय आबादी के पास सामान्य, इमारतों, टेलीफोन के तारों और खम्भों पर बैठे प्रायः दिखते हैं। सूखे इलाके और शहर व गांव आदि में बाग–बगीचों, पेड़ों के झुरमुट के पास मिलते हैं **भोजन** : अनाज और बीज **प्रजनन** : सारे वर्ष भर; 2–3 सफेद अंडे **संरक्षण महत्व** : वन्यजीव सुरक्षा अधिनियम – शेड्यूल 4 **(प्लेट 30, चित्र 218)**

रेड–कौलर्ड डोव *स्ट्रेप्टोपीलिआ ट्रेन्क्वेबारिका*

लाल कमेड़ी 23 से.मी.

वितरण : राजस्थान के पूर्वी भाग में **पहचान** : आँख लाल, पैर हलके लाल; छोटे आकार और चमकदार धूसर और ईंट जैसे लाल रंग का पक्षी, सिर और गुद्दा गहरा धूसर, गर्दन पर काली आधी कंठी; पीठ लाल, पुट्ठा और पूंछ धूसर; अधोभाग हलके गुलाबी–लाल, ठोढ़ी, गुदा और पूंछ के नीचे सफेद; मादा का रंग हलका भूरा और धूसर **व्यवहार और आवास** : गांव के वातावरण में खेत–खलिहान, जंगल के किनारे का क्षेत्र, गांव के धूल भरे रास्ते पर बीज आदि खोजते दिखते हैं। बहुत सामान्य नहीं **भोजन** : अनाज, घास के बीज **प्रजनन** : अप्रैल से सितम्बर; 2–3 सफेद अंडे **संरक्षण महत्व** : वन्यजीव सुरक्षा अधिनियम – शेड्यूल 4 **(प्लेट 30, चित्र 219)**

ओरिएन्टल टर्टल–डोव *स्ट्रेप्टोपीलिआ ओरिएन्टेलिस*

बड़ा फाख्ता 33 से.मी.

वितरण : प्रवासी; मध्य, पूर्व और दक्षिण पूर्व राजस्थान **पहचान** : आँख संतरे के रंग की, आँख का घेरा लाल, चोंच सींग के रंग की भूरी

आधार पर लाल, पैर, लाल; बड़ा आकार, लाल–भूरा रंग जिस के पृष्ठ भाग पर शल्क जैसे काले–भूरे चिन्ह, माथे और कपाल पर धूसर, गर्दन की दोनों ओर धूसर रंग और काली रेखाओं का शतरंज जैसा धब्बा; निचली पीठ और पुट्ठा धूसर, पूंछ काली–भूरी छोर पर और बगल में धूसर; सीना लाल–गुलाबी पेट की ओर लगभग सफेद होता हुआ **व्यवहार और आवास :** छोटे समूह या जोड़े में रहते हैं। सूखे जंगल, खेत, मैदान, गांव के धूल भरे रास्ते पर भोजन खोजते हुए दिखते हैं, उड़ान सीधी और तेज **भोजन :** अनाज, घास की कोंपल और बीज **संरक्षण महत्व :** वन्यजीव सुरक्षा अधिनियम – शेड्यूल 4 **(प्लेट 30, चित्र 220)**

प्लम–हैडेड पैराकीट *सिटेक्यूला सायनोसिफेला*

टुईया तोता 36 से.मी.

वितरण : मुख्य रूप से दक्षिण पूर्व और दक्षिण राजस्थान **पहचान :** चोंच ऊपरी भाग – नारंगी–पीली, निचला भाग – काला–भूरा, पैर हरे–धूसर; छरहरा बदन, अन्य तोतों से छोटा आकार, पीत–हरा रंग, सिर चमकदार नीलाभ लाल, काली और गहरी हरी कंठी, कंधे पर कत्थई धब्बा; मादा का सिर धूसर, कंठी और कंधे पर धब्बा नहीं और गर्दन पर पीला वलय **व्यवहार और आवास :** नम वन क्षेत्र, घाटी के जंगल, गांव के और मंदिर आदि के समीप के वृक्ष कुंज में पाये जाते हैं। छोटे समूह में घनी पत्तियों वाले वृक्षों के बीच भोजन की तलाश में घूमते रहते हैं। उड़ान में पूरा समूह तेजी से घूमता और मुड़ता है; इनकी आवाज तीखी टुईं–टुईं पहचान में सहायक **भोजन :** फल–फूल, कलियां, पराग, बीज, 'फाईकस' वृक्षों के फल **प्रजनन :** जनवरी से अप्रैल; पेड़ के कोटरों में 4–5 सफेद रंग के अंडे देते हैं **संरक्षण महत्व :** वन्यजीव सुरक्षा अधिनियम – शेड्यूल 4 **(प्लेट 30, चित्र 221)**

रोज–रिंग्ड पैराकीट *सिटेक्यूला क्रेमेरी*

तोता, सुआ 42 से.मी.

वितरण : लगभग सम्पूर्ण राजस्थान **पहचान :** चोंच गहरी लाल, पैर धूसर; मध्यम आकार, छरहरा शरीर, घास जैसा हरा रंग, 'हुक' के आकार में मुड़ी हुई लाल चोंच और लम्बी नुकीली पूंछ; नर के गले पर गुलाबी और काली कंठी जो कि तीन वर्ष की आयु का होने पर दिखने लगती है; मादा के कंठी नहीं पर गर्दन पर एक हलका वलय दिखता है **व्यवहार और**

आवास : सामूहिक; बाग–बगीचों, खेत, मानवीय आबादी वाले क्षेत्र के वृक्षों पर सामान्य रूप से दिखते हैं। बड़े समूह सुबह और शाम को अपने आश्रय स्थल से आते–जाते देखे जा सकते हैं। उड़ान तेज और सीधी; बहुत कोलाहल करते हैं **भोजन** : फल, मिर्च, अनाज, मूंगफली, गन्ना, चना, फूल और कलियां **प्रजनन** : जनवरी से अप्रैल; पेड़ के कोटरों में 3–4 सफेद अंडे देते हैं **संरक्षण महत्व** : वन्यजीव सुरक्षा अधिनियम – शेड्यूल 4 **(प्लेट 30, चित्र 222)**

अलेक्जेंड्रीन पैराकीट *सिटेक्यूला यूपेट्रिआ*

गागरोनी तोता 53 से.मी.

वितरण : पूर्व, दक्षिण पूर्व और दक्षिण राजस्थान **पहचान** : पलक नारंगी–पीली, चोंच लाल, पैर मटमैले पीले; बड़ा आकार, घास जैसा हरा रंग, बड़ी लाल चोंच, कंधे पर बड़ा लाल धब्बा इनकी पहचान में सहायक; नर की गर्दन पर गुलाबी कंठी और चोंच के पास से कंठी तक काली पट्टी; मादा के कंठी और काली पट्टी नहीं; पूंछ का निचला भाग पीला **व्यवहार और आवास** : प्रायः छोटे समूह में पर फलों के मौसम में बड़े समूह बनाते हैं। सघन वृक्ष वाले वन क्षेत्र, घाटी के जंगल, फलों के बगीचे इनके पसंदीदा आवास हैं। उड़ान तेज; इनकी ऊँची 'की.. र..र.. आवाज पहचान में सहायक **भोजन** : फल, सब्जियां, बीज, अनाज और फूलों का पराग **प्रजनन** : नवम्बर से अप्रैल; पेड़ के तने में स्वयं के बनाये कोटर में 3–4 सफेद अंडे देते हैं **संरक्षण महत्व** : वन्यजीव सुरक्षा अधिनियम – शेड्यूल 4 **(प्लेट 30, चित्र 223)**

पाइड क्रेस्टेड कुकू *क्लमेटोर जेकोबिनस*

चातक 33 से.मी.

वितरण : वर्षा काल का अप्रवासी; मध्य, पूर्व, दक्षिण पूर्व, दक्षिण राजस्थान **पहचान** : आँख भूरी, चोंच सींग जैसी काली आधार पर नींबू जैसी पीली, पैर धूसर; पृष्ठ भाग काला, सिर पर काली चोटी, अधोभाग सफेद; काले डैनों पर सफेद गोला; सिरे पर सफेद लम्बी पूंछ **व्यवहार और आवास** : खुले मैदान, कमल और सिंघाड़े वाले पोखर, जल क्षेत्र के आस–पास छितराये पेड़ और झाड़ियाँ; वृक्ष वासी; वर्षाकाल के आरम्भ में प्रजनन करने हेतु आ जाते हैं और शरदकाल के आरम्भ तक रहते हैं। मधुर आवाज; लोकसाहित्य और संस्कृति में महत्वपूर्ण **भोजन** : इल्ली, कीड़े,

चींटे, गुबरैले, स्थली; घोंघे और दीमक **प्रजनन** : जून से अगस्त; 'बैबलर' और 'प्रीनिआ' आदि के घोंसलों में अपने अंडे रखने वाला प्रजनन–परजीवी **संरक्षण महत्व** : वन्यजीव सुरक्षा अधिनियम – शेड्यूल 4 **(प्लेट 30, चित्र 224)**

कौमन हाक–कुकू *हायरोकौकिक्स वेरिअस*

पपीहा 34 से.मी.

वितरण : पूर्वी राजस्थान के वन क्षेत्र में **पहचान** : आँख धूसर–पीली, आँख का घेरा पीला, चोंच पीली–हरी, पैर पीले; वयस्क राख के रंग के धूसर, पूंछ लालीमा लिये हुए जिस पर 4–5 काली पट्टियां, अन्तिम पट्टी सबसे चौड़ी; बगल और पेट पर हलकी भूरी रेखायें; अवयस्क की पूंछ पर संकरी पट्टियां और बगल में धब्बे **व्यवहार और आवास**: नम और सदाबहार वन, वृक्ष कुंज, घने पेड़ों वाले बाग इनके प्रमुख निवास हैं, पेड़ों की पत्तियों के बीच रहते हैं और भूमि पर कम ही उतरते हैं, प्रायः अकेले पर कभी–कभी 4–5 के समूह में; उड़ान तेज और सीधी **भोजन** : मुख्यतः इल्लियां **प्रजनन** : प्रजनन–परजीवी; कौए और 'बैबलर' के घोंसलों में अंडे देते हैं **संरक्षण महत्व** : वन्यजीव सुरक्षा अधिनियम – शेड्यूल 4 **(प्लेट 30, चित्र 225)**

ग्रे–बेलीड प्लेन्टिव कुकू *कैकोमेन्टिस पेसेरिनस*

पावस कुकू 23 से.मी.

वितरण : पूर्व, दक्षिण पूर्व और दक्षिण राजस्थान **पहचान** : आँख भूरी, चोंच भूरी, पैर भूरे–पीले; पृष्ठ भाग गहरा धूसर और भूरा, ठोढ़ी, गला और सीना धूसर, पेट हलका धूसर, गुदा भाग मटमैला सफेद; पूंछ काली सिरे सफेद, पूंछ के बाहरी पंख पर सफेद धारियां; डैनों की अंदरूनी सतह पर सफेद धब्बा; धूसर के अतिरिक्त मादा का एक लाल–भूरा स्वरूप भी मिलता है, इस स्वरूप में ऊपरी शरीर और गला कत्थई, पीठ पर हलकी काली धारियां और सफेद पेट पर काली रेखायें होती हैं। अवयस्क मादा के लाल–भूरे स्वरूप से मिलते जुलते **व्यवहार और आवास** : जंगल, बाग, घने वृक्ष कुंज में रहते हैं, भूमि पर नहीं उतरते; पेड़ और झाड़ियों की घनी पत्तियों के बीच छुप कर रहते हैं। सजग, एक शाखा से दूसरी पर उड़ते रहते हैं। कीड़े पकड़ने के लिये 'फ्लाईकैचर' जैसी उड़ान भरते हैं। ऊँची शाखा पर बैठ कर आवाज करते हैं **भोजन** : इल्लियां, कीड़े आदि **प्रजनन** : जून से

सितम्बर; 'वार्बलर्स' के घोंसलों का प्रजनन–परजीवी **संरक्षण महत्व :** वन्यजीव सुरक्षा अधिनियम – शेड्यूल 4 **(प्लेट 31, चित्र 226)**

एसिअन कोयल *यूडाइनेमिस स्कोलोपेसिआ*

कोयल 43 से.मी.

वितरण : लगभग सम्पूर्ण राजस्थान **पहचान :** आँख लाल, चोंच पीली–हरी, पैर धूसर; साधारणतः सर्वपरिचित पक्षी, चमकदार धातुई काला रंग, मादा भूरी शरीर पर सफेद धब्बे और धारियां, अधोभाग सफेद, पेट पर आड़ी धारियां **व्यवहार और आवास :** हलके जंगल, बाग–बगीचे, मानवीय आबादी के पास सघन पेड़ों पर रहते हैं। पेड़ों की शाखाओं पर पत्तियों के बीच छुप कर रहते हैं। इनकी मधुर आवाज 'कुहू–कुहू' ही इनकी प्रमुख पहचान है जिसके कारण इनका साहित्य और संस्कृति में विशेष स्थान है; उड़ान तेज और सीधी **भोजन :** फल और कीड़े **प्रजननः** प्रजनन–परजीवी; कौओं के घोंसले में अंडे देते हैं **संरक्षण महत्वः** वन्यजीव सुरक्षा अधिनियम – शेड्यूल 4 **(प्लेट 31, चित्र 227)**

सिरकीर मल्कोहा *टैकोकुआ ल्येशनाल्टी*

सिरकीर 42 से.मी.

वितरण : राजस्थान के मध्य और पूर्वी भाग में **पहचान :** आँख भूरी, चोंच पीली सिरे पर गहरी लाल, पैर धूसर; मिट्टी जैसा भूरा रंग, कत्थई अधोभाग, सिर और सीने के पंखों पर बारीक काली रेखायें; गला मटमैला सफेद; चौड़ी पूंछ के सिरे पर सफेद गोले; अवयस्क की चोंच सामान्य भूरी और शरीर सम रंग भूरा **व्यवहार और आवास :** घास के कंटीली झाड़ियों वाले मैदान, पठारी इलाके, अर्द्ध मरुस्थल का पक्षी; भूमि पर झाड़ियों और पत्थरों के बीच छुप कर घूमते हैं। भोजन की तलाश में झाड़ियों और छोटे पेड़ों पर भी चढ़ जाते हैं। खतरे की आशंका होने पर उड़ने की जगह भाग कर छुपना पसन्द करते हैं **भोजन :** इल्लियां, टिड्डे, दीमक, छिपकली और बेर आदि **प्रजनन :** जून से अगस्त; कंटीली झाड़ी में घोंसला बनाते हैं, 2–3 सफेद अंडे देते हैं **संरक्षण महत्व :** वन्यजीव सुरक्षा अधिनियम – शेड्यूल 4 **(प्लेट 31, चित्र 228)**

ग्रेटर कौकल *सेन्ट्रोपस साइनेन्सिस*

कौकल 48 से.मी.

वितरण : राजस्थान के पूर्वी भाग में सामान्य **पहचान** : आँख लाल, चोंच और पैर धूसर–काले; चमकदार काला शरीर, भूरा सिर, डैने पीत–कत्थई, लम्बी और चौड़ी पूंछ; मादा कुछ बड़ी **व्यवहार और आवास** : अकेले या जोड़े में दिखाई देते हैं। झाड़ियों और घास के बीच छुप कर घूमते रहते हैं। प्रायः एक ही स्थान के आस–पास और जमीन पर ही रहते हैं। नीची डालियों के बीच भी भोजन की तलाश में घूमते हैं। झाड़ियों का जंगल, घास के कंटीली झाड़ियों वाले मैदान, खेत और मानवीय आबादी के पास रहते हैं **भोजन** : चमगादड़, छिपकली, गिरगिट, टिड्डे, झींगुर, पक्षियों के अंडे और बच्चे, मेंढक, सर्प **प्रजनन** : जून से सितम्बर; झाड़ी के बीच बड़ा गोल घोंसला बनाते हैं, अंडे 3–4 सफेद रंग के **संरक्षण महत्व** : वन्यजीव सुरक्षा अधिनियम – शेड्यूल 4 **(प्लेट 31, चित्र 229)**

कौमन बार्न–आऊल *टाईटो अल्बा*

करैल, खलिहान का उल्लू 36 से.मी.

वितरण : लगभग सम्पूर्ण राजस्थान, पूर्वी भाग में सामान्य **पहचान** : ख गहरी भूरी, चोंच सींग के रंग की गुलाबी, पैर गुलाबी–भूरे; बड़ा गोल सिर, सफेद चेहरे की गोलाई को सीमांकित करते कड़े पंख; ऊपरी शरीर सुनहरा पीला जिस पर काले और सफेद बिन्दु; सफेद अधोभाग पर पीत और भूरे बिन्दु **व्यवहार और आवास** : दिन का समय अकेले या जोड़े में अंधेरी जगहों, खलिहान, छत के नीचे के स्थान और खंडहर या सूनी जगहों में रहते हैं। रात्रिचर; शाम से सुबह तक क्रियाशील; उड़ान शान्त और सजग **भोजन** : चूहे, छोटे पक्षी और चमगादड़ **प्रजनन** : अंधेरे बंजर खंडहर, पेड़ के कोटर आदि स्थानों पर 4–7 सफेद अंडे देते हैं **संरक्षण महत्व** : वन्यजीव सुरक्षा अधिनियम – शेड्यूल 4 **(प्लेट 31, चित्र 230)**

इंडिअन ईगल–आऊल *बूबो बेन्गालेन्सिस*

घुघू 54 से.मी.

वितरण : लगभग सम्पूर्ण राजस्थान **पहचान** : आँख नारंगी–लाल, चोंच भूरी; बड़ा आकार, गहरा भूरा शरीर, जिस पर हलके सुनहरे और काले धब्बे और रेखायें; सिर पर सींग जैसे दो लम्बे पंख; सामने से दिखाई पड़ने वाला अधोभाग सुनहरा और सफेद, सीने पर गहरे भूरे धब्बे और पेट व

बगल में आड़ी बारीक रेखायें; आंखें बड़ी और गोल चेहरे के सामने की ओर केन्द्रित; पैर पंखों से ढके हुए **व्यवहार और आवास** : रात्रिचर; दिन में चट्टान, शिला फलक या सघन वृक्ष पर बैठे दिख जाते हैं। दिन में खुले में बैठे होने पर इनको कौए आदि पक्षी परेशान करते हैं। चम्बल नदी घाटी में सामान्य **भोजन** : चूहे, पक्षी, सरीसृप, मेंढक और बड़े कीड़े **प्रजनन** : अक्टूबर से मई; छायादार शिला फलक पर 2–4 सफेद रंग के अंडे देते हैं **(प्लेट 31, चित्र 231)**

डस्की ईगल–आऊल *बूबो कोरोमेन्डस*
जंगली घुघू 58 से.मी.

वितरण : पूर्व, दक्षिण पूर्व और दक्षिण राजस्थान के नम भाग में **पहचान** : आँख पीली, चोंच नीली–धूसर; बड़ा आकार, सिर पर सींग जैसे लम्बे पंख, धूसर–भूरा रंग; अधोभाग हलका धूसर–भूरा, सीने से पेट तक बारीक गहरी रेखायें और लहरदार धारियां; पीली आंखें और धूसर–भूरा रंग इनको सामान्य घुघू से अलग पहचान देते हैं **व्यवहार और आवास** : अधिकांश जलाशय के पास के बड़े वृक्षों की छायादार शाखाओं या सुनसान स्थानों पर रहते हैं। प्रायः जोड़े में रहते हैं। रात्रि के अतिरिक्त दिन में भी सक्रिय **भोजन** : छोटे स्तनपायी, पक्षी, सरीसृप, मछली, मेंढक और बड़े कीड़े **प्रजनन** : नवम्बर से अप्रैल; पानी के किनारे वृक्ष पर या शिला फलक पर बड़े आकार का घोंसला बनाते हैं, 1–2 सफेद अंडे देते हैं **(प्लेट 31, चित्र 232)**

ब्राउन फिश–आऊल *केटुपा ज़ीलोनेन्सिस*
मच्छीमार उल्लू 56 से.मी.

वितरण : पूर्व राजस्थान के उपयुक्त स्थानों पर, चम्बल नदी घाटी में सामान्य **पहचान** : आंख सुनहरी पीली, चोंच हलकी हरी–धूसर, पैर धूसर–पीले; बड़ा आकार, गहरा लाल–भूरा रंग, सिर पर सींग जैसे लम्बे पंख, सिर का रंग गहरा, ऊपरी भाग पर काली रेखायें; अधोभाग हलका लालाभ भूरा, बारीक लहरदार रेखायें और काली धारियां; गले और गर्दन पर सफेद, पैरों पर पंख नहीं **व्यवहार और आवास** : नदी, जलाशय, गहरी नदी घाटी के किनारे पानी के समीप स्थित वृक्ष या शिलाओं पर बैठे दिखते हैं। दिन में सक्रिय; सघन वृच्छादित क्षेत्र पसन्द करते हैं। प्रायः जोड़े में या पारिवारिक समूह में दिखते हैं। मछली को पानी की सतह से उठा लेते हैं **भोजन** :

मछली, मेंढक, केंकड़े; चूहे, छिपकली भी **प्रजनन** : नवम्बर से मार्च; पानी के किनारे के वृक्ष या शिला फलक पर घोंसला बनाते हैं, 1–2 सफेद अंडे देते हैं **संरक्षण महत्व** : वन्यजीव सुरक्षा अधिनियम – शेड्यूल 4 **(प्लेट 31, चित्र 233)**

कौलर्ड स्कौप्स–आऊल *ओटस बक्कामीना*

ठरकवी चुगद 23–25 से.मी.

वितरण : पूर्व, दक्षिण पूर्व और दक्षिण राजस्थान **पहचान** : आँख नारंगी, चोंच हरी–भूरी सिरे पर रंग हलका, पैर गुलाबी–भूरे; ऊपरी भाग धूसर या भूरे, सफेद रेखायें और धब्बे, गर्दन पर हलका वलय स्पष्ट; ठोढ़ी और गला हलका पीत, गले पर काले धब्बे और रेखायें; बाकी के अधोभाग हलके पीत–भूरे जिस पर गहरी भूरी धारियां और लालाभ लहरें; चूजे सफेद रेशेदार पंखों से आच्छादित **व्यवहार और आवास** : वन, गांव और खेत के पास घने वृक्ष कुंज में दिखाई देते हैं। रात्रिचर; दिन में पत्तियों के बीच या कोटर में छुपे रहते हैं **भोजन** : टिड्डे, गुबरैले, छिपकली, गिरगिट, चूहे और छोटे पक्षी **प्रजनन** : अप्रैल–मई; पेड़ के कोटर में 3–5 सफेद अंडे देते हैं **संरक्षण महत्व** : वन्यजीव सुरक्षा अधिनियम – शेड्यूल 4 **(प्लेट 31, चित्र 234)**

यूरेसिअन स्कौप्स–आऊल *ओटस स्कौप्स*

डन्डुल 19 से.मी.

वितरण : अप्रवासी; मध्य और उत्तर पश्चिम राजस्थान **पहचान** : आँख पीली या सुनहरी, चोंच धूसर हरापन लिये हुए; छोटा आकार, कान के ऊपर लम्बे पंख, पैर पंखों से ढंके हुए; दो अलग–अलग स्वरूप–भूरा और धूसर; कंधे पर सफेद धब्बे, अधोभाग हलके पीत–भूरे जिस पर गहरी बारीक रेखायें; प्राथमिक पंख लम्बे **व्यवहार और आवास** : सूखे पहाड़ी क्षेत्र, घास और छोटे पेड़ों वाले मैदान और घाटियां इनके आवास स्थल हैं। रात्रिचर; दिन में छुप कर घने वृक्षों पर बैठे रहते हैं। पेड़ के कोटर में सीधे बैठते हैं। आवाज गाय के गले की घंटियों जैसी **भोजन** : टिड्डे, कीट–पतंगे, चूहे, पक्षी और छिपकली **संरक्षण महत्व** : वन्यजीव सुरक्षा अधिनियम–शेड्यूल 4 **(प्लेट 32, चित्र 235)**

मौटल्ड वुड–आऊल *स्ट्रिक्स औसिल्लेटा*

गिरनारी घुघू 48 से.मी.

वितरण : दक्षिण राजस्थान, विशेषकर आबू पर्वत के आस–पास **पहचान** : आँख गहरी भूरी, पलक धूसर–गुलाबी, चोंच काली; बड़ा आकार, ऊपरी शरीर पर लाल–भूरी, काली, सफेद और पीत लहरदार धारियां और धब्बे; चेहरे की गोलाई सफेद जिसके सीमान्त के पंख काले और सफेद; गला बादामी और काला जिस पर सफेद बिन्दु, बाकी के सफेद और सुनहरे मटमैले अधोभाग पर बारीक रेखायें **व्यवहार और आवास** : छितराये वन विशेषकर इमली, आम, पीपल, बरगद के वृक्ष कुंज इनके आवास स्थल हैं। रात्रिचर; दिन का समय घने पेड़ों की शाखाओं पर छुपे रह कर बिताते हैं **भोजन** : चूहे, पक्षी, छिपकली, केंकड़े और कीट–पतंगे **प्रजनन** : नवम्बर से अप्रैल; पेड़ की कोटर में 2 सफेद अंडे देते हैं **संरक्षण महत्व** : वन्यजीव सुरक्षा अधिनियम – शेड्यूल 4 **(प्लेट 32, चित्र 236)**

स्पौटेड आऊलेट *एथीन ब्रामा*

चुगद 21 से.मी.

वितरण : सम्पूर्ण राजस्थान **पहचान** : आँख पीली या सुनहरी, चोंच हरी–धूसर; छोटा आकार, सिर बड़ा; ऊपरी शरीर गहरा भूरा जिस पर छितराये हुए सफेद गोले, कपाल भी वैसा ही; अधोभाग मटमैला जिस पर सफेद या भूरे धब्बे और रेखायें; चेहरे की गोलाई सफेद या मटमैली और गले पर वैसी ही पट्टी **व्यवहार और आवास** : अति सामान्य; मानवीय आबादी, खेत, छितराये वन के पास पेड़ की कोटर या शाखाओं पर, टेलीफोन के तार और खम्भों पर बैठे हुए देखे जा सकते हैं। जोड़े या छोटे समूह में मिलते हैं **भोजन** : छिपकली, चूहे, टिड्डे, कीट–पतंगे **प्रजनन** : फरवरी से अप्रैल; पेड़ के कोटर या खंडहरों में 3–4 सफेद अंडे देते हैं **संरक्षण महत्व** : वन्यजीव सुरक्षा अधिनियम – शेड्यूल 4 **(प्लेट 32, चित्र 237)**

जंगल आऊलेट *ग्लाउसीडिअम रेडिएटम*

जंगली चुगद 20 से.मी.

वितरण : दक्षिण पूर्व और दक्षिण राजस्थान के वन क्षेत्र में **पहचान** : आँख नींबू के रंग की पीली, चोंच हरी–पीली; छोटा आकार, शरीर पर सघन आड़ी धारियां, ऊपरी शरीर गहरा लालाभ–भूरा जिस पर हलके रंग की

धारियां; ठोढ़ी, सीना और पेट सफेद, शेष अधोभाग पर भूरी धारियां **व्यवहार और आवास** : मिश्रित नम वन और खुले जंगल का निवासी; सुबह और शाम को अधिक क्रियाशील; दिन का समय पेड़ की कोटर सीधे और स्थिर बैठे हुए बिताते हैं **भोजन** : टिड्डे, कीट–पतंगे, 'सिकाडा', घोंघे, चूहे और छिपकली **प्रजनन** : मार्च से मई; पेड़ की कोटर में 3–4 सफेद अंडे देते हैं **संरक्षण महत्व** : वन्यजीव सुरक्षा अधिनियम – शेड्यूल 4 **(प्लेट 32, चित्र 238)**

शौर्ट–इअर्ड आऊल *एसिओ फ्लेमिअस*

रेरुआ 38 से.मी.

वितरण : अप्रवासी; लगभग सम्पूर्ण राजस्थान में पर संख्या कम **पहचान** : आँख चमकीली पीली, चोंच धूसर–काली; मध्यम आकार, हलका पीला–भूरा रंग, गहरी भूरी रेखायें और गहरे धूसर मिश्रित रंग का सिर; चेहरे की सफेद गोलाई पर कुछ काले पंख, सीमान्त के पंख गहरे भूरे; कान के ऊपर छोटे खड़े पंख; डैने और पूंछ पर कत्थई धारियां; हलके पीले–भूरे अधोभाग पर गहरी रेखायें **व्यवहार और आवास** : ऊंचे–नीचे घास के मैदान, झाड़ियों और चट्टानों के बीच, पहाड़ियों और जलक्षेत्र के पास की घास में रहते हैं। दिनचर और थलचर; झाड़ी या चट्टान के नीचे छुपकर बैठे शिकार की प्रतीक्षा करते हैं। अकेले या छोटे छितराये हुए समूह में देखे जाते हैं। पेड़ों पर भी बैठते हैं **भोजन** : चूहे, पक्षी विशेषकर तीतर, बटेर, टिड्डे व अन्य कीट **संरक्षण महत्व** : वन्यजीव सुरक्षा अधिनियम–शेड्यूल 4 **(प्लेट 32, चित्र 239)**

इंडिअन लिटल नाईटजार *केप्रिमुल्गस एसिएटिकस*

छप्पक 24 से.मी.

वितरण : लगभग सम्पूर्ण राजस्थान, बहुत सूखे उत्तर और पश्चिम के अतिरिक्त **पहचान** : आँख भूरी, आँख का घेरा पीला; छोटा आकार, कपाल पर स्पष्ट धारियां, गले के नीचे का अर्द्धवलय लालाभ–पीला; कंधे के पंख का मध्य भाग पीत और पीत किनारे; पूंछ के मध्य पंखों पर चिन्ह नहीं, पूंछ के बाहरी पंख का पिछला अर्द्ध भाग सफेद; पृष्ठ भाग पर काली धारियां **व्यवहार और आवास** : बंजर खेत, झाड़ियाँ और घास के मैदान इनके आवास हैं। धूल भरे रास्तों और ठूंठ पर दब कर बैठे अकसर दिखाई पड़ते हैं। सुबह–शाम और रात को क्रियाशील **भोजन** : कीड़े, पतंगे, झींगुर आदि **प्रजनन** : फरवरी से सितम्बर; भूमि पर प्रायः 2 मटमैले, लाल–भूरे धब्बेदार

अंडे देते हैं **संरक्षण महत्व** : वन्यजीव सुरक्षा अधिनियम–शेड्यूल 4 **(प्लेट 32, चित्र 240)**

इंडिअन जंगल नाईटजार
(ग्रे नाईटजार) *केप्रिमुल्गस इंडिकस*
जंगली छप्पा 29 से.मी.

वितरण : पूर्व, दक्षिण पूर्व और दक्षिण राजस्थान **पहचान** : धूसर या धूसर–भूरा रंग, शरीर पर सघन काले चिन्ह; पूंछ के बाहरी चार पंखों के जोड़ों के सिरे पर सफेद धब्बे, मादा की पूंछ के पंख पूरे धब्बेदार पर सिरे पर सफेद धब्बे नहीं; प्राथमिक पंखों पर सफेद गोले नहीं **व्यवहार और आवास** : वन क्षेत्र, जंगली रास्ते, घास और झाड़ी युक्त घाटियां और पहाड़ियाँ इनके आवास हैं। दिन का समय भूमि सूखी घास–पात के बीच या शाखा पर दबे हुए बैठ कर बिताते हैं। रात को जंगल में आड़े–टेढ़े उड़ते हुए कीड़े पकड़ते हैं **भोजन** : शलभ, कीट–पतंग और उड़ने वाले कीड़े **प्रजनन** : फरवरी से मई; भूमि पर प्रायः 2 पीत–भूरे, लाल और काले धब्बेदार अंडे देते हैं **संरक्षण महत्व** : वन्यजीव सुरक्षा अधिनियम–शेड्यूल 4 **(प्लेट 32, चित्र 241)**

लार्ज–टेल्ड नाईटजार *केप्रिमुल्गस मेक्रुरस*
बड़ी पूंछ छप्पा 33 से.मी.

वितरण : दुर्लभ; केवलादेव राष्ट्रीय उद्यान, भरतपुर **पहचान** : आंख गहरी भूरी, चोंच गुलाबी–भूरी; अन्य के अनुपात में आकार बड़ा, शरीर गहरा चमकीला कत्थई भूरा, गले पर पीत–कत्थई अर्ध वलय, कंधे के पंखों के सिरे सुनहरे–सफेद और काले मध्य भाग के साथ डैनों के ऊपर के पंख एक सुनहरी–सफेद धारी बनाते हैं। पहले चार प्राथमिक पंखों पर सफेद धब्बे **व्यवहार और आवास** : छायादार जंगल की जल धाराओं के पास वाले क्षेत्र के निवासी; सुबह–शाम और रात में अधिक क्रियाशील; अकेले या जोड़े में मिलते हैं। दिन के समय पेड़ की शाखा या भूमि पर बैठते हैं **भोजन** : शलभ, कीट–पतंगे, रात्रि में उड़ने वाले कीड़े **संरक्षण महत्व** : वन्यजीव सुरक्षा अधिनियम – शेड्यूल 4 **(प्लेट 32, चित्र 242)**

फ्रेन्कलि'स नाईटजार
(सवान्ना नाईटजार) *केप्रिमुल्गस एफिनिस*
दबचिरी 23 से.मी.

वितरण : राजस्थान के पूर्वी भाग में **पहचान** : आँख गहरी भूरी, आँख का घेरा हलका पीला; शरीर गहरा धूसर–भूरा, कपाल और गुद्दे पर बारीक रेखायें, कंधे पर पंख पीत–कत्थई, कंधे से मध्य–पीठ तक एक V आकार का मटमैला चिन्ह; नर की पूंछ के बाहरी पंख सफेद; नर के पहले चार प्राथमिक पंखों के मध्य भाग सफेद, मादा के मटमैले **व्यवहार और आवास** : छितराई झाड़ियों और घास वाले पहाड़ी क्षेत्र, सूखे चट्टानी नाले, खेतों के पास के घास के मैदान इनके आवास स्थल हैं। सुबह–शाम और रात को क्रियाशील; अकसर उड़ते–उड़ते पानी पीते हैं **भोजन** : कीड़े **प्रजनन** : मार्च से अगस्त; भूमि पर 2 गुलाबी लाल धब्बेदार अंडे देते हैं **संरक्षण महत्व** : वन्यजीव सुरक्षा अधिनियम – शेड्यूल 4 **(प्लेट 33, चित्र 243)**

लिटल स्विफ्ट *एपस अफिनिस*
बतासी 15 से.मी.

वितरण : सम्पूर्ण राजस्थान, अति रुक्ष पश्चिम और उत्तर को छोड़ कर **पहचान** : आँख भूरी, चोंच काली; आकार छोटा, धुंये जैसा धूसर रंग, गला और नितम्ब का क्षेत्र सफेद; पूंछ छोटी और चौकोर; डैने छोटे और हंसिये जैसे घूमे हुए **व्यवहार और आवास** : सामूहिक; अधिकांश समय उड़ते हुए बिताते हैं, भोजन की खोज में आकाश में गोल–गोल चक्कर लगाते रहते हैं। शाम के समय समूह हवा में आकर्षक प्रदर्शन करते हैं। अधिकतर मानवीय आबादी के पास, पुराने किले, खंडहर और चट्टानी घाटियों में रहते हैं **भोजन** : उड़ने वाले कीड़े, दीमक आदि **प्रजनन** : मार्च से अक्टूबर; घास और मुलायम पंख आदि को अपनी लार से जोड़ कर गुम्बज, विशाल दरवाजों आदि पर घोंसला चिपकाते हैं। 2–3 सफेद अंडे देते हैं **संरक्षण महत्व** : वन्यजीव सुरक्षा अधिनियम – अपेन्डिक्स 1 **(प्लेट 33, चित्र 244)**

एसिअन पाम स्विफ्ट *सिप्सियुरस बालासिएन्सिस*
ताड़ अबाबील 13 से.मी.

वितरण : राजस्थान में सीमित क्षेत्रों में पाये जाते हैं **पहचान** : आँख भूरी, चोंच गहरी भूरी; गौरेय्या से भी छोटा और छरहरा शरीर, काजल जैसा

धूसर ऊपरी शरीर और हलका धूसर अधोभाग, गला और भी हलके रंग का; उड़ान में घूमते समय गहरी द्विभाजित पूंछ स्पष्ट दिखती है जो कि अन्यथा सीधी रखी जाती है **व्यवहार और आवास** : सामूहिक; अधिकतर समय उड़ते हुए कीड़ों का शिकार करते हुए ही बिताते हैं, ताड़ के विशाल पत्तों के बीच रहते हैं अतः इनके वितरण में इन वृक्षों का बड़ा महत्व है **भोजन** : उड़ने वाले कीड़े **प्रजनन** : लगभग वर्षोपरान्त; ताड़ के पत्तों के बीच तिनकों, पंखों को लार से जोड़ कर घोंसला बनाते हैं। 2–3 सफेद अंडे देते हैं **संरक्षण महत्व** : वन्यजीव सुरक्षा अधिनियम – अपेन्डिक्स 1 **(प्लेट 33, चित्र 245)**

क्रेस्टेड ट्रीस्विफ्ट *हेमीप्रोक्ने कोरोनेटा*

पेड़ की अबाबील 23 से.मी.

वितरण : दक्षिण पूर्व राजस्थान, असामान्य **पहचान** : आँख भूरी, चोंच काली, पैर गुलाबी भूरे; नर का रंग नीला–धूसर हरी आभा के साथ, ठोढ़ी, गला और सीने के बगल में नारंगी–भूरा, सीना राख जैसा धूसर, अन्य अधोभाग सफेद; मादा के चेहरे और गले पर नारंगी–भूरा रंग नहीं; माथे से पीछे की ओर गिरती कलगी; पूंछ गहराई तक द्विभाजित **व्यवहार और आवास** : प्रायः पतझड़ी वन क्षेत्र में अकेले या जोड़े में दिखाई देते हैं, विशेषकर वनस्पति और वृक्षों से आच्छादित घाटियों और झरनों के पास; बड़े घेरे में पेड़ों के ऊपर उड़ते हुए कीड़ों का शिकार करते हैं, समय–समय पर शाखाओं पर विश्राम करते हैं **भोजन** : उड़ने वाले कीड़े **प्रजनन** : जनवरी से अप्रैल; शाखा के बगल में पतली छाल को लार से जोड़ कर अत्यन्त छोटा घोंसला बनाते हैं, शाखा पर बैठ कर घोंसले में रखे अंडे सेकतें हैं। 1 नीला–सफेद अंडा देते हैं **संरक्षण महत्व** : वन्यजीव सुरक्षा अधिनियम – अपेन्डिक्स 1 **(प्लेट 33, चित्र 246)**

स्माल ब्ल्यू किंगफिशर *एल्सिडो एथिस*

छोटा किलकिला 16 से.मी.

वितरण : लगभग सम्पूर्ण राजस्थान **पहचान** : आँख भूरी, चोंच काली चमकदार, पैर लाल; सबसे छोटे आकार का किलकिला, पृष्ठ भाग और नितम्ब नीले, अधोभाग गहरे जंग जैसे लाल, गाल भी जंग के रंग के लाल, ठोढ़ी और गला सफेद, चोंच के नीचे से गर्दन के बगल तक हरी–नीली धारी; पूंछ छोटी **व्यवहार और आवास** : प्रायः तालाब, नहर, झील, पोखर, बाँध के किनारे दिखते हैं। अकेले या जोड़े में चुपचाप छुप कर पानी के

किनारे या छोटे पेड़ों की निचली शाखा पर बैठे रहते हैं, वहीं से छोटी उछलती मछलियों पर निगाह रखते हैं। सिर को ऊपर–नीचे करते हैं। पानी की सतह के ठीक ऊपर उड़ते हैं **भोजन** : मछली, टेडपोल और जलीय कीड़े **प्रजनन** : मार्च से जून; पानी की सतह से कुछ ऊपर भूमि में एक सुरंग बना कर 5–7 चमकीले सफेद अंडे देते हैं **संरक्षण महत्व** : वन्यजीव सुरक्षा अधिनियम – शेड्यूल 4 **(प्लेट 33, चित्र 247)**

लैसर पाईड किंगफिशर *सिरील रुडिस*

चितकबरा किलकिला 31 से.मी.

वितरण : लगभग सम्पूर्ण राजस्थान, पश्चिम और उत्तर के अति शुष्क क्षेत्र को छोड़ कर **पहचान** : आँख भूरी, चोंच भूरी–काली, पैर भूरे–काले; शरीर चितकबरा, आँख के ऊपर सफेद धारी, डैनों पर सफेद धब्बे, सफेद गले पर काले बिन्दु; नर के सीने पर दो और मादा के एक काली पट्टी; कपाल पर छोटी सी कलगी **व्यवहार और आवास** : झील, तालाब, बाँध, नदी और धान के खेतों के पास पाये जाते हैं। पानी की सतह से 3–4 मीटर की ऊँचाई पर उड़ते हुए शिकार ढूंढते हैं, बीच–बीच में हवा में स्थिर हो जाते हैं। शिकार के दिखने पर सीधे नीचे की ओर गोता लगाते हैं, बाकी समय पानी के तट पर शाखा या तार या चट्टान पर बैठे रहते हैं **भोजन** : मछली, टेडपोल और जलीय कीड़े **प्रजनन** : फरवरी से मई; तट की मिट्टी में सुरंग बना कर उसमें 5–6 सफेद अंडे देते हैं **संरक्षण महत्व** : वन्यजीव सुरक्षा अधिनियम – शेड्यूल 4 **(प्लेट 33, चित्र 248)**

व्हाइट–ब्रेस्टेड किंगफिशर *हेल्सिओन स्माइरेन्सिस*

किलकिला 28 से.मी.

वितरण : सम्पूर्ण राजस्थान **पहचान** : आँख भूरी, चोंच भूरी–नारंगी से गहरी लाल तक, पैर धूसर–लाल; चमकदार नीला पृष्ठ भाग, सिर, चेहरा, गर्दन और अधोभाग कत्थई, ठोढ़ी, गले से सीने तक सफेद, डैनों पर एक सफेद धब्बा **व्यवहार और आवास** : अकेले या जोड़े में पोखर, तालाब, नहर, नदी, बाँध और शहरी नालों और बागों तक पर मिलते हैं। टेलीफोन के खम्भों, तार या अन्य उपयुक्त स्थान पर बैठे–बैठे भोजन पर निगाह रखते हैं। शिकार पकड़ने के लिये भूमि पर उतरते हैं। प्रायः सिर और पूंछ को ऊपर–नीचे हिलाते हैं **भोजन** : कीड़े, टिड्डे, झींगुर, इल्लियां, छिपकली और मेंढक आदि **प्रजनन** : जनवरी से अगस्त; पानी के किनारे सुरंग बना कर

उसमें 4–7 सफेद अंडे देते हैं **संरक्षण महत्व** : वन्यजीव सुरक्षा अधिनियम – शेड्यूल 4 **(प्लेट 33, चित्र 249)**

स्टोर्क–बिल्ड किंगफिशर *पेलार्गोप्सिस केपेन्सिस*
बादामी किलकिला 38 से.मी.

वितरण : पूर्व और दक्षिण पूर्व राजस्थान के वन क्षेत्र में **पहचान** : आँख गहरी भूरी, चोंच रक्ताभ लाल सिरे पर काली, पैर लाल; आकार बड़ा, चोंच बड़ी और भारी, सिर गहरा धूसर–भूरा, पृष्ठ भाग हलका हरा–नीला, गर्दन के पिछले भाग पर बादामी पट्टी, ठोढ़ी और गला मटमैला, अधोभाग भूरा–पीला **व्यवहार और आवास** : अकसर अकेले या जोड़े में मिलते हैं, जंगल में वृक्षों से घिरे जल क्षेत्रों के समीप पत्तीदार शाखाओं पर बैठे रहते हैं। प्रजनन काल में इनकी तेज आवाज दूर तक सुनाई देती है, नर और मादा एक दूसरे का पीछा करते देखे जा सकते हैं **भोजन** : मछली, मेंढक, सरीसृप, चूहे और केंकड़े आदि **प्रजनन** : जनवरी से सितम्बर; पानी के समीप सुरंग बना कर 4–5 चमकीले सफेद अंडे देते हैं **संरक्षण महत्व** : वन्यजीव सुरक्षा अधिनियम – शेड्यूल 4 **(प्लेट 34, चित्र 250)**

लिटल ग्रीन बी–ईटर *मेरोप्स ओरिएन्टेलिस*
पत्रिन्गा 21 से.मी.

वितरण : सम्पूर्ण राजस्थान **पहचान** : आँख लाल, चोंच भूरी–काली, पैर पीत–काले; छरहरा हलके घास जैसे हरे रंग का शरीर, सिर और गर्दन पर लाल–भूरी आभा, ठोढ़ी और गला हलके नीले; पूंछ का बीच का पंख लम्बा और नुकीला; चोंच लम्बी, पतली और नीचे की ओर घूमी हुई **व्यवहार और आवास** : प्रायः छोटे समूह में तारों, खम्भों और कटीली शाखाओं पर बैठे मिलते हैं। कीड़ों को हवा में उड़ते–उड़ते ही पकड़ लेते हैं। कीड़े आदि पकड़ कर वापस उसी या अन्य बैठने के स्थान पर चले जाते हैं। अकसर नहर, बाग–बगीचे, जलाशयों के किनारे और मानवीय आबादी के पास रहते हैं **भोजन** : कीट–पतंगे **प्रजनन** : फरवरी से जून; मिट्टी के ढेर या तट पर सुरंग खोद कर 4–6 सफेद अंडे देते हैं **संरक्षण महत्व** : वन्यजीव सुरक्षा अधिनियम – अपेन्डिक्स 1 **(प्लेट 34, चित्र 251)**

ब्लू–टेल्ड बी–ईटर *मेरोप्स फिलिप्पिनस*

नीली–दुम पत्रिन्गा 31 से.मी.

वितरण : राजस्थान के पूर्वी भाग में, दक्षिण पूर्व में प्रजनन **पहचान** : आंख लाल–भूरी, चोंच काली, पैर गुलाबी–भूरे; चमकीला हरा रंग, सामान्य पत्रिन्गो से बड़ा आकार; गले पर कत्थई रंग और चोंच के आधार से लेकर आँख के बीच होती हुई काली धारी; नितम्ब और पूंछ नीले जिनकी वजह से इसे बड़े पत्रिन्गो से अलग पहचाना जा सकता है **व्यवहार और आवास** : जल क्षेत्र के पास वन क्षेत्र पसन्द करते हैं। नदी, नहर आदि के तट पर तार या शाखाओं पर बैठे देखे जा सकते हैं। कीड़े पकड़ने के लिये हवा में घुमावदार उड़ान भरते हैं **भोजन** : उड़ने वाले कीड़े **प्रजनन** : मार्च से जून; नदी किनारे की मिट्टी की दीवारों में सामूहिक रूप से सुरंग बना कर 5–7 सफेद अंडे देते हैं **संरक्षण महत्व** : वन्यजीव सुरक्षा अधिनियम – अपेन्डिक्स 1 **(प्लेट 34, चित्र 252)**

ब्लू–चीक्ड बी–ईटर *मेरोप्स पर्सिकस*

बड़ा पत्रिन्गा 26 से.मी.

वितरण : गर्म ऋतु का अप्रवासी, मुख्य रूप से पश्चिम राजस्थान, कम संख्या में पूर्व में भी **पहचान** : आँख लाल–भूरी, चोंच काली, पैर गुलाबी–भूरे; चमकीला हरा रंग, चोंच के आधार से आँख के बीच होती हुई कर्ण छिद्र तक काली रेखा; गाल नीले; गले पर कत्थई; पूंछ और नितम्ब हरे **व्यवहार और आवास** : जोड़े में या छोटे समूह में जल क्षेत्र के समीप रहते हैं। तार, खम्भे या मिट्टी के ढेर पर बैठते हैं। व्यवहार अन्य पत्रिन्गों जैसा ही **भोजन** : मधुमक्खी, ततैया, ड्रेगनफ्लाई आदि **संरक्षण महत्व** : वन्यजीव सुरक्षा अधिनियम – अपेन्डिक्स 1 **(प्लेट 34, चित्र 253)**

इंडिअन रोलर *कोरेसिअस बेन्गालेन्सिस*

नीलकंठ 33 से.मी.

वितरण : सम्पूर्ण राजस्थान **पहचान** : आँख का घेरा नारंगी, चोंच काली, पैर पीत–भूरे; लालाभ भूरा गुद्दा और सीना, कपाल नीला, पेट और गुदा भाग हल्के नीले; कर्ण छिद्र के आसपास और गले के पंखों पर सफेद रेखायें; पीठ पर हलका हरा रंग, डैनों पर गहरा नीला रंग; पूंछ के सिरे पर नीली पट्टी **व्यवहार और आवास** : प्रायः अकेले या जोड़े में रहते हैं। तारों,

खम्भों, चट्टानों या मिट्टी के ढेर पर बैठना पसंद करते हैं जहाँ से शिकार को आसानी से देखा जा सके; खुला खेत, झाड़ियों वाला घास का मैदान, बाग–बगीचे, आम्र कुंज इनके आवास स्थल हैं **भोजनः** कीड़े, टिड्डे, इल्लियां, गिरगिट, छोटे सांप, चूहे **प्रजनन :** मार्च से जून; पेड़ के कोटर या दीवार के छेद में घोंसला बनाते हैं। 3–4 चमकीले सफेद अंडे देते हैं **संरक्षण महत्व :** वन्यजीव सुरक्षा अधिनियम – शेड्यूल 4 **(प्लेट 34, चित्र 254)**

यूरोपिअन रोलर *कोरेसिअस गैरुलस*

कश्मीरी नीलकंठ 31 से.मी.

वितरण : अप्रवासी; राजस्थान के पूर्वी भाग में **पहचानः** चोंच काली–भूरी, पैर पीले; शरीर नीले और भूरे रंग का मिश्रित, सिर हलका नीला, गुद्दी के नीचे का भाग लालाभ–भूरा; सीना और पेट हलका नीला, डैनों के उड़ान वाले पंख काले–नीले; अवयस्क हलके रंग के और शरीर पर बारीक सफेद रेखायें **व्यवहार और आवास :** अकेले या छितराये समूह में तार, चट्टानों और दीवारों पर बैठे दिखते हैं, ऊंचे बैठने के स्थान से तेजी से झपट कर भूमि पर शिकार को पकड़ते हैं। झाड़ी वाले मैदान और खेतों के पास अधिक दिखते हैं। पूर्वी राजस्थान में शरद ऋतु के आरम्भ में प्रायः दिखते हैं **भोजन :** झींगुर, इल्लियां, टिड्डे, छिपकली, गिरगिट और मेंढक आदि **संरक्षण महत्व :** वन्यजीव सुरक्षा अधिनियम – शेड्यूल 4, आई.यू.सी.एन. – लगभग संकट में **(प्लेट 34, चित्र 255)**

कौमन हुपू *उपुपा इपोप्स*

हुदहुद 31 से.मी.

वितरण : सम्पूर्ण राजस्थान **पहचान :** चोंच सींग जैसी भूरी आधार पर बहुत हलके रंग की, पैर धूसर–भूरे; शरीर का मुख्य रंग हिरण जैसा भूरा; पीठ, डैनों और पूंछ पर काली और सफेद धारियां, कलगी पर भी काले और सफेद पंख, कलगी खड़ी करने पर पंखे जैसी; अधोभाग पर गुलाबी आभा **व्यवहार और आवास :** खेत, छितराये जंगल, गांव और शहर के वातावरण में आसानी से दिखाई देते हैं। अकेले या जोड़े में रहते हैं। लम्बी नीचे की ओर घूमी हुई चोंच से भूमि को कुरेद कर भोजन ढूंढते हैं **भोजन :** इल्लियां, कीड़ों के लारवा, कीड़े, झींगुर, चींटी, दीमक आदि **प्रजनन :** मार्च से जून; पेड़ के कोटर या दीवार के छेदों में घोंसला बनाते हैं। 5–7 हलके नीले अंडे देते हैं **संरक्षण महत्व :** वन्यजीव सुरक्षा अधिनियम – अपेन्डिक्स 1 **(प्लेट 34, चित्र 256)**

इंडिअन ग्रे हौर्नबिल *औसीसिरस बाइरोस्ट्रिस*

धनेश 61 से.मी.

वितरण : मुख्यतः पूर्वी राजस्थान, पश्चिम में जोधपुर तक **पहचान** : आँख नर की लाल मादा की भूरी, चोंच और उसके ऊपर का 'कास्क' धूसर–काला सिरों पर चमकीलापन लिये हुए, पैर धूसर–काले; पहचान बहुत आसान; धूसर रंग, बड़ा आकार, बहुत लम्बी, भारी और नीचे की ओर घूमी हुई चोंच, पूंछ के सिरे पर सफेद **व्यवहार और आवास** : शहर और गांव के परिवेश में बगीचों, वृक्ष समूह में सामान्यतः रहते हैं, हलके छितराये वन के सीमान्त प्रदेश में जहाँ पीपल, बरगद के पेड़ हों वहाँ भी; भूमि पर उतर कर शिकार करते या गूलर आदि फल उठाते हैं अन्यथा अधिकतर ऊँची शाखाओं पर ही बैठते हैं। उड़ान लहरदार ऊँची–नीची **भोजन** : फल, गूलर, बेर, फूल, कीड़े, छिपकली, चूहे और पक्षी भी **प्रजनन** : मार्च से जून; पेड़ के कोटर में 2–3 सफेद अंडे देते हैं **संरक्षण महत्व** : वन्यजीव सुरक्षा अधिनियम – शेड्यूल 1 **(प्लेट 34, चित्र 257)**

कौपरस्मिथ बार्बेट *मेगालाइमा हीमेसिफेला*

छोटा बसन्ता 17 से.मी.

वितरण : सम्पूर्ण राजस्थान **पहचान** : आँख का घेरा लाल,चोंच काली, पैर लाल; छोटा आकार, ऊपरी शरीर घास जैसा हरा, गला पीला, गुद्दा नीलापन लिये हुए हरा, माथा और सीना लाल, अधोभाग धारीदार हरे, पूंछ छोटी **व्यवहार और आवास** : अकेले या जोड़े में वृक्षों पर रहते हैं, भूमि पर प्रायः नहीं उतरते; प्रजनन काल में इनकी आवाज सुनाई देती है अन्यथा अधिकतर पत्तियों के बीच छुपे रहते हैं। उड़ान सीधी और तेज **भोजन** : जंगली गूलर, यदा कदा दीमक और कीड़े भी **प्रजनन** : फरवरी से जून; सूखे पेड़ों के तने में स्वयं के खोदे हुए छेद में 2–4 सफेद अंडे देते हैं **संरक्षण महत्व** : वन्यजीव सुरक्षा अधिनियम – शेड्यूल 4 **(प्लेट 34, चित्र 258)**

ब्राउन–हैडेड बार्बेट *मेगालाइमा ज़ीलोनिका*

बड़ा बसन्ता 27 से.मी.

वितरण : पूर्व, दक्षिण पूर्व और दक्षिण राजस्थान **पहचान** : आँख भूरी या लाल, चोंच नारंगी–भूरी, पैर लालाभ पीले; सिर, गर्दन, ऊपरी पीठ और

ऊपरी सीना भूरे जिन पर सफेद रेखायें; पीठ, डैने और पूंछ हरे; सीने का निचला भाग और पेट हलके हरे **व्यवहार और आवास** : घने पत्तेदार पेड़ों की मध्य शाखाओं पर रहते हैं विशेषकर बरगद, पीपल और गूलर के पेड़; अकेले या छोटे छितराये समूह में दिखते हैं जो कि पेड़ की एक डाल से दूसरी डाल पर घूमता रहता है; प्रजनन काल में इनकी आवाज बहुत सुनाई देती है **भोजन** : गूलर, फूल, फल और दीमक आदि भी **प्रजनन** : मार्च से मई; पेड़ के तने में स्वयं के खोदे हुए छेद में 2–4 सफेद अंडे देते हैं **संरक्षण महत्व** : वन्यजीव सुरक्षा अधिनियम – शेड्यूल 4 **(प्लेट 35, चित्र 259)**

यूरेसिअन रायनेक *जिन्क्स टोर्क्वेला*

गर्दन ऐंठा 19 से.मी.

वितरण : अप्रवासी; लगभग सम्पूर्ण राजस्थान **पहचान** : आँख भूरी, चोंच और पैर हलके भूरे; ऊपरी शरीर चाँदी जैसा धूसर–भूरा, शरीर पर गहरी भूरी और काली लहरदार धारियां, बिन्दु और धब्बे; भूरे गले पर गहरी धारियां; सीने से पेट तक सफेद जिस पर भूरी तीर के फल जैसे चिन्ह; लम्बी धारीदार पूंछ **व्यवहार और आवास** : अपने रंग और चिन्हों के कारण वातावरण में पूरी तरह घुल मिल जाते हैं जिसके कारण प्रायः दिखाई नहीं देते; भूमि पर उतर कर कीड़े खाते हैं। झाड़ीदार घास के मैदान और सूखे इलाके पसंद करते हैं **भोजन** : चींटियाँ उनके लारवा और घुन आदि **संरक्षण महत्व** : वन्यजीव सुरक्षा अधिनियम – शेड्यूल 44 **(प्लेट 35, चित्र 260)**

इंडियन पिग्मी वुडपेकर *डेन्ड्रोकोपस नानुस*

छोटा कठफोड़वा 13 से.मी.

वितरण : पूर्व, दक्षिण पूर्व और दक्षिण राजस्थान **पहचान** : आँख हलकी पीली पलकें हलकी लाल, चोंच धूसर, पैर धूसर; छोटा आकार, ऊपरी शरीर भूरी और सफेद धारियों वाला, कपाल शहद जैसा भूरा बगल में लाल, आँख से गर्दन तक सफेद रेखा, अधोभाग धूसर और सफेद–भूरा जिस पर हलकी भूरी रेखायें; पूंछ के मध्य पंखों पर सफेद बिन्दु; मादा सामान्य भूरी–धूसर बिना लाल रंग के **व्यवहार और आवास** : पतझड़ी वन और खेतों के किनारे के पेड़ों पर प्रायः मिलते हैं। जोड़े में छोटे वृक्ष के तने और शाखाओं पर चोंच से ठक–ठक करते दिख जाते हैं। इसी प्रकार ये अपना भोजन तलाशते हैं **भोजनः** कीड़े और उनके लारवा, घुन और

इल्लियां **प्रजनन** : फरवरी से जुलाई; सूखे पेड़ के तने में सुरंग बना कर 3–4 सफेद अंडे देते हैं **संरक्षण महत्व** : वन्यजीव सुरक्षा अधिनियम – शेड्यूल 4 4 **(प्लेट 35, चित्र 261)**

यलो–फ्रन्टेड पाइड वुडपेकर *डेन्ड्रोकोपस महरटेन्सिस*

कठफोड़वा 18 से.मी.

वितरण : सम्पूर्ण राजस्थान **पहचान** : आँख भूरी या लाल–भूरी, चोंच पीत–धूसर, पैर धूसर; ऊपरी शरीर काला और भूरा जिस पर सफेद धब्बे, डैनों और पूंछ पर सफेद धब्बे, माथा और कपाल भूरा–पीला, छोटी लाल कलगी; गला और गर्दन सफेद; अधोभाग पर भूरी लकीरें, पेट पर लाल धब्बा; मादा के सिर पर लाल नहीं **व्यवहार और आवास** : छितराये वन, बाग–बगीचे, सड़क के किनारे के पेड़ इनके पसन्दीदा आवास हैं। जोड़े या छोटे समूह में पेड़ से पेड़ पर उड़ते दिखाई देते हैं। तने पर नीचे से ऊपर की ओर गोलाई में घूमते हुए चढ़ते हुए कीड़े ढूंढते हैं। उड़ान तेज और ऊँची–नीची **भोजन** : कीड़े और उनके लारवा **प्रजनन** : फरवरी से मई; मध्यम आकार के पेड़ों के तने में सुरंग बना कर 3 चमकीले सफेद अंडे देते हैं **संरक्षण महत्व** : वन्यजीव सुरक्षा अधिनियम – शेड्यूल 44 **(प्लेट 35, चित्र 262)**

ब्लैक–बैक्ड फ्लेमबैक *क्राइसोकोलेप्टिस फेस्टिवस*

सफेद गुद्दी कठ्फोड़वा 29 से.मी.

वितरण : दक्षिण राजस्थान **पहचान** : आँख पीत–नारंगी या लाल, चोंच भूरी–काली, पैर हरे–धूसर; नर का कपाल और कलगी लाल, मादा का सुनहरा; गर्दन का पिछला भाग और ऊपरी पीठ सफेद; गाल, ठोढ़ी, गला सफेद; पीठ पर काला V चिन्ह; निचली पीठ और पूंछ काली, डैनों का ऊपरी भाग हरा–सुनहरा; सीने पर शल्क जैसे चिन्ह बाकी अधोभाग सफेद **व्यवहार और आवास** : वन क्षेत्र, पहाड़ियों की ढलान पर झाड़ियाँ और पेड़ इनके आवास हैं। अकेले या जोड़े में पेड़ की शाखाओं या भूमि पर भोजन की खोज करते हैं। जली हुई घास के मैदान में कीड़े तलाशते हैं **भोजन** : चींटियां और कीड़ों के लारवा व अवयस्क **प्रजनन** : नवम्बर से मार्च; पेड़ के तने में सुरंग बना कर 1–2 सफेद अंडे देते हैं **संरक्षण महत्व** : वन्यजीव सुरक्षा अधिनियम – शेड्यूल 44 **(प्लेट 35, चित्र 263)**

नोटः दक्षिण राजस्थान में कुछ स्थानों पर स्ट्रीक–थ्रोटेड वुडपेकर या लक्कडफोड़ा और रुफस वुडपेकर या लाल कठफोड़वा भी मिलते हैं।

ब्लैक–रम्प्ड फ्लेमबैक *डाइनोपिअम बेन्गालेन्स*

छोटा सुनहरी कठफोड़वा 29 से.मी.

वितरण : लगभग सम्पूर्ण राजस्थान **पहचान** : आँख लाल–भूरी, चोंच काली, पैर धूसर–हरे; नर का कपाल और कलगी लाल, ऊपरी शरीर सुनहरी–पीली और काली; सफेद अधोभाग पर काली धारियां जो कि ठोढ़ी और गले पर सघन; मादा के काले कपाल पर सफेद बिन्दु केवल कलगी लाल **व्यवहार और आवास** : वन के सीमान्त क्षेत्र, शहरी बाग, गांव के वृक्ष कुंज और सड़क के किनारे के पेड़ों पर अकसर दिखते हैं। प्रायः जोड़े में एक पेड़ से दूसरे पर पीछा करते हुए दिखते हैं। पेड़ के तने और शाखाओं पर सीधे या गोलाई में घूमते हुए भोजन तलाशते हैं **भोजन** : कीड़े और उनके अवयस्क, इल्लियां, मकड़ी आदि **प्रजनन** : मार्च से जून; पेड़ के तने में बनाई हुई सुरंग में 3 सफेद अंडे देते हैं **संरक्षण महत्व** : वन्यजीव सुरक्षा अधिनियम – शेड्यूल 44 **(प्लेट 35, चित्र 264)**

इंडिअन पित्ता *पित्ता ब्रेक्यूरा*

नवरंग 19 से.मी.

वितरण : मध्य और पूर्व राजस्थान, जोधपुर में भी देखा गया है **पहचान** : आँख भूरी, भूरी चोंच पर नारंगी आभा, पैर गुलाबी; छोटी पूंछ वाला गठीला पक्षी जिसका ऊपरी शरीर चमकीले नीले, पीले और काले रंग का और अधोभाग पीत–भूरा होता है; कपाल और गुद्दा पीत–भूरा, आँख के बीच से गर्दन तक एक चौड़ी काली पट्टी; पेट और गुदा भाग पर लाल **व्यवहार और आवास** : वन और खेती के बीच का क्षेत्र, हलके पतझड़ी वन प्रदेश का पक्षी है; अधिकतर भूमि पर रहता है और निचली शाखाओं पर रात्रि विश्राम करता है; वन भूमि पर झड़ी हुई पत्तियों आदि के बीच भोजन तलाशता है; आहट होने पर उड़ कर पेड़ की शाखा पर जा बैठता है; इसे राजस्थान में गर्मी के मौसम का प्रवासी माना जाता है **भोजन** : कीड़े और उनके अवयस्क, इल्लियां आदि **संरक्षण महत्व** : वन्यजीव सुरक्षा अधिनियम – शेड्यूल 44 **(प्लेट 35, चित्र 265)**

सिंगिंग बुशलार्क *मिराफ्रा केटिलान्स*

अगिन 14 से.मी.

वितरण : दक्षिण पूर्व और दक्षिण राजस्थान **पहचान** : आँख हलकी भूरी, चोंच सींग जैसी भूरी, पैर गुलाबी–भूरे; शरीर मुख्य रूप से भूरा, डैनों पर लाल आभा; पूंछ के बाहरी पंख सफेद; गला सफेद और ऊपरी सीने पर भूरी रेखायें, सीने पर भूरे या पीत–भूरे धब्बे **व्यवहार और आवास** : अकेले या छोटे समूह में झाड़ी और घास के मैदान में घूमती हुई देखी जाती हैं। झाड़ी से सीधे ऊपर की ओर लगभग 30 मीटर तक उड़ान भरते हैं और फिर धीरे–धीरे हवा के झोंके के साथ नीचे आते हैं, यह बार–बार करते हैं। प्रजनन काल में नर की उड़ान दर्शनीय होती है **भोजन** : घास के व अन्य बीज और कीड़े **प्रजनन** : मार्च से सितम्बर; घास के बीच एक कटोरे जैसा घोंसला बना कर उसमें 2–4 धूसर या पीत–सफेद अंडे देते हैं **संरक्षण महत्व** : वन्यजीव सुरक्षा अधिनियम – शेड्यूल 44 **(प्लेट 35, चित्र 266)**

इंडिअन बुशलार्क *मिराफ्रा इरिथ्रोप्टीरा*

अग्गिआ 14 से.मी

वितरण : राजस्थान के पूर्वी भाग में सामान्य **पहचान** : आँख, चोंच, पैर का रंग सभी लार्क में लगभग एक सा; पीत–भूरे शरीर पर काली धारियां, डैनों और पूंछ के बाहरी पंखों पर कत्थई–लाल रंग, ठोढ़ी और गला सफेद, सीने पर काली रेखायें; अधोभाग हलका पीत–भूरा **व्यवहार और आवास** : प्रायः अकेले या जोड़े में घास और झाड़ियों वाले मैदान में झाड़ी, चट्टान या चारदीवारी पर बैठे दिखाई देते हैं। सीधे ऊपर की ओर उड़ान भर कर फिर धीरे–धीरे पैराशूट की तरह नीचे आते हैं। प्रजनन काल में यह उड़ान बार–बार भरी जाती है **भोजन** : घास के व अन्य बीज और कीड़े **प्रजनन** : मार्च से अक्टूबर; घास के बीच घोंसला बना कर 2–4 धूसर या मटमैले धब्बेदार अंडे देते हैं **संरक्षण महत्व** : वन्यजीव सुरक्षा अधिनियम – शेड्यूल 4 **(प्लेट 36, चित्र 267)**

एशी–क्राउन्ड स्पेरो–लार्क *एरेमोप्टेरिक्स ग्रीसिआ*

दबकी 13 से.मी.

वितरण : पश्चिमी मरु प्रदेश को छोड़कर सम्पूर्ण राजस्थान **पहचान** : चोंच धूसर; छोटा आकार, मोटी चोंच और रेत जैसा भूरा रंग; नर का कपाल धूसर, आँख के बीच से काली रेखा और गाल हलके रंग के; अधोभाग

लगभग पूरे काले; मादा पूरी रेतीली भूरी लगभग गौरैया जैसी **व्यवहार और आवास** : कंकरीले घास के मैदान, खेत, चरागाह, जुते हुए खेत, नदी के रेतीले किनारों पर पाये जाते हैं। भूमि पर धूल या मिट्टी में, सड़क पर दब कर बैठना पसंद करते हैं। रात्रि विश्राम समूह में कंकरीले मैदान या मिट्टी में करते हैं। उड़ान उतार–चढ़ाव के साथ **भोजन** : घास के बीज, चींटी और घुन **प्रजनन** : फरवरी से सितम्बर; भूमि पर कटोरी जैसा घोंसला बना कर 2–3 हलके पीले या मटमैले अंडे देते हैं **संरक्षण महत्व** : वन्यजीव सुरक्षा अधिनियम – शेड्यूल 4 **(प्लेट 36, चित्र 268)**

ब्लैक–क्राउन्ड स्पेरो–लार्क *एरेमोप्टेरिक्स निग्रिसेप्स*

दबकचिड़ी 13 से.मी.

वितरण : पश्चिम और उत्तर राजस्थान **पहचान** : चोंच धूसर और नीचे की ओर नीली–सफेद, पैर भूरे–सफेद; हलका रेतीला रंग, सफेद माथा, कपाल और गुद्दा काला या गहरा भूरा, कर्ण छिद्र का भाग सफेद; मादा बहुत कुछ 'एशी–क्राउंड' की मादा जैसी पर रंग अधिक हलका और लगभग सफेद अधोभाग पर भूरी रेखायें **व्यवहार और आवास** : समूह में भूमि पर बैठी और तेजी से छोटे–छोटे कदमों से चल कर भोजन तलाशते हुए दिखते हैं। सूखे रेतीले बंजर और मरुप्रदेश की खेती वाले इलाकों में अधिक मिलते हैं। उड़ान में अधिक ऊंचे नहीं जाते और कम दूरी पर पुनः उतर जाते हैं **भोजन** : बीज और कीड़े **प्रजनन** : फरवरी से सितम्बर; घोंसला घास के बीच भूमि पर बनाकर 2–3 हलके पीले या हलके धूसर धब्बेदार अंडे देते हैं **संरक्षण महत्व** : वन्यजीव सुरक्षा अधिनियम – शेड्यूल 4 **(प्लेट 36, चित्र 269)**

रुफस–टेल्ड फिन्च–लार्क *एम्मोमानेस फीनिक्यूरा*

रेतल 16 से.मी.

वितरण : पूर्वी राजस्थान **पहचान** : चोंच सींग जैसी भूरी–धूसर, पैर भूरे; गठीला शरीर, कत्थई–भूरा रंग, चोंच मोटी; पूंछ चमकीली भूरी जिसके सिरे पर काली पट्टी; लाल मिट्टी के इलाकों में ये पूरी तरह से वातावरण से घुल–मिल जाते हैं **व्यवहार और आवास** : खुले सूखे घास के मैदान, बंजर या फसल वाले खेतों के पास टेलीफोन के तारों पर बैठे दिखते हैं। जोड़े या छोटे समूह में रहते हैं। उड़ान अत्यन्त आकर्षक जिसमें ये ऊपर को उड़कर फिर चक्कर लगाकर गाते हुए भूमि पर लौट आते हैं **भोजन** : बीज और कीड़े **प्रजनन** : फरवरी से मई; जुते हुए खेत या मिट्टी में घास

का घोंसला बाना कर 2–4 धूसर–सफेद लाल–धब्बेदार अंडे देते हैं **संरक्षण महत्व** : वन्यजीव सुरक्षा अधिनियम – शेड्यूल 4 **(प्लेट 36, चित्र 270)**

डेजर्ट फिन्च–लार्क *एम्मोमानेस डेजर्टी*

ऊसर बघेरी 17 से.मी.

वितरण : पश्चिम, मध्य, पूर्व और दक्षिण राजस्थान **पहचान** : चोंच सींग जैसी भूरी ऊपरी सतह गहरी, पैर हलके पीले–भूरे; धूल के रंग की लार्क, चोंच चौड़ी और लम्बी; शरीर और पूंछ के ऊपरी भाग और बगल में लाल आभा; गाल और कर्ण छिद्र धूसर–भूरे; मटमैले गले और ऊपरी सीने पर भूरी रेखायें, बाकी का अधोभाग लालामी लिये हुए धूसर **व्यवहार और आवास** : जोड़े या छोटे समूह में बंजर खेत, सूखे नदी–नाले, पथरीली पहाड़ियों और घाटियों में पाये जाते हैं। अपने रंग के कारण वातावरण में घुल–मिल जाते हैं **भोजनः** रेगिस्तानी पौधों के बीज, कोंपलें और कीड़े **संरक्षण महत्व** : वन्यजीव सुरक्षा अधिनियम – शेड्यूल 4 **(प्लेट 36, चित्र 271)**

बायमेकुलेटेड लार्क *मिलेनोकैराईफा बायमेकुलेटा*

बड़ा चन्डूल 17 से.मी.

वितरण : अप्रवासी; पश्चिम और उत्तर राजस्थान **पहचान** : आकार में गौरैया से बड़ा; बड़ी और गठीली चोंच, आँख के ऊपर सफेद रेखा, चोंच के आधार से आँख तक काली रेखा, गाल और कान के पास कत्थई; सीने के बगल में काले धब्बे; पूंछ छोटी, पूंछ काली–भूरी सिरे पर सफेद और बाहरी पंख भूरे **व्यवहार और आवास** : शरद् ऋतु में बड़े समूह में प्रायः शौर्ट–टोड लार्क्स के साथ बंजर खेत, जलाशय के किनारे, अर्ध मरुस्थल में दिखाई देते हैं। भूमि पर चलते और भोजन तलाशते समय लगातार हलकी आवाज करते रहते हैं **भोजन** : बीज और कीड़े **संरक्षण महत्व** : वन्यजीव सुरक्षा अधिनियम – शेड्यूल 4 **(प्लेट 36, चित्र 272)**

ग्रेटर शौर्ट–टोड लार्क *कैलेन्ड्रेल्ला ब्रेकाइडेक्टाईला*

बघेरी 14 से.मी.

वितरण : अप्रवासी; सम्पूर्ण राजस्थान **पहचान** : लगभग गौरैया के आकार की लार्क, रेतीले या धूसर–भूरे ऊपरी शरीर पर गहरी या काली धारियां, आँख के ऊपर मटमैली रेखा और आँख के बीच से काली रेखा; पूंछ

गहरे रंग की जिसके बाहरी पंख सफेद; मटमैले अधोभाग पर बारीक भूरी रेखायें; उड़ान में सफेद शरीर और काली पूंछ इनकी पहचान में सहायक **व्यवहार और आवास** : सामूहिक, अन्य लार्क्स के साथ विशाल समूह बनाते हैं। पथरीले खुले मैदानों, अर्ध मरुस्थल और खाली खेतों में रात बिताते हैं और दिन में खुले मैदानों में भोजन ढूंढते हैं। पूरा समूह एक साथ उड़ान भरता है **भोजन** : बीज और कीड़े **संरक्षण महत्व** : वन्यजीव सुरक्षा अधिनियम – शेड्यूल 4 **(प्लेट 36, चित्र 273)**

नोट : लैसर शोर्ट–टोड लार्क मध्य और दक्षिण राजस्थान, और ग्रेटर हुपू लार्क पश्चिम राजस्थान के कुछ भागों में देखे जाते हैं

क्रेस्टेड लार्क *गैलेरिडा क्रिस्टाटा*

चन्डूल 18 से.मी.

वितरण : सम्पूर्ण राजस्थान **पहचान** : चोंच धूसर–सफेद ऊपर की सतह पर गहरा रंग, पैर गुलाबी; रेतीला–भूरा रंग जिस पर काली धारियां; अधोभाग लालाभ–मटमैला, सीने पर बारीक गहरी भूरी रेखायें; डैनों की निचली सतह और पूंछ के बाहरी पंख मटमैले; माथे पर कलगी **व्यवहार और आवास** : जोड़े में या छोटे समूह में खेत, घास के मैदान, सड़क और नदी के किनारे पर प्रायः मिलते हैं। कलगी उठा कर भूमि पर तेजी से छोड़ते हुए भोजन ढूंढते हैं। आराम के लिये झाड़ियों, तार और चट्टानों पर बैठ जाते हैं **भोजन** : घास और अन्य खरपतवार के बीज **प्रजनन** : मार्च से अगस्त; झाड़ियों के बीच भूमि पर घास का घोंसला बना कर 3–4 पीत या हरे से अंडे देते हैं **संरक्षण महत्व** : वन्यजीव सुरक्षा अधिनियम – शेड्यूल 4 **(प्लेट 36, चित्र 274)**

साइक'स लार्क *गैलेरिडा देवा*

भरत 14 से.मी.

वितरण : दक्षिण पूर्व और दक्षिण राजस्थान **पहचान** : चोंच गुलाबी ऊपरी सतह पर भूरी, पैर गुलाबी–भूरे; क्रेस्टेड लार्क से छोटा आकार, रंग भी गहरा लालाभ–भूरा; नुकीले पंखों की उन्नत कलगी; अधोभाग हलके लालाभ–भूरे, सीने पर हलकी बारीक रेखायें; पूंछ के बाहरी पंख हलके भूरे **व्यवहार और आवास** : खाली पड़े खेत, पथरीले घास के मैदान, जलाशय के सूखे तट और पठारी क्षेत्र में प्रायः रहते हैं। भूमि पर भोजन के लिये घूमते हैं और झाड़ियों व चट्टानों पर आराम करते हैं। गहरी भूरी या काली

मिट्टी वाले इलाकों में अधिक मिलते हैं जहाँ इनको देख पाना कठिन होता है; उड़ान के समय आवाज करते हैं **भोजन** : बीज और कीड़े **संरक्षण महत्व** : वन्यजीव सुरक्षा अधिनियम – शेड्यूल 4 **(प्लेट 37, चित्र 275)**

ओरिएन्टल स्काईलार्क *अलौडा गुलगुला*

भरुही 16 से.मी.

वितरण : सम्पूर्ण राजस्थान **पहचान** : चोंच गुलाबी–भूरी ऊपरी सतह भूरी, पैर गुलाबी; भूरा रंग, पंखों का मध्य भाग काला और किनारे पीत–भूरे; सामान्यतः कलगी दिखती नहीं पर उत्तेजित होने पर दिखाई पड़ती है; डैनों के किनारे पर लालाभी; अधोभाग लालाग पीत–भूरे बगल में रंग गहरा और सीने पर बारीक रेखायें; पूंछ के बाहरी पंख मटमैले सफेद **व्यवहार और आवासः** जोड़े या समूह में नम घास के मैदान, खेत और खेल के मैदान पर देखे जाते हैं। भूमि पर तेजी से थोड़ी–थोड़ी दूर दब कर चलते हैं। पंख फड़फड़ा कर उड़ान भरते हैं और आवाज करते हैं, पहले सीधे ऊपर की ओर उठकर फिर धीरे–धीरे नीचे आते हैं **भोजन** : बीज और कीड़े **प्रजननः** मार्च से अगस्त; भूमि पर घास का कटोरीनुमा घोंसला बाना कर 2–4 धूसर अंडे देते हैं **संरक्षण महत्व** : वन्यजीव सुरक्षा अधिनियम – शेड्यूल 4 **(प्लेट 37, चित्र 276)**

नोटः अप्रवासी यूरेसिअन स्काईलार्क भी पूर्व राजस्थान में देखे गये हैं

डस्की क्रेग–मार्टिन *हिरुन्डो कौनकलर*

चाटन अबाबील 13 से.मी.

वितरण : राजस्थान के पूर्वी भाग में सामान्य **पहचान** : चोंच काली–भूरी, पैर गुलाबी–भूरे; गहरा भूरा–धूसर रंग; छोटी चौकोर पूंछ; अधोभाग कुछ हलके रंग के; ठोढ़ी, गला और गर्दन का ऊपरी भाग लालामी लिये हुए जिस पर बहुत बारीक काली रेखायें; बाहरी और मध्य पंखों को छोड़ कर पूंछ के अन्य पंखों पर सफेद बिन्दु **व्यवहार और आवास** : खंडहर और चट्टानी पहाड़ियों के आसपास पाये जाते हैं। जोड़े में या समूह में रहते हैं। अधिकांश समय उड़ते हुए बिताते हैं और उड़ान में ही कीड़े पकड़ते हैं **भोजन** : कीड़े **प्रजनन** : फरवरी से अगस्त; खंडहर या चट्टान के कोने पर गीली मिट्टी से तश्तरी जैसा घोंसला बना कर 2–4 सफेद लाल धब्बेदार अंडे देते हैं **संरक्षण महत्व** : वन्यजीव सुरक्षा अधिनियम – अपेन्डिक्स 1 **(प्लेट 37, चित्र 277)**

नोटः अप्रवासी कौमन सैन्ड–मार्टिन (मध्य, पूर्व और पश्चिम) और स्थानीय ग्रे–थ्रोटेड सैन्ड–मार्टिन (पूर्व) राजस्थान के कतिपय हिस्सों में कम संख्या में देखे जाते हैं।

कौमन स्वैलो (बार्न स्वैलो) *हिरुन्डो रस्टिका*

अबाबील 18 से.मी.

वितरण : अप्रवासी; लगभग सम्पूर्ण राजस्थान **पहचान :** आँख गहरी भूरी, चोंच और पैर काले; ऊपरी शरीर इस्पाती नीला; अधोभाग गुलाबीपन लिये हुए सफेद; लम्बी द्विभाजित पूंछ जिसके बाहरी पंख अधिक लम्बे; माथा, ठोढ़ी और गला कत्थई और सीने पर नीला–काला पट्टा; फैलाने पर पूंछ के सफेद बिन्दु दिखते हैं **व्यवहार और आवास :** टेलीफोन के तारों पर बैठे हुए दिखते हैं और रात्रि विश्राम सरकंडों के बीच करते हैं। प्रायः सरकंडों के समूह, खेत, जलाशय आदि के ऊपर उड़ते हुए कीड़े पकड़ते हैं। उड़ान तेज **भोजन :** कीड़े, टिड्डे, पतन्गे आदि **संरक्षण महत्व :** वन्यजीव सुरक्षा अधिनियम – अपेन्डिक्स 1 **(प्लेट 37, चित्र 278)**

वायर–टेल्ड स्वैलो *हिरुन्डो स्मायथी*

तारदुम अबाबील 14 से.मी.

वितरण : पूर्व, दक्षिण पूर्व और दक्षिण राजस्थान में सामान्य **पहचान :** चमकदार इस्पाती–नीला ऊपरी शरीर; अधोभाग सफेद; चमकीला कत्थई कपाल, अन्य अबाबील से इनको सफेद अधोभाग और पूंछ के दो तार जैसे लम्बे पंखों के द्वारा अलग पहचाना जा सकता है **व्यवहार और आवास :** प्रायः जलाशयों के समीप मिलते हैं। उड़ान तेज और दर्शनीय; सरकंडों और जलाशय के पास की ऊँची घास में रात बिताते हैं। खेतों के पास तारों पर बैठे हुए देखे जा सकते हैं **भोजन :** उड़ने वाले कीड़े, टिड्डे, पंख वाली चींटी, दीमक आदि **प्रजनन :** मार्च से सितम्बर; सामूहिक रूप से नहरी या नदियों के पुल के नीचे मिट्टी के घोंसले बना कर 3–5 गुलाबी–सफेद अंडे देते हैं **संरक्षण महत्व :** वन्यजीव सुरक्षा अधिनियम – अपेन्डिक्स 1 **(प्लेट 37, चित्र 279)**

स्ट्रीक–थ्रोटेड स्वैलो *हिरुन्डो फ्लूविकोला*

नहर अबाबील 12 से.मी.

वितरण : दक्षिण पूर्व और दक्षिण राजस्थान **पहचान :** छोटा आकार और पूंछ का सिरा हलका अर्द्धचन्द्राकार में दबा हुआ इनकी पहचान में

सहायक; चमकदार इस्पाती–नीला भूरापन लिये हुए ऊपरी शरीर; अधोभाग मटमैले सफेद, सिर, गाल, गले, सीने और बगल में बारीक काली रेखायें; कपाल कत्थई–भूरा **व्यवहार और आवास** : विशाल समूह में रहते हैं, शरद ऋतु में इनके झुंड नहर, नदी व जलाशयों के पास तारों पर बैठे देखे जा सकते हैं **भोजन** : उड़ने वाले कीट–पतंगे **प्रजनन** : सामूहिक रूप से पुल इत्यादि के नीचे घड़े के आकार के मिट्टी के घोंसले बना कर 3–4 सफेद अंडे देते हैं **संरक्षण महत्व** : वन्यजीव सुरक्षा अधिनियम – अपेन्डिक्स 1 **(प्लेट 37, चित्र 280)**

रेड–रम्प्ड स्वैलो *हिरुन्डो दौरिका*

मस्जिद अबाबील 19 से.मी.

वितरण: राजस्थान के पूर्वी भाग में; असामान्य **पहचान** : पीठ चमकदार इस्पाती–नीली; आँख के ऊपर बारीक सफेद रेखा; सिर के बगल में और पीठ के निचले भाग पर कत्थई रंग इनकी पहचान में सहायक; पूंछ गहराई तक द्विभाजित; मटमैले सफेद अधोभाग पर बारीक भूरी रेखायें **व्यवहार और आवास** : प्रायः जोड़े में या छोटे समूह में खेत, पुराने किले, खंडहर, मन्दिर आदि के पास पाये जाते हैं। घास के मैदान, खुले वन प्रदेश और खेतों के ऊपर उड़ते हुए कीड़े पकड़ते हैं, तारों, पेड़ों और चट्टानों पर बैठते हैं **भोजन**: कीट–पतंगे, पंख वाले दीमक, चींटी आदि **प्रजनन** : अप्रैल से अगस्त; खंडहर, मन्दिर आदि की छत पर मिट्टी के छोटे गोलों को जोड़ कर घोंसला बनाते हैं। 3–4 सफेद रंग के अंडे देते हैं **संरक्षण महत्व**: वन्यजीव सुरक्षा अधिनियम – अपेन्डिक्स 1 **(प्लेट 37, चित्र 281)**

लार्ज पाइड वैगटेल *मोटसिल्ला मदेरास्पाटेन्सिस*

चितकबरा खंजन 21 से.मी.

वितरण : पूर्व, दक्षिण पूर्व और दक्षिण राजस्थान **पहचान** : चोंच काली, पैर कालापन लिये हुए; बड़ा आकार, चितकबरा काला और सफेद शरीर, आँख के ऊपर चौड़ी सफेद पट्टी; डैनों पर सफेद पट्टी और पूंछ के किनारे के पंख सफेद; गला और सीना काला, बाकी का अधोभाग सफेद **व्यवहार और आवास** : प्रायः नहर, तालाब, धान के खेत और अन्य जलक्षेत्रों के किनारे पर पूरे वर्ष मिलता है; जोड़े में भोजन की तलाश करता देखा जा सकता है; सरकंडों और ऊँची घास में रात्रि विश्राम करते हैं **भोजन** : कीड़े–मकोड़े, गुबरैले, टिड्डी, घोंघे, बीज आदि **प्रजनन** : मई से

जून; पेड़ की शाखा या दीवार में घास, बालों आदि को मिला कर घोंसला बनाते हैं। 3–5 सफेद भूरी–चित्तीदार अंडे देते हैं **संरक्षण महत्व** : वन्यजीव सुरक्षा अधिनियम – शेड्यूल 4 **(प्लेट 37, चित्र 282)**

व्हाइट वैगटेल *मोटसिल्ला अल्बा*

धोबन 18 से.मी.

वितरण : अप्रवासी; सम्पूर्ण राजस्थान **पहचान** : चोंच और पैर काले–भूरे; छरहरा शरीर, काला, सफेद और धूसर रंग; माथे, आँख के आस–पास और सिर के बगल का क्षेत्र सफेद; कपाल के पीछे और गुद्दे पर काला रंग, पीठ उर सीना धूसर; अधोभाग सफेद **व्यवहार और आवास**: नहर, तालाब, धान के खेत, जलधारा और जलक्षेत्र के पास पाये जाते हैं। मानवीय आबादी के पास भी मिलते हैं। प्रायः अकेले या छितराये समूह में; रात्रि विश्राम के लिये सरकंडों के बीच भारी संख्या में एकत्रित होते हैं। किनारे पर चलते–चलते भोजन चुगते जाते हैं **भोजन**: कीड़े, चींटी और छोटे घोंघे आदि **संरक्षण महत्व** : वन्यजीव सुरक्षा अधिनियम – शेड्यूल 4 **(प्लेट 37, चित्र 283)**

सिट्रीन वैगटेल *मोटसिल्ला सिट्रिओला*

पिल्क्या 19 से.मी.

वितरण : अप्रवासी; राजस्थान के पूर्वी भाग में **पहचान** : चोंच और पैर काले; शरदकाल में पीठ धूसर और काली, डैने गहरे भूरे तृतीयक पंख सफेद; पूंछ धूसर किनारे के पंख सफेद; प्रजनकाल में नर का कपाल और अधोभाग पीला, शरद काल में माथे, आँख के ऊपर और कर्ण छिद्र के पंख पीले जिन पर धूसर छितराव; मादा मूलतः हलके रंग की, कपाल और गुद्दे पर गहरा धूसर रंग, सिर पर हलका पीलापन; अवयस्क के सीने और बगल में जैतूनी भूरा रंग और शरीर पर बहुत कम पीला रंग **व्यवहार और आवास** : तालाब, खरपतवार से भरे जल क्षेत्र, धान के खेत और किनारे इनके पसंदीदा आवास हैं। कमल के पत्तों और अन्य वनस्पति पर चलते हुए भोजन तलाशते हैं। जोड़े में या छोटे समूह में देखे जाते हैं **भोजन** : कीड़े और उनके लारवा, घोंघे आदि **संरक्षण महत्व** : वन्यजीव सुरक्षा अधिनियम – शेड्यूल 4 **(प्लेट 38, चित्र 284)**

यलो वैगटेल *मोटसिल्ला फ्लावा*

पीला खंजन 17 से.मी.

वितरण : अप्रवासी; लगभग सम्पूर्ण राजस्थान **पहचान** : चोंच और पैर सींग के रंग के भूरे; सिर, गुद्दा और कर्ण छिद्र के पास धूसर, पीठ जैतूनी, डैने हरे–भूरे जिन पर दो पीली धारियां; पूंछ भूरी किनारे पर सफेद; ठोढ़ी से लेकर पूरा अधोभाग पीला, शरदकाल में कुछ हलका **व्यवहार और आवास**: नम इलाके, जल क्षेत्र के किनारे, शहर के कूड़ा फेंकने के स्थान पर प्रायः मिलते हैं। नम भूमि पर भोजन की तलाश में मवेशियों का पीछा करते, रुकते और पूंछ को ऊपर–नीचे हिलाते देखे जा सकते हैं रात में अन्य खंजन के साथ बड़ी संख्या में एकत्रित होते हैं **भोजन** : कीड़े–मकोड़े, मक्खी, लारवा आदि **संरक्षण महत्व** : वन्यजीव सुरक्षा अधिनियम – शेड्यूल 4 **(प्लेट 38, चित्र 285)**

ग्रे वैगटेल *मोटसिल्ला सिनेरिआ*

धूसर खंजन 19 से.मी.

वितरण : अप्रवासी; राजस्थान के नम पूर्वी भाग में **पहचान** : चोंच धूसर, पैर गुलाबी–भूरे; सिर और पीठ धूसर, गुदा भाग और पूंछ के नीचे के पंख पीले, पूंछ अन्य खंजन से लम्बी; आँख के ऊपर सफेद धारी; पूंछ काली–भूरी किनारे पर सफेद पंख; नर का गला शरद काल में मटमैला जो प्रजनन काल में काला; मादा का गला मटमैला और अधोभाग पीत **व्यवहार और आवास** : प्रायः अकेले ही नम भूमि और जल क्षेत्र के किनारे की घास या पथरीले स्थान पर भोजन तलाशते हुए दिखते हैं। टेढ़े–मेढ़े चलते हुए भोजन तलाशते हैं। चट्टान या ऊंचे स्थान से उड़कर उड़ते हुए कीड़े भी पकड़ते हैं **भोजन** : कीड़े, तितली, शलभ, टिड्डे और घोंघे आदि **संरक्षण महत्व** : वन्यजीव सुरक्षा अधिनियम – शेड्यूल 4 **(प्लेट 38, चित्र 286)**

टाउनी पिपिट *एन्थस कैम्पेस्ट्रिस*

चिल्लू 15 से.मी.

वितरण : अप्रवासी; लगभग सम्पूर्ण राजस्थान **पहचान** : चोंच गुलाबी ऊपरि सतह भूरी, पैर पीत–गुलाबी; ऊपरी शरीर हलका भूरा जिस पर बारीक रेखायें; अधोभाग मटमैले सफेद, कभी–कभी सीने पर हलकी भूरी रेखायें; आँख और चोंच के बीच का गहरा रंग और सतह से समानान्तर

बैठने का ढंग पहचान में सहायक **व्यवहार और आवास** : खुले सूखे इलाके पसन्द करते हैं, सूखे घास के मैदान, पड़त खेत और चारागाह पर प्रायः दिखते हैं। अकेले या छितराये समूह में भूमि पर भोजन तलाशते हुए मिलते हैं। उड़ान सीधी और तेज **भोजन** : कीड़े और बीज **संरक्षण महत्व** : वन्यजीव सुरक्षा अधिनियम – शेड्यूल 4 **(प्लेट 38, चित्र 287)**

ब्लिथ'स पिपिट *एन्थस गोडलेव्स्की*

ब्लिथ चरचरी 15 से.मी.

वितरण : अप्रवासी; राजस्थान के पूर्वी भाग में **पहचान** : चोंच गुलाबी ऊपर हलकी धूसर, पैर गुलाबी या पीत–गुलाबी; गहरे भूरे ऊपरी भाग पर गहरे काले–भूरे रंग के धब्बे, अधोभाग मटमैले कांसे के रंग के, गले और सीने पर गहरी रेखायें; बगल में लालाभ; आँख और चोंच के बीच का हलका रंग और सीने पर रेखायें इन्हें टाउनी पिपिट से अलग करते हैं **व्यवहार और आवास** : खेत, सूखे धान के खेत और घास के मैदानों पर जोड़े में या छोटे समूह में पाये जाते हैं। भूमि पर तेज–तेज चलते हुए कीड़े आदि पकड़ते हैं। झाड़ियों पर भी बैठते हैं **भोजन** : कीड़े, चींटियां और घास के बीज **संरक्षण महत्व** : वन्यजीव सुरक्षा अधिनियम – शेड्यूल 4 **(प्लेट 38, चित्र 288)**

लोंग–बिल्ल्ड पिपिट *एन्थस सिमिलिस*

भूरी चरचरी 20 से.मी.

वितरण : अप्रवासी; मुख्यतः पश्चिम राजस्थान **पहचान** : कुछ बड़ा आकार, बड़ी गहरे भूरे रंग की चोंच और लम्बी पूंछ, पैर गुलाबी; ऊपरी शरीर हलका भूरा, सिर और पीठ पर बारीक रेखायें, आँख के ऊपर हलकी मटमैली धारी; डैनों और पूंछ का रंग गहरा; अधोभाग गुलाबी–भूरे, सीने पर हलकी बारीक रेखायें **व्यवहार और आवास** : सूखे खेत, घास के सूखे मैदान और पड़ती भूमि; उड़ान तेज और ऊँची–नीची; अकेले या जोड़े में भूमि पर चलते हुए भोजन तलाशते हैं, खतरे की आहट पर तेजी से भागकर घास के बीच या मिट्टी के ढेर के पीछे छुपने की कोशिश करते हैं **भोजन** : कीड़े, बेर और अन्य झाड़ियों के फल आदि **संरक्षण महत्व** : वन्यजीव सुरक्षा अधिनियम – शेड्यूल 4 **(प्लेट 38, चित्र 289)**

ट्री पिपिट *एन्थस ट्रिविएलिस*

धनचिरी 15 से.मी.

वितरण : अप्रवासी; पूर्वी राजस्थान **पहचान** : चोंच और पैर गुलाबी–भूरे; ऊपरी शरीर मटमैला भूरा और धूसर, डैनों के ऊपरी, प्राथमिक और द्वितीयक पंखों के किनारे हलके रंग के; अधोभाग सफेद, सीने पर और बगल में गहरी खड़ी धारियां, सीने पर सघन **व्यवहार और आवास** : पतझड़ी वन, पेड़ों के झुरमुट, खेतों के पास के पेड़ इनके पसन्दीदा आवास हैं। छोटे समूह में भूमि पर भोजन तलाशते या पेड़ों पर बैठे दिखते हैं। अन्य चरचरियों के बनिस्बत पेड़ों पर अधिक बैठते हैं **भोजन** : कीड़े, घास के बीज और पराग **संरक्षण महत्व** : वन्यजीव सुरक्षा अधिनियम – शेड्यूल 4 **(प्लेट 38, चित्र 290)**

पैडीफील्ड पिपिट *एन्थस रुफुलस*

धान चरचरी 15 से.मी.

वितरण : अप्रवासी; मध्य, पूर्व, दक्षिण पूर्व और दक्षिण राजस्थान **पहचान** : चोंच पीत–गुलाबी ऊपरी सतह भूरी सिरे पर काली, पैर पीत–गुलाबी; मादा गौरैया जैसा रंग, पीठ कुछ गहरे रंग की जिस पर कत्थई निशान; पूंछ भूरी किनारे के पंख सफेद; अधोभाग मटमैले, सीने पर रेखायें **व्यवहार और आवास** : छितराये समूह में सूखे मैदान, नम जलाशय के किनारे, चरागाह और खेत आदि पर मिलते हैं। भूमि पर भोजन तलाशते और पूंछ ऊपर–नीचे कर छोड़ते हुए दिखते हैं **भोजन**: कीड़े, दीमक, चींटियां, मकड़ी और घास के बीज और पत्ते **संरक्षण महत्व** : वन्यजीव सुरक्षा अधिनियम – शेड्यूल 4 **(प्लेट 38, चित्र 291)**

वाटर पिपिट *एन्थस स्पिनोलेट्टा*

जल चरचरी 15 से.मी.

वितरण : अप्रवासी; मध्य, पूर्व, दक्षिण पूर्व और दक्षिण राजस्थान, जोधपुर भी **पहचान** : चोंच गहरी भूरी छोर पर गुलाबी, पैर काले या गुलाबी; ऊपरी शरीर लालाभ–भूरा जिस पर बारीक रेखायें, आँख के ऊपर सफेद धारी, डैनों पर दो सफेद धारियां; पूंछ काली–भूरी; गहरे रंग के पैर और ऊपरी भाग पर रेखायें इनकी पहचान में सहायक **व्यवहार और आवास** : नम भूमि, नहर, झील, जलाशय, धान के खेत और नहरों के पास

मिलते हैं। छोटे समूह में नम भूमि पर भोजन तलाशते दिखते हैं। झाड़ियों पर प्रायः नहीं बैठते **भोजन** : कीड़े **संरक्षण महत्व** : वन्यजीव सुरक्षा अधिनियम – शेड्यूल 4 **(प्लेट 38, चित्र 292)**

कौमन वुडश्राइक *टेफ्रोडोर्निस पोन्डिसिरिएनस*

देसी लटोरा 18 से.मी.

वितरण : लगभग सम्पूर्ण राजस्थान, अत्यन्त सूखे क्षेत्र के अलावा **पहचान** : आँख हरी–भूरी, चोंच और पैर सींग के रंग के भूरे; भूरे–धूसर रंग का छोटे आकार का लटोरा, आँख के ऊपर चौड़ी सफेद पट्टी और चोंच के आधार से कर्ण छिद्र तक आँख के नीचे काली धारी; पूंछ चौकोर जिसके बाहरी पंख सफेद **व्यवहार और आवास** : जोड़े या 5–6 के समूह में झाड़ियों और छोटे पेड़ों के बीच एक दूसरे का पीछा करते हुए देखे जाते हैं। सड़क के किनारे के पेड़, छितराये जंगल और गांव के पास के पेड़ों के झुरमुट इनके पसन्दीदा आवास हैं। व्यवहार लटोरे के मुकाबले मिनिवेट जैसा अधिक **भोजन** : शलभ, गुबरैले, कीड़े, मकड़ी और इल्लियां **प्रजनन** : फरवरी से जुलाई; छाल, रेशे और मकड़ी के जालों से पेड़ पर गोलाकार घोंसला बनाते हैं। 3–4 हलके धूसर भूरे–चित्तीदार अंडे देते हैं **संरक्षण महत्व** : वन्यजीव सुरक्षा अधिनियम – शेड्यूल 4 **(प्लेट 39, चित्र 293)**

लार्ज कुकूश्राइक *कोरेसिना मेकेई*

बड़ा कास्या 30 से.मी.

वितरण : राजस्थान के पूर्वी भाग में **पहचान** : आँख लाल–भूरी, चोंच और पैर स्लेट के रंग के धूसर; धूसर ऊपरी भाग, अधोभाग सफेद; नर के आँख के बीच एक काली पट्टी, मादा की अस्पष्ट; हलकी मुड़ी हुई भारी चोंच; पूंछ व डैनों के पंख काले; अधोभाग पर भूरी और सफेद धारियां **व्यवहार और आवास** : बाग–बगीचे, खेतों और मन्दिर आदि के पास के बड़े पेड़ों के झुरमुट और पतझड़ी वन प्रदेश इनको पसन्द हैं। जोड़े या छोटे समूह में दिखाई देते हैं। प्रायः पेड़ों की ऊँची शाखाओं पर रहते हैं पर भूमि पर उतर कर सूखी पत्तियों के बीच भी भोजन तलाशते हैं। उड़ान में पंख संचालन और 'ग्लाइड' का मिश्रण **भोजन** : बड़े कीड़े और इल्लियां, झींगुर, जंगली अंजीर आदि **प्रजनन** : जनवरी से अक्टूबर; ऊँची शाखाओं पर टहनी और घास का मकड़ी के जाल से जोड़ा हुआ घोंसला बनाते हैं। 2–3

पीत–मटमैले रंग के अंडे देते हैं **संरक्षण महत्व**: वन्यजीव सुरक्षा अधिनियम – शेड्यूल 4 **(प्लेट 39, चित्र 294)**

ब्लैक–हैडेड कुकूश्राइक *कोरेसिना मिलेनोप्टीरा*

जंगली कास्या 18 से.मी.

वितरण : पूर्व, दक्षिण पूर्व और दक्षिण राजस्थान **पहचान** : आँख गहरी भूरी, चोंच और पैर काले–भूरे; नर का रंग हलका धूसर, सिर और सीना गहरा धूसर; पेट और गुदा का भाग सफेद; मादा के आँख के ऊपर सफेद पट्टी, पीठ भूरी–धूसर और अधोभाग मटमैले जिस पर भूरी धारियां, पेट का नीचे का हिस्सा और गुदा सफेद; डैनों के ऊपरी पंख और तृतीयक पंखों के सिरे सफेद **व्यवहार और आवास** : मिश्रित वन क्षेत्र, बड़े–ऊंचे पेड़ों के झुरमुट, आम के बगीचे और खजूर की बहुतायत वाले घास–झाड़ी वाले मैदान इनके आवास स्थल हैं। जोड़े में पेड़ों के बीच उड़ते देखे जा सकते हैं। भूमि पर यदाकदा ही उतरते हैं **भोजन** : कीड़े, इल्लियां और फल **प्रजनन** : जून से सितम्बर; घास को मकड़ी के जाले से जोड़ कर घोंसला बनाते हैं। 2–3 हरित–सफेद भूरे–धब्बेदार अंडे देते हैं **संरक्षण महत्व** : वन्यजीव सुरक्षा अधिनियम – शेड्यूल 4 **(प्लेट 39, चित्र 295)**

स्माल मिनिवेट *पेरीक्रोकोटस सिन्नामोमिअस*

सहेली 15 से.मी.

वितरण : लगभग सम्पूर्ण राजस्थान अति रुक्ष क्षेत्र को छोड़ कर **पहचान** : आँख गहरी भूरी, चोंच और पैर काले–भूरे; नर का सिर, गला और पीठ गहरे धूसर, पुट्ठा नारंगी–लाल, डैने काले जिन पर नारंगी–लाल धब्बा; पूंछ लम्बी ऊपर काली नीचे नारंगी–लाल; सीना नारंगी और पेट पीलापन लिये हुए; मादा का ऊपरी भाग हलका धूसर, गला और अधोभाग सफेद–धूसर, पुट्ठे और डैनों पर नारंगी के स्थान पर पीला रंग **व्यवहार और आवास** : खुले जंगल, छोटे पेदों के झुरमुट और बाग–बगीचे पसन्द करते हैं। छोटे समूह में पेड़ों पर ही रहते हैं, भूमि पर नहीं उतरते **भोजन** : कीड़े **प्रजनन** : मार्च से सितम्बर; घास, मुलायम जड़ और छाल आदि को जाले से जोड़कर गहरा घोंसला बनाते हैं। 2–3 पीत–नीले या हरे रंग के अंडे देते हैं **संरक्षण महत्व** : वन्यजीव सुरक्षा अधिनियम – शेड्यूल 4 **(प्लेट 39, चित्र 296)**

व्हाइट–बेलीड मिनिवेट *पेरीक्रोकोटस इरिथ्रोपाइजिअस*

सफेद बुलालचश्म 15 से.मी.

वितरण : पूर्व, दक्षिण पूर्व; मध्य व पश्चिम राजस्थान के कुछ भाग **पहचान** : चोंच और पैर काले–भूरे; छोटा आकार, नर का शरीर काला और सफेद, अन्य मिनिवेट से अलग; डैनों पर सफेद धब्बा, सीने पर नारंगी, बाकी के अधोभाग सफेद, पुट्ठे पर नारंगी रंग; पूंछ काली और सफेद; मादा गहरे भूरे–धूसर रंग की, माथा सफेद, पुट्ठे का भाग नारंगी और सफेद; अधोभाग सफेद **व्यवहार और आवास** : अर्द्धमरुस्थल, सूखे घास वाले झाड़ीदार जंगल में छोटे 6–10 के समूह में रहते हैं। झाड़ियों और घास पर उतर आते हैं, पतली शाखाओं के बीच कीड़े तलाशते हैं या बैठने के स्थान से नीचे उतरकर कीड़े पकड़ते हैं। सीधे बैठते हैं, उड़ान खंजन जैसी **भोजन** : कीड़े और मकड़ियां **प्रजनन** : जुलाई से सितम्बर; रेशों, घास के तिनकों को जाले से जोड़कर घोंसला बनाते हैं। 3 धूसर रग के भूरे–धब्बेदार अंडे देते हैं **संरक्षण महत्व** : वन्यजीव सुरक्षा अधिनियम – शेड्यूल 4 **(प्लेट 39, चित्र 297)**

रेड–वेन्टेड बुलबुल *पिक्नोनोटस केफ़र*

बुलबुल 20 से.मी.

वितरण : सम्पूर्ण राजस्थान **पहचान** : चोंच और पैर काले–भूरे; शरीर मिट्टी के रंग का भूरा–धूसर, सिर और गला काला, सिर पर छोटी कलगी; पीठ और सीने पर शल्क जैसे चिन्ह; पुट्ठे सफेद, गुदा भाग लाल; काली पूंछ का सिरा सफेद **व्यवहार और आवास** : सर्व सामान्य पक्षी; शहर, गांव, खेत और वन क्षेत्र में उपलब्ध; जोड़े में या छोटे समूह में देखे जाते हैं। कीड़े आदि खाने के लिये भूमि पर उतरते हैं **भोजन** : बेर, 'लेन्टाना' के व अन्य फल, फूलों का पराग, चूजों को कीड़े आदि भी **प्रजनन** : फरवरी से सितम्बर; मुलायम जड़, रेशे, टहनी, पत्ते और मकड़ी के जालों का घोंसला झाड़ियों और पेड़ों की पतली शाखाओं पर बनाते हैं। 2–3 गुलाबी–सफेद अंडे देते हैं **संरक्षण महत्व** : वन्यजीव सुरक्षा अधिनियम – शेड्यूल 4 **(प्लेट 39, चित्र 298)**

व्हाइट–इयर्ड बुलबुल *पिक्नोनोटस ल्यूकोटिस*

सफेद–गाल बुलबुल 20 से.मी.

वितरण : सम्पूर्ण राजस्थान **पहचान** : चोंच काली, पैर नीले–धूसर; शरीर धूसर–भूरा, सिर और गला काला, गालों पर बड़ा सफेद धब्बा;

अधोभाग धूसर–सफेद; पीलागुदा भाग पहचान में सहायक; गहरी भूरी पूंछ के सिरे सफेद **व्यवहार और आवास** : अर्द्धमरुस्थल और सूखे क्षेत्र का निवासी; गांव और शहर के बाहरी इलाकों में झाड़ियों के बीच अकसर दिखते हैं। जोड़े या छिटपुट झुंड में रहते हैं **भोजन** : फल, फूलों का पराग, बेर, इल्लियां और कीड़े **प्रजनन** : मार्च से सितम्बर; झाड़ियों में रेशे, जड़ों आदि का घोंसला बनाते हैं। 2–4 गुलाबी–सफेद रंग के अंडे देते हैं **संरक्षण महत्व** : वन्यजीव सुरक्षा अधिनियम – शेड्यूल 4 **(प्लेट 39, चित्र 299)**

कौमन आयोरा *ऐजिथिना टिफिआ*

शुभांगी 14 से.मी.

वितरण : पूर्व, दक्षिण पूर्व और दक्षिण राजस्थान **पहचान** : चोंच नीली–धूसर सिरे पर काली, पैर गुलाबी–धूसर; नर पीला और काला, डैनों पर दो सफेद पट्टियां; मादा पीली–हरी, हरे–भूरे डैने और हरी पूंछ; प्रजनन काल के बाद नर मादा जैसा ही पर पूंछ काली **व्यवहार और आवास** : बाग–बगीचे, हलके पतझड़ी वन, बड़े वृक्ष वाले स्थान इनको पसन्द हैं। प्रायः जोड़े में रहते हैं और हरी पत्तियों के बीच और नीचे कीड़े आदि तलाशते रहते हैं। उलटे लटक कर और टेड़े–मेड़े होकर पत्तियों के बीच घूमते हैं **भोजन** : कीड़े और इल्लियां **प्रजनन** : मई से सितम्बर; घास और रेशों का गोलाकार घोंसला मकड़ी के जाले से मजबूती देकर बनाते हैं। 2–3 गुलाबी–सफेद, बैंगनी–भूरे धब्बेदार अंडे देते हैं **संरक्षण महत्व** : वन्यजीव सुरक्षा अधिनियम – शेड्यूल 4 **(प्लेट 39, चित्र 300)**

बे–बैक्ड श्राइक *लेनिअस विट्टेटस*

मटिया लटोरा 18 से.मी.

वितरण : सम्पूर्ण राजस्थान **पहचान** : चोंच गहरी भूरी–काली, पैर धूसर या गुलाबी–धूसर; सिर सफेद और धूसर, माथे पर आंखों को ढंकती और कर्ण छिद्र तक जाती हुई काली पट्टी; ऊपरी पीठ कत्थई, पुट्ठे सफेद; अधोभाग सफेद, सीने और बगल में लालाभ **व्यवहार और आवास** : प्रायः अकेले टेलीफोन के तारों, झाड़ियों खेत के किनारे के छोटे पेड़ों और ठूठों पर बैठे दिखते हैं। कुछ ऊँचाई पर बैठ कर अपना भोजन तलाशते हैं। अपने क्षेत्र की सुरक्षा करते हैं **भोजनः** इल्लियां, कीड़े, झींगुर, टिड्डे, छिपकली, और कभी–कभी चूहे भी **प्रजननः** फरवरी से सितम्बर; घास, ऊन,

पंख, घास और जालों का घोंसला बनाते हैं। 3–5 हलके हरे–सफेद अंडे देते हैं **संरक्षण महत्व** : वन्यजीव सुरक्षा अधिनियम – अपेन्डिक्स 1 **(प्लेट 40, चित्र 301)**

लौंग–टेल्ड श्राइक *लेनिअस शैच*

कजला लटोरा 25 से.मी.

वितरण : सम्पूर्ण राजस्थान **पहचान** : चोंच और पैर भूरे–काले; माथे से आँख, कर्ण छिद्र और गुद्दे तक काली पट्टी, कपाल, गुद्दा, गर्दन और ऊपरी पीठ धूसर; बाकी का ऊपरी शरीर पीत–लाल आभा लिये हुए; पूंछ काली और लालाभ; प्राथमिक पंखों पर सफेद धब्बा; अधोभाग हलके धूसर, बगल में और पेट की ओर पीत–लाल आभा **व्यवहार और आवास** : खुले जंगल, नम खेत और मैदान, बगीचे, आम्र कुंज और सड़क के किनारे के पेड़ इनके आवास स्थल हैं। अपने क्षेत्र की सुरक्षा करते हैं और अन्य पक्षियों को उसमें आने नहीं देते; तार, ठूंठ जैसे ऊंचे स्थान से भोजन पर निगाह रखते हैं। दिखाई देने पर तेजी से नीचे की ओर झपटते हैं **भोजन** : झींगुर, टिड्डे, छिपकली, चूहे, मेंढक, छोटे सांप और चूजे आदि **प्रजनन** : मार्च से जुलाई; कंटीले पेड़ों पर घास, कपड़े, रेशे, टहनी, ऊन, बाल आदि का घोंसला बनाते हैं। 4–5 धूसर–सफेद, धूसर धब्बेदार अंड़े देते हैं **संरक्षण महत्व** : वन्यजीव सुरक्षा अधिनियम – अपेन्डिक्स 1 **(प्लेट 40, चित्र 302)**

रुफस–टेल्ड श्राइक *लेनिअस इसाबेल्लिनस*

लाल–पूंछ लटोरा 17 से.मी.

वितरण : अप्रवासी; लगभग सम्पूर्ण राजस्थान **पहचान** : चोंच और पैर सींग के रंग जैसे भूरे, चोंच आधार पर गुलाबी; हलके रेत जैसे भूरे रंग का लटोरा जिसके पुट्ठे पर जंग जैसा लाल रंग; सिर और पीठ एक ही रंग के, आँख के आगे काला बिन्दु और कर्ण छिद्र पर काला धब्बा; दैनों पर छोटा सफेद धब्बा; अधोभाग मटमैले, बगल में लालाभ; मादा के कर्ण छिद्र और आँख के आगे भूरे धब्बे **व्यवहार और आवास** : खेत और सूखे झाड़ियों वाले मैदान और छितराये जंगल में पाये जाते हैं **भोजन** : टिड्डे, इल्लियां, छिपकली, मेंढक और चूहे **संरक्षण महत्व** : वन्यजीव सुरक्षा अधिनियम – अपेन्डिक्स 1 **(प्लेट 40, चित्र 303)**

ब्राउन श्राइक *लेनिअस क्रिस्टेटस*

भूरा लटोरा 19 से.मी.

वितरण : अप्रवासी; पूर्व और दक्षिण पूर्व राजस्थान **पहचान** : चोंच भूरी–धूसर, पैर नील–धूसर; ऊपरी शरीर सिर से पुट्ठे और पूंछ के ऊपरी पंखों तक लालाभ भूरा; माथा और आँख के ऊपर सफेद; आँख के बीच से कर्ण छिद्र तक काली पट्टी; डैने काले–भूरे, पूंछ लालाभ; ठोढ़ी, गाल और गला सफेद, बाकी अधोभाग मटमैले **व्यवहार और आवास** : जंगल के सीमान्त प्रदेश, झाड़ियों वाले घास के मैदान, छितराये छोटे पेड़ इनके आवास स्थल हैं। व्यवहार अन्य श्राइक जैसा पर अँधेरा होने तक सक्रिय **भोजन** : टिड्डे, झींगुर, छिपकली, चूहे और अवयस्क पक्षी **संरक्षण महत्व** : वन्यजीव सुरक्षा अधिनियम – अपेन्डिक्स 1 **(प्लेट 40, चित्र 304)**

ग्रेट ग्रे श्राइक *लेनिअस एक्सूबिटर*

सलेटी लटोरा 25 से.मी.

वितरण : लगभग सम्पूर्ण राजस्थान **पहचान** : चोंच और पैर काले–भूरे; कपाल से ऊपरी पीठ तक हलका धूसर रंग, कंधे पर सफेद; काले डैनों और पूंछ पर सफेद धब्बे, पुट्ठे धूसर; अधोभाग सफेद; अवयस्क के ऊपरी धूसर शरीर पर भूरापन **व्यवहार और आवास** : झाड़ीदार घास के मैदान, खेत, खुले वन क्षेत्र, नहर के किनारे, मानवीय आबादी के पास पाये जाते हैं। सजग और आक्रामक; प्रायः अकेले कंटीले पेड़ों या तार आदि पर बैठे शिकार की प्रतीक्षा करते हैं। भूमि से शिकार को पकड़ कर वापस अपने बैठने के स्थान पर लौट जाते हैं **भोजन** : टिड्डे, झींगुर, इल्लियां, छिपकली, छोटे सर्प; कांटों में बींध कर शिकार को भविष्य में खाने के लिये रखते हैं **प्रजनन** : मार्च से जून; टहनी, तिनके और मुलायम सामग्री एकत्रित कर घोंसला बनाते हैं। 3–6 हलके हरे–सफेद, बैंगनी धब्बेदार अंडे देते हैं **संरक्षण महत्व** : वन्यजीव सुरक्षा अधिनियम – अपेन्डिक्स 1 **(प्लेट 40, चित्र 305)**

ब्लू रौक थ्रश *मौन्टिकोला सोलिटेरिअस*

कस्तूरा 23 से.मी.

वितरण : अप्रवासी; पूर्व, दक्षिण पूर्व और दक्षिण राजस्थान **पहचान** : चोंच गहरी भूरी, पैर काले; शरद काल में नर के नीले शरीर पर पंखों के

सिरे लालाभ, सीने पर भूरापन और पेट पर सफेदी; मादा धूसर–भूरी, पुट्ठे पर काली रेखायें और अधोभाग पर आड़ी भूरी धारियां; अवयस्क मादा जैसे ही पर शरीर पर धब्बे और ताजे पंख **व्यवहार और आवास** : प्रायः अकेले कृ अकेले मानवीय आबादी के समीप पथरीले मैदान, पुराने भवन या किलों, खंडहर में चट्टानों या झाड़ियों पर बैठे देखे जाते हैं। भूमि पर भोजन तलाशते हैं **भोजन** : टिड्डे, दीमक, मकड़ी, कानखजूरे, झाड़ियों के फल **संरक्षण महत्व** : वन्यजीव सुरक्षा अधिनियम – शेड्यूल 4 **(प्लेट 40, चित्र 306)**

औरेन्ज–हैडेड थ्रश ज़ूथीरा सिट्रिना

लाल सिर कस्तूरा 21 से.मी.

वितरण : अप्रवासी; मध्य और पूर्व राजस्थान **पहचान** : चोंच गहरी भूरी, पैर भूरे या गुलाबी; सिर और गुद्दा नारंगी, बाकी का ऊपरी शरीर नीला–धूसर; डैनों पर सफेद धारी; अधोभाग नारंगी, गुदा भाग और पूंछ के नीचे सफेद; मादा की ऊपरी पीठ पर जैतूनी–भूरा रंग **व्यवहार और आवास** : शर्मीले और एकल; वन के नम, छायादार स्थान और खेत; भूमि पर पत्तियों आदि के बीच छुपे रह कर कीड़े आदि तलाशते हैं। खुले में कम ही आते हैं, आहट पर चुपचाप उड़ कर छुपी हुई शाखा पर बैठ जाते हैं **भोजन** : कीड़े, केंचुये, फल आदि **संरक्षण महत्व** : वन्यजीव सुरक्षा अधिनियम – शेड्यूल 4 **(प्लेट 40, चित्र 307)**

टिकेल'स थ्रश *टर्डस यूनिकलर*

टिकेल कस्तूरी 21 से.मी.

वितरण : अप्रवासी; मध्य, पूर्व और दक्षिण राजस्थान **पहचान** : आँख का घेरा पीला, चोंच पीली या नारंगी, पैर भूरे–पीले; छोटा आकार, हलका नीला–धूसर रंग, सीने का रंग हलका और पेट और गुदा भाग सफेद; मादा और अवयस्क के चेहरे पर गहरे मुच्छ पंख, सीने पर हलकी नारंगी आभा और धब्बे; मादा का गला सफेद और बगल में हलका जैतूनी रंग **व्यवहार और आवास** : खुले वन क्षेत्र, वृक्ष कुंज और बाग–बगीचे में पाये जाते हैं। प्रायः जोड़े में भूमि पर भोजन तलाशते हैं। कूदते हुए चलते हैं और सूखी पत्तियों के बीच रुक रुक कर कीड़ों आदि की आहट सुनने की कोशिश करते हैं **भोजन** : कीड़े, इल्लियां, केंचुये, फल आदि **संरक्षण महत्व** : वन्यजीव सुरक्षा अधिनियम – शेड्यूल 4 **(प्लेट 40, चित्र 308)**

यूरेसिअन ब्लैकबर्ड *टर्डस मेरुला*

काली कस्तूरी 25 से.मी.

वितरण : अप्रवासी; दक्षिण और दक्षिण पूर्व राजस्थान के कुछ भाग में **पहचान** : आँख का घेरा नारंगी, चोंच नारंगी या पीली, पैर धूसर–पीले; नर का रंग गहरा धूसर, कपाल पर कालापन; नारंगी चोंच और चोंच के आधार पर नारंगी धब्बा पहचान में सहायक; अधोभग हलके रंग के; मादा का रंग हलका धूसर, कपाल पर कालापन नहीं के बराबर; गर्दन के नीचे का हिस्सा भूरापन लिये हुए; अवयस्क नर धुंये के रंग के नीले–भूरे और मादा जैतूनी–भूरी **व्यवहार और आवास** : छायादार वृक्ष कुंज और बाग–बगीचे में देखे जाते हैं। जोड़े या छितराये समूह में भूमि पर बिखरी पत्तियों के बीच भोजन तलाशते हुए मिलते हैं। पेड़ों पर बैठे हुए भी दिखाई दे जाते हैं **भोजन** : कीड़े, घोंघे, केंचुये, फल आदि **संरक्षण महत्व** : वन्यजीव सुरक्षा अधिनियम – शेड्यूल 4 **(प्लेट 40, चित्र 309)**

ब्लूथ्रोट *लूसीनिआ स्वेसिका*

नीलकंठी पिद्दा 15 से.मी.

वितरण : अप्रवासी; पूर्व, दक्षिण पूर्व और दक्षिण राजस्थान **पहचान** : चोंच काली या भूरी, पैर काले–भूरे; शरीर भूरा; आँख के ऊपर मटमैली सफेद पट्टी; गला और सीना नीला जिसके बीच में कत्थई या सफेद बिन्दु, नीले के नीचे काली धारी और सीने पर चौड़ी लाल–कत्थई पट्टी; पूंछ के बगल का भाग सिरे पर कत्थई; मादा के गले पर नीला रंग नहीं, गले के बगल में भूरी रेखायें और सीने की पट्टी और धब्बा बहुत कम **व्यवहार और आवास** : जलाशय के समीप के सरकंडे और घास के नम मैदान, झाड़ियाँ और खेत इनके पसन्दीदा आवास हैं। प्रायः भूमि पर ही पाया जाता है, रुक–रुक कर भूमि से कीड़े आदि उठाता है; खतरे की आहट पर झाड़ियों के पीछे छुप जाते हैं **भोजन** : कीड़े, चींटी, इल्लियां आदि **संरक्षण महत्व** : वन्यजीव सुरक्षा अधिनियम – शेड्यूल 4 **(प्लेट 41, चित्र 310)**

ओरिएन्टल मेगपाई रोबिन *कोप्सिकस सौलेरिस*

ढैयल 20 से.मी.

वितरण : सामान्य, सम्पूर्ण राजस्थान **पहचान** : चोंच काली, पैर काले–भूरे; चमकदार काला और सफेद पक्षी; नर चमकदार नीला–काला,

डैने काले–भूरे जिन पर लम्बाई में सफेद धब्बा, गला और सीना नीला–काला; अधोभाग सफेद; मादा धूसर, गला और सीना भी धूसर; लम्बी पूंछ के बाहरी पंख सफेद **व्यवहार और आवास** : सर्वसामान्य, अकेले या जोड़े में घर के आँगन, बाग–बगीचे, गांव के वृक्ष कुंज में मानवीय आबादी के आस–पास मिलते हैं। भूमि पर भोजन तलाशते हैं, पूंछ को ऊँचा करके रखते हैं **भोजन** : कीड़े, घोंघे, वनस्पति पदार्थ और पराग **प्रजनन** : मार्च से जुलाई; घास, जड़, पत्ते और पतली टहनियों का घोंसला बनाते हैं। 4–5 हलके हरे, लाल–भूरे धब्बेदार अंडे देते हैं **संरक्षण महत्व** : वन्यजीव सुरक्षा अधिनियम – शेड्यूल 4 **(प्लेट 41, चित्र 311)**

इंडिअन रोबिन *सेक्सिकोलोइड़स फुलिकेटा*
कलचिड़ी 16 से.मी.

वितरण : सामान्य, सम्पूर्ण राजस्थान **पहचान** : चोंच काली, पैर भूरे–काले; नर का कपाल, पीठ और डैने भूरे, पूंछ काली, कंधे पर सफेद धब्बा, अधोभाग चमकदार नीले–काले, गुदा भाग और पूंछ के नीचे नारंगी–कत्थई; मादा के अधोभाग धूसर–भूरे, कर्ण छिद्र लालाभ और कंधे पर सफेद नहीं **व्यवहार और आवास** : मानवीय आबादी के आस–पास सूखे इलाकों, खेत, बगीचों आदि में सामान्यतः पाये जाते हैं। अकेले या जोड़े में भूमि पर कूद–कूद कर चलते हैं। पत्थरों और झाड़ियों पर बैठ जाते हैं। पूंछ को उठा कर रखते हैं और ऊपर–नीचे करते रहते हैं **भोजनः** कीड़े, इल्लियां आदि **प्रजननः** मार्च से अगस्त; मुलायम घास और जड़ों का बाल और ऊन मिलाकर घोंसला बनाते हैं। 2–3 हलके हरे, लाल धब्बेदार अंडे देते हैं **संरक्षण महत्व** : वन्यजीव सुरक्षा अधिनियम – शेड्यूल 4 **(प्लेट 41, चित्र 312)**

ब्लैक रेडस्टार्ट *फीनिकुरस ओक्रुरस*
काला थिरथिरा 15 से.मी.

वितरण : अप्रवासी; राजस्थान के पूर्वी भाग में **पहचान** : चोंच और पैर चमकीले काले; नर का सिर, गर्दन के बगल का भाग और ऊपरी पीठ काले, डैने भूरे, पुट्ठे और पूंछ नारंगी–लाल, बाकी अधोभाग हलके पीत–नारंगी, शरद काल में काले रंग में धूसर मिश्रित; मादा हलकी भूरी, अधोभाग हलके लालाभ–भूरे और पूंछ के लालाभ पंखों पर गहरी भूरी रेखायें **व्यवहार और आवास** : सूखे पथरीले मैदान, सूखी जल धाराओं और खेत आदि के

पास देखे जाते हैं। प्रायः अकेले भूमि पर झाड़ियों के बीच घूमते हैं। बीच–बीच में रुकते और पूंछ को हिलाते हैं जिसके कारण इनको स्थानीय भाषा में थिरथिरा कहते हैं। सजग और गतिशील, हमेशा एक स्थान से दूसरे स्थान पर कूदते रहते हैं **भोजन** : कीड़े, मकड़ी, उड़ने वाले कीड़े हवा में ही पकड़ लेते हैं **संरक्षण महत्व** : वन्यजीव सुरक्षा अधिनियम–शेड्यूल 4 **(प्लेट 41, चित्र 313)**

व्हाइट–ब्रोड बुशचैट *सेक्सिकोला मेक्रोरिंकस*

झाड़ी–पिद्दा 17 से.मी.

वितरण : दुर्लभ; पश्चिम और उत्तर राजस्थान **पहचान** : चोंच काली आधार पर पीत, पैर काले; नर का रंग रेतीला–भूरा, शरद काल में पीठ पर भूरी धारियां; आँख के ऊपर चौड़ी मटमैली पट्टी; कर्ण छिद्र के ऊपर के पंख हलके भूरे, गोलाई पर गहरे; पूंछ गहरी भूरी, बाहरी पंख सफेद; गला सफेद, बाकी अधोभाग मटमैला; ग्रीष्म काल में नर धूसर–भूरा और आँख के ऊपर की पट्टी सफेद; मादा की पूंछ पर सफेद पंख नहीं **व्यवहार और आवास** : झाड़ीदार रेतीले मैदानों का पक्षी; अकेले या जोड़े में रहते हैं। झाड़ियों पर बैठे दिखाई देते हैं। शरीर के पंख फुलाकर प्रदर्शन करते हैं **भोजन** : कीड़े **संरक्षण महत्व** : वन्यजीव सुरक्षा अधिनियम – शेड्यूल 4; आई.यू.सी.एन.– असुरक्षित **(प्लेट 41, चित्र 314)**

साइबेरिअन स्टोनचैट *सेक्सिकोला मौरस*

खर पिद्दा 13 से.मी.

वितरण : अप्रवासी; लगभग सम्पूर्ण राजस्थान **पहचान** : चोंच और पैर काले; नर का काला सिर और गला पहचान में सहायक, गर्दन के बगल में सफेद; सीना लालाभ–कत्थई; मादा और शरद काल में नर का सीना हलका लालाभ, मादा का सिर हलका भूरा और पीठ पर भूरी धारियां; नर का पुट्ठा सफेद, मादा का मटमैला **व्यवहार और आवास** : कंटीली झाड़ियाँ, सरकंडे, सूखे पथरीले मैदान, सड़क के किनारे और खेतों की बाड़ पर प्रायः देखा जाता है; अकेले या जोड़े में एक झाड़ी से दूसरी पर उड़ते रहते हैं। चपल, भूमि पर उतरकर कीड़े पकड़ते हैं। पूंछ को बार–बार झटका देते हैं **भोजन** : कीड़े और इल्लियां **संरक्षण महत्व** : वन्यजीव सुरक्षा अधिनियम – शेड्यूल 4 **(प्लेट 41, चित्र 315)**

पाइड बुशचैट *सेक्सिकोला कैप्राटा*

काला पिद्दा 13 से.मी.

वितरण : अप्रवासी; सम्पूर्ण राजस्थान **पहचान** : चोंच और पैर काले; नर का रंग काला, डैनों पर सफेद पट्टी; पूंछ के आधार के पंख सफेद; पेट और गुदा भाग सफेद; मादा का सिर और पीठ भूरे, डैने भूरे सिरे पर हलके रंग के; पूंछ के आधार के पंख लालाभ, पूंछ काली–भूरी, अधोभाग मुख्य रूप से लालाभ–भूरे **व्यवहार और आवास** : खेत, नहर, झाड़ी वाले घास के मैदान, जलाशय के पास की घास और फसल के बीच पाये जाते हैं। तारों, झाड़ियों और ठूंठ पर बैठते हैं। भूमि पर कीड़े पकड़ते हैं या उड़ते कीड़े हवा में ही पकड़ते हैं **भोजन** : चींटी, टिड्डे, मकड़ी व अन्य कीड़े **संरक्षण महत्व** : वन्यजीव सुरक्षा अधिनियम – शेड्यूल 4 **(प्लेट 41, चित्र 316)**

ब्राउन रौक–चैट *सर्कोमेला फस्का*

पत्थर पिद्दा 17 से.मी.

वितरण : लगभग सम्पूर्ण राजस्थान **पहचान** : शरीर भूरा, डैने कुछ अधिक गहरे रंग के; अधोभाग लालाभ–भूरे; मादा इंडियन रोबिन जैसे दिखते हैं पर मादा रोबिन आकार में छोटी और उसका गुदा भाग लाल–भूरा होता है जो अलग पहचान में सहायक **व्यवहार और आवास** : चट्टानी सूखे इलाके, शहरी व ग्रामीण मानवीय आबादी के बीच, खनन क्षेत्र, खंडहर आदि के पास अकेले या जोड़े में रहते हैं। निडर, भोजन की तलाश में घर के आँगन में भी आ जाते हैं। पूंछ और डैने थिरकाते हैं **भोजन** : मकड़ी, इल्लियां और अन्य कीड़े **प्रजनन** : मार्च से जून; मुलायम घास, जड़, बाल, ऊन और कंकड़ों से दीवार या चट्टानों के बीच घोंसला बनाते हैं। 3–4 हलके नीले अंडे देते हैं **संरक्षण महत्व** : वन्यजीव सुरक्षा अधिनियम – शेड्यूल 4 **(प्लेट 42, चित्र 317)**

डेजर्ट व्हीटइअर *ईनान्थे डेजर्टी*

रेत भूपिद्दा 15 से.मी.

वितरण : अप्रवासी; सम्पूर्ण राजस्थान **पहचान** : कपाल और पीठ लालाभ पीत–भूरे, आँख के ऊपर रंग हलका; पूंछ के आधार के पंख सफेद, बाकी पूंछ काली; डैने काले–भूरे; गला और सिर के बगल में काला, बाकी अधोभाग पीत–भूरे; शरद काल में काले पंखों पर सफेदी का मिश्रण; मादा कुछ–कुछ धूसर और डैने और पूंछ हलके भूरे और कर्ण छिद्र के पास का

भाग लालाभ–भूरा **व्यवहार और आवास** : अर्द्ध रेगिस्तान, सूखे मैदान, रेतीले धोरे, खाली खेत इनके आवास स्थल हैं। छोटी झाड़ियों, मिट्टी के ढेर पर बैठते हैं। कीड़े भूमि से पकड़ कर वापस उसी स्थान पर आ बैठते हैं। **भोजन** : कीड़े **संरक्षण महत्व** : वन्यजीव सुरक्षा अधिनियम – शेड्यूल 4 **(प्लेट 42, चित्र 318)**

इसाबेल्लीन व्हीटइअर *ईनान्थे इसाबेल्लीना*

भूपिद्दा 16.5 से.मी.

वितरण : अप्रवासी; मुख्यतः पश्चिम और उत्तर राजस्थान, दक्षिण पूर्व में भी **पहचान** : रेत जैसा भूरा रंग, आँख के ऊपर मटमैली पट्टी; डैने गहरे भूरे किनारे पर लालाभ; पूंछ का आधार सफेद, बाकी काली, छोर पर पतली हलकी भूरी पट्टी; अधोभग हलके भूरे, सीने और बगल का रंग कुछ गहरा; मादा का रंग हलका **व्यवहार और आवास** : सूखे पथरीले मैदान, खेत, कंटीली झाड़ियों वाले क्षेत्र में पाये जाते हैं। अकेले या छितराये समूह में रहते हैं। भूमि पर तेजी से छोड़ते हैं और सिर को ऊपर–नीचे करते हैं। झाड़ी या ढेर पर सीधे बैठते हैं **भोजन**: कीड़े, कभी–कभी बीज भी **संरक्षण महत्व** : वन्यजीव सुरक्षा अधिनियम – शेड्यूल 4 **(प्लेट 42, चित्र 319)**

वेरिएबल व्हीटइअर *ईनान्थे पिकाटा*

पिडारा 15 से.मी.

वितरण : अप्रवासी; लगभग सम्पूर्ण राजस्थान **पहचान** : नर मूल रूप से काला और सफेद, सिर और पीठ काली और अधोभाग सफेद या सिर और अधोभाग सफेद; रंगों की विभिन्नता देखने को मिलती है; राजस्थान में सफेद सीने और पेट वाला रूप अधिक मिलता है पर कभी–कभी काले पेट वाला रूप भी दिख जाता है; मादा का ऊपरी शरीर धूसर, अधोभाग धूसर–सफेद या भूरे **व्यवहार और आवास** : खाली खेत, बंजर भूमि, खलिहान और गांव के आस–पास टेलीफोन के तारों, खम्भों, छत पर बैठे हुए अधिकतर दिखाई देते हैं; भूमि पर उतर कर कीड़े पकड़ते हैं। सिर को ऊँचा–नीचा करते रहते हैं **भोजन** : चींटी, इल्लियां और अन्य कीड़े **संरक्षण महत्व** : वन्यजीव सुरक्षा अधिनियम – शेड्यूल 4 **(प्लेट 42, चित्र 320)**

कौमन बैबलर *टर्डोइडस कोडेटा*

छोटा घेंघा 23 से.मी.

वितरण : सम्पूर्ण राजस्थान **पहचान** : आँख भूरी या नारंगी, चोंच गुलाबी–भूरी, पैर पीले; छरहरा शरीर, मिट्टी जैसा भूरा रंग और लम्बी पूंछ वाला सामान्य पक्षी; भूरे सिर और पीठ पर गहरी भूरी धारियां; पूंछ पर हलकी आड़ी रेखायें; अधोभाग गुलाबी–भूरे या लालाभ–पीत, सीने के बगल में बारीक रेखायें **व्यवहार और आवास** : कंटीली झाड़ियों वाले मैदान, शहरी और ग्रामीण आबादी के पास, बाग–बगीचों और घर के आँगन में भी सामान्यतः देखे जाते हैं। 5–15 के समूह में रहते हैं। भूमि पर एक–दूसरे का पीछा करते हुए भोजन तलाशते हैं। उड़ान कमजोर, पंख फड़फड़ा कर और पूंछ को फैला कर उड़ते हैं **भोजन** : टिड्डे, दीमक, गुबरैले, बीज और पराग भी **प्रजनन** : मार्च से जुलाई; मुलायम जड़, रेशे आदि से नीची झाड़ियों या पेड़ों पर घोंसला बनाते हैं। 3–5 नीले रंग के अंडे देते हैं **संरक्षण महत्व** : वन्यजीव सुरक्षा अधिनियम – शेड्यूल 4 **(प्लेट 42, चित्र 321)**

जंगल बैबलर *टर्डोइडस स्ट्रिएटा*

सतभाई 25 से.मी.

वितरण : सम्पूर्ण राजस्थान **पहचान** : आँख पीली या सफेद, आँख का घेरा पीला, चोंच और पैर पीले या गुलाबी–पीले; ऊपरी शरीर धूसर–भूरा, पूंछ गहरे रंग की कत्थई या धूसर–भूरी; पुट्ठा और पूंछ के आधार के पंख पीत–भूरे; गला धूसर, सीने पर बारीक हलकी भूरी रेखायें, पेट पीत–भूरा **व्यवहार और आवास** : सामूहिक; सूखे पतझड़ी वन, खेत, बंजर भूमि और गांव के पास के क्षेत्र में रहते हैं। अधिकतर समय सूखी पत्तियों को उलट–पलट कर भोजन तलाशते हैं। भूमि पर कूद–कूद कर चलते हैं। खतरे की आशंका पर पंख फुला लेते हैं **भोजन** : कीड़े, छोटे मेंढक, बीज और जंगली अंजीर आदि **प्रजनन** : मार्च से अक्टूबर; मुलायम जड़, रेशे, ऊन, बाल का घोंसला बनाते हैं। 4–7 नीले रंग के अंडे देते हैं **संरक्षण महत्व** : वन्यजीव सुरक्षा अधिनियम – शेड्यूल 4 **(प्लेट 42, चित्र 322)**

लार्ज ग्रे बैबलर *टर्डोइडस माल्कोमी*

बड़ा सतभाई 28 से.मी.

वितरण : सम्पूर्ण राजस्थान **पहचान** : आँख चमकीली पीली, चोंच सींग के रंग की भूरी, पैर भूरे–धूसर; बड़ा आकार, ऊपरी शरीर भूरा–धूसर, पीठ

पर भूरापन, माथे पर धूसर रेखायें; पूंछ पर हलकी आड़ी रेखायें; अधोभाग पीत–भूरे, सीने और गले पर गुलाबीपन लिये हुए **व्यवहार और आवास** : अधिकतर 20 या उससे बड़े समूह में रहते हैं। झाड़ियों के बीच भूमि पर भोजन तलाशते हैं। सूखे झाड़ीदार मैदान, जंगल और गांवों के आस–पास मिलते हैं। समूह शोर करता रहता है **भोजन** : कीड़े, अनाज, बीज और फल **प्रजनन** : मार्च से सितम्बर; टहनी, घास और जड़ों को मिला कर अनगढ़ घोंसला बनाते हैं। 3–4 नीले रंग के अंडे देते हैं **संरक्षण महत्व** : वन्यजीव सुरक्षा अधिनियम – शेड्यूल 4 **(प्लेट 42, चित्र 323)**

यलो–आइड बैबलर *क्राइसोमा साइनेन्स*

पीतचश्म घेंघा 18 से.मी.

वितरण : लगभग सम्पूर्ण राजस्थान **पहचान** : आँख पीली या नारंगी, आँख का घेरा नारंगी, चोंच काली, पैर पीत–नारंगी; छोटा आकार, ऊपरी शरीर लालाभ–भूरा, डैने नारंगी–भूरे; चोंच के आधार और आँख के बीच सफेद; अधोभाग सफेद; पेट की ओर मटमैला **व्यवहार और आवास** : झाड़ीदार मैदान, घास वाली पहाड़ियाँ, बांस कुंज, गन्ने के खेत इनके पसन्दीदा आवास हैं। छोटे समूह में झाड़ी से झाड़ी पर घूमते रहते हैं। सजग, आहट होने पर एक दम से छुप जाते हैं। उड़ान कमजोर **भोजन** : इल्लियां, कीड़े, टिड्डे, मकड़ी और झाड़ियों के फल **प्रजनन** : मई से सितम्बर; घास के तिनकों को मकड़ी के जाले से लपेट कर झाड़ियों में घोंसला बनाते हैं। 3–5 गुलाबी–सफेद, लाल धब्बेदार अंडे देते हैं **संरक्षण महत्व** : वन्यजीव सुरक्षा अधिनियम – शेड्यूल 4 **(प्लेट 42, चित्र 324)**

टाउनी–बेलीड बैबलर *ड्यूमेटिआ हाइपरिथ्रा*

शाह दुमरी 13 से.मी.

वितरण : मुख्यतः दक्षिण और दक्षिण पूर्व राजस्थान, पूर्व के कुछ स्थानों में भी **पहचान** : चोंच हलकी धूसर–भूरी, पैर हलके भूरे या गुलाबी–भूरे; छोटा आकार, भूरा रंग, कपाल और माथा लाल–भूरा; अधोभाग पीत–नारंगी; दक्षिण राजस्थान के पक्षिओं का गला सफेद और दक्षिण पूर्व में सीने और पेट के रंग से मिलता जुलता **व्यवहार और आवास** : बांस के झुरमुट, नम घास और झाड़ियाँ इनके आवास हैं। प्रायः अकेले ही पाये जाते हैं। झाड़ियों के बीच छिप कर भोजन ढूंढ़ते हुए मिलते हैं। बहुत सामान्य नहीं **भोजन** : कीड़े और पराग **प्रजनन** : जून से सितम्बर; मुलायम रेशे, घास और बांस की पत्तियों का घोंसला बनाते हैं। 3–4 सफेद, भूरे धब्बेदार अंडे

देते हैं **संरक्षण महत्व** : वन्यजीव सुरक्षा अधिनियम – शेड्यूल 4 **(प्लेट 43, चित्र 325)**

ज़िटिंग सिस्टिकोला *सिस्टिकोला जुन्सिडिस*

घास फुदकी 10 से.मी.

वितरण : मध्य राजस्थान और राजस्थान के पूर्वी भाग में **पहचान** : चोंच का ऊपरी भाग भूरा, निचला गुलाबी, पैर गुलाबी; छोटा आकार, लाल–भूरा रंग, पीठ पर काली धारियां और धब्बे; भूरी पूंछ के छोर पर सफेद; अधोभाग हलके लाल–भूरे, बगलें गहरे रंग की **व्यवहार और आवास** : घास के मैदान और खेतों में सामान्य; अकेले या छितराये समूह में घास के तिनकों के बीच उड़ते दिखाई देते हैं। तिनकों पर आड़े होकर लटकते हैं। पूंछ को झटका देते रहते हैं, उड़ान कमजोर **भोजन** : छोटे टिड्डे, चींटी, गुबरैले, इल्लियां और मकड़ी **प्रजनन** : वर्षाकाल में; छोटा सा बटुए जैसा लटकता हुआ घोंसला बनाते हैं। 4–6 सफेद या हलके नीले रंग के अंडे देते हैं **संरक्षण महत्व** : वन्यजीव सुरक्षा अधिनियम – शेड्यूल 4 **(प्लेट 43, चित्र 326)**

प्लेन प्रीनिआ *प्रिनिआ इनओर्नेटा*

सादी फुदकी 13 से.मी.

वितरण : राजस्थान के मध्य और पूर्वी भाग में **पहचान** : आँख नारंगी–पीली, चोंच गर्मियों में काली अन्यथा भूरी, पैर भूरे–पीले; रेत जैसा भूरा रंग, चोंच के आधार और आँख के ऊपर सफेद; अधोभाग पीत–सफेद; लम्बी भूरी पूंछ **व्यवहार और आवास** : घास के मैदान, खेत और कंटीली झाड़ियों वाले स्थान में पाये जाते हैं। जोड़े या छितराये समूह में रहते हैं। पूंछ को खड़ी रखते हैं और उसको झटके देते रहते हैं। घास और झाड़ियों के बीच अप्रत्याशित रूप से घूमते रहते हैं **भोजन** : चींटी, इल्लियां, मकड़ी और पराग **प्रजनन** : जून से अक्टूबर; घास के रेशों का थैली जैसा घोंसला बनाते हैं। 3–6 हलके नीले, भूरे–लाल धब्बेदार अंडे देते हैं **संरक्षण महत्व** : वन्यजीव सुरक्षा अधिनियम – शेड्यूल 4 **(प्लेट 43, चित्र 327)**

एशी प्रिनिआ *प्रिनिआ सोसिएलिस*

सलेटी फुदकी 13 से.मी.

वितरण : लगभग सम्पूर्ण राजस्थान **पहचान** : आँख नारंगी–भूरी, चोंच काली, पैर गुलाबी या भूरे–पीले; सिर, ऊपरी पीठ और गर्दन के बगल

में राख जैसा धूसर रंग; बाकी का ऊपरी शरीर लालाभ भूरा; पूंछ लम्बी और छोर पर लालाभ; गला मटमैला सफेद; अधोभाग हलके पीत–भूरे **व्यवहार और आवास :** सरकंडे, घास, खेत, बगीचे और घरों के बाग में सामान्य; सजग, सदा गतिशील, एक स्थान पर टिकते नहीं हैं। पूंछ को खड़ा रखते हैं। प्लेन प्रिनिआ के मुकाबले अधिक नम स्थान में पाये जाते हैं **भोजन :** कीड़े, इल्लियां, मकड़ी और पराग **प्रजनन :** मार्च से अक्टूबर; पत्तियों को सिल कर या रेशे, घास, मकड़ी के जाले का घोंसला बनाते हैं। 3–5 हलके हरे–धूसर या कभी–कभी चमकदार गुलाबी अंडे देते हैं **संरक्षण महत्व :** वन्यजीव सुरक्षा अधिनियम – शेड्यूल 44 **(प्लेट 43, चित्र 328)**

जंगल प्रिनिआ *प्रिनिआ सिल्वेटिका*

जंगली फुदकी 15 से.मी.

वितरण : पूर्व, दक्षिण पूर्व और दक्षिण राजस्थान **पहचान :** आँख का घेरा नारंगी–लाल, चोंच काली, पैर गुलाबी–भूरे; भूरे रंग का कुछ बड़े आकार का पक्षी; चोंच के ऊपर धूसर, आँख के ऊपर कुछ सफेद; पूंछ के बीच के पंख के अतिरिक्त अन्य पंख के सिरे पर सफेद; गला और पेट मटमैला सफेद; शरद काल में शरीर का रंग लालाभ **व्यवहार और आवास :** अर्द्धमरुस्थल, घास और नन्ही झाड़ियों के मैदान और प्रायः सूखे इलाके पसन्द करते हैं। जोड़े या छोटे समूह में रहते हैं **भोजन :** कीड़े और वनस्पति पदार्थ **प्रजनन :** मार्च से सितम्बर; घास के रेशों और मकड़ी के जाले का घोंसला बना कर उसमें 3–5 हलके हरे–धूसर, कभी कभी धब्बेदार अंडे देते हैं **संरक्षण महत्व :** वन्यजीव सुरक्षा अधिनियम – शेड्यूल 4 **(प्लेट 43, चित्र 329)**

ग्रे–ब्रेस्टेड प्रिनिआ *प्रिनिआ हौगसोनी*

सलेटी–छाती फुदकी 11 से.मी.

वितरण : राजस्थान के पूर्वी भाग में **पहचान :** आँख नारंगी, आँख का घेरा भूरा–पीला, चोंच काली, पैर हलके पीले या गुलाबी–भूरे; छोटा आकार, लालाभ–भूरा रंग, सिर और गर्दन के बगल में धूसर, सीना और बगलें धूसर; पूंछ भूरी–धूसर, लम्बी और सिरे पर काले और सफेद बिन्दु; अधोभाग धूसर–सफेद **व्यवहार और आवास :** झाड़ियों वाले घास के मैदान और खेत, पानी के किनारे के सरकंडे और बगीचे में पाये जाते हैं। 5–10 के समूह में एक स्थान से दूसरे पर घूमते रहते हैं। डालियों और पत्तियों के बीच भोजन तलाशते हैं। पूंछ को लगातार झटका देते रहते हैं

भोजन : चींटी, इल्लियां, फूलों का पराग **प्रजनन** : जून से अक्तूबर; घास और रेशों का लटकता हुआ घोंसला बना कर उसमें 3–4 सफेद या हलके नीले, भूरे धब्बेदार अंडे देते हैं **संरक्षण महत्व** : वन्यजीव सुरक्षा अधिनियम – शेड्यूल 4 **(प्लेट 43, चित्र 330)**

कौमन टेलरबर्ड *ओर्थोटोमस सुटोरिअस*

दर्जिन 13 से.मी.

वितरण : सम्पूर्ण राजस्थान, बहुत शुष्क इलाकों के अलावा **पहचान** : चोंच का ऊपरी भाग भूरा, निचला गुलाबी, पैर गुलाबी; छोटा आकार, पीत–हरा रंग, कपाल जंग जैसे लाल रंग का; अधोभाग सफेद; पूंछ लम्बी जिसके बीच के पंख अधिक लम्बे **व्यवहार और आवास** : वनस्पति और छोटे पौधों से भरे बाग, खेत और गांव व शहरी क्षेत्र इनके आवास स्थल हैं। अकेले या जोड़े में पौधों के बीच घूमते रहते हैं। सजग और चपल; पूंछ को खड़ा रखते हैं और झटकते रहते हैं **भोजन** : कीड़े, इल्लियां, तितली, शलभ और पराग **प्रजनन** : मार्च से सितम्बर; चौड़ी पत्तियों को आपस में सिल कर घोंसला बनाते हैं। 3–5 पीत या हलके गुलाबी अंडे देते हैं **संरक्षण महत्व** : वन्यजीव सुरक्षा अधिनियम – शेड्यूल 4 **(प्लेट 43, चित्र 331)**

साइबेरिअन चिफचैफ *फिल्लोस्कोपस ट्रिस्टिस*

चुटचुटिआ 13 से.मी.

वितरण : अप्रवासी; राजस्थान के पूर्वी भाग में **पहचान** : चोंच और पैर काले; ऊपरी शरीर हलका भूरा या हलका धूसर–भूरा; कर्न छिद्र का क्षेत्र और आँख के ऊपर गहरा लालाभ–भूरा; अधोभाग हलके भूरे, सीने और बगलों में गहरा रंग; कंधे, निचली पीठ और पुट्ठे पर कुछ जैतूनी रंग **व्यवहार और आवास** : झाड़ियाँ, जल क्षेत्र के पास की वनस्पति, बाड़ और बाग–बगीचों में अकसर दिखते हैं। डालियों के बीच चपलता से घूमते हैं। डैने और पूंछ को झटका देते रहते हैं। उड़ने वाले कीड़े हवा में ही पकड़ लेते हैं **भोजन** : छोटे कीड़े **संरक्षण महत्व** : वन्यजीव सुरक्षा अधिनियम – शेड्यूल 4 **(प्लेट 43, चित्र 332)**

एसिअन डेजर्ट वार्बलर *सिल्विआ नाना*

रेगिस्तानी फुदकी 11 से.मी.

वितरण : अप्रवासी; पश्चिम राजस्थान **पहचान** : आँख पीली, आँख का घेरा सफेद, चोंच धूसर–पीली, पैर सूखी घास के रंग के; ऊपरी शरीर

हलका धूसर–भूरा; पूंछ लालाभ–भूरी, बाहरी पंख सफेद बीच के गहरे रंग के; अधोभाग सफेद **व्यवहार और आवास** : छितराई झाड़ियों वाले सूखे इलाके, रेतीला या पथरीला रेगिस्तान इनका पसन्दीदा आवास है; प्रायः अकेले ही टहनियों पर कूदते या भूमि पर भोजन तलाशते हुए मिलते हैं। व्हीटइअर आदि पक्षियों का खाड़ी में पीछा करते हैं। झाड़ियों और छोटे पेड़ों पर बैठते हैं **भोजन** : कीड़े **संरक्षण महत्व** : वन्यजीव सुरक्षा अधिनियम – शेड्यूल 4 **(प्लेट 44, चित्र 333)**

लैसर व्हाइटथ्रोट *सिल्विआ करुका*

छोटा सफेदकंठ 12 से.मी.

वितरण : अप्रवासी; लगभग सम्पूर्ण राजस्थान; इनकी अनेक उपजातियां राजस्थान के अलग–अलग भाग में पाई जाती हैं **पहचान** : चोंच नीली–धूसर, पैर गहरे भूरे या चमकीले भूरे–काले; ऊपरी शरीर गहरा धूसर, डैने और पीठ भूरे; कर्न छिद्र के पंख गहरे धूसर जो कि चमकदार सफेद गले के विरोधाभास में स्पष्ट दिखाई देते हैं और इनकी पहचान में सहायक; पूंछ काली–भूरी; सीना और बगलें पीत–भूरी **व्यवहार और आवास** : झाड़ियों के जंगल, बाग–बगीचे, गांव के वृक्ष कुंज आदि स्थानों पर अक्सर पाये जाते हैं। प्रायः अकेले ही डालियों के बीच घूमते दिखाई देते हैं **भोजन** : कीड़े और फूलों का पराग **संरक्षण महत्व** : वन्यजीव सुरक्षा अधिनियम – शेड्यूल 4 **(प्लेट 44, चित्र 334)**

ग्रेटर व्हाइटथ्रोट *सिल्विआ कम्यूनिस*

बड़ा सफेद कंठ 14 से.मी.

वितरण : अप्रवासी; पूर्व, दक्षिण पूर्व और दक्षिण राजस्थान **पहचान** : चोंच भूरी, आधार के निचले भाग में गुलाबी, पैर पीत–भूरे; ऊपरी शरीर भूरा–धूसर, डैनों के द्वितीयक और तृतीया पंखों के किनारे गहरे लालाभ–भूरे; गला सफेद, बाकी के अधोभाग पर गुलाबी छाया; छोटे व्हाइटथ्रोट से अलग पहचान में डैनों पर गहरा भूरा रंग और गले और गाल का कम विरोधाभासी धूसर और सफेद रंग सहायक **व्यवहार और आवास** : पथरीले और शुष्क अर्द्ध रेगिस्तानी इलाके पसन्द करते हैं। खेतों के पास छोटी झाड़ियों और बगीचों में भी देखे जाते हैं। कम शर्मीले, खुले में आ जाए हैं **भोजन** : कीड़े और झाड़ियों में लगने वाले फल **संरक्षण महत्व** : वन्यजीव सुरक्षा अधिनियम – शेड्यूल 4 **(प्लेट 44, चित्र 335)**

इंडिअन रीड–वार्बलर *एक्रोसिफेलस स्टेन्टोरिअस*

करकट फुदकी 19 से.मी.

वितरण : अप्रवासी; पूर्व, दक्षिण पूर्व और दक्षिण राजस्थान **पहचान** : चोंच सींग के रंग की, निचला भाग गुलाबी, पैर गुलाबी–धूसर; लगभग बुलबुल के आकार का पक्षी, शरीर जैतूनी–भूरा, आँख के ऊपर सफेद धारी; लम्बी और पतली चोंच; बगलें हलकी भूरी और अधोभाग सफेद; प्राथमिक पंख छोटे, तृतीयक पंखों के नीचे 6–7 ही दिखाई देते हैं। पूंछ का छोर भूरा **व्यवहार और आवास** : जल क्षेत्र के पास के सरकंडों और झाड़ियों के बीच दिखाई देते हैं। सजग, छुप कर रहने की आदत के कारण कम ही दिखाई देते हैं। प्रायः इनकी आवाज ही इनकी उपस्थिति दर्शाती है **भोजन** : कीड़े, टिड्डे, मकड़ी और इल्लियां आदि **संरक्षण महत्व** : वन्यजीव सुरक्षा अधिनियम – शेड्यूल 4 **(प्लेट 44, चित्र 336)**

ब्लिथ'स रीड–वार्बलर *एक्रोसिफेलस ड्यूमेटोरम*

टिकटिकी 14 से.मी.

वितरण : अप्रवासी; पूर्व और दक्षिण पूर्व राजस्थान **पहचान** : चोंच काली–भूरी, निचला भाग हलका भूरा, पैर गुलाबी; इंडियन रीड वार्बलर का छोटा रूप, वही रंग–रूप पर आँख के ऊपर की सफेदी केवल आंखों के सामने की ओर सीमित; गला सफेद, बाकी अधोभाग मटमैले सफेद **व्यवहार और आवास** : प्रायः अकेले ही शाखाओं के बीच कूदते दिखाई देते हैं। वनस्पति के बीच से इनकी आवाज ही अधिक सुनाई देती है; छुपकर रहते हैं। इसे सरकंडों के बीच रहने वाला अर्थात् रीड वार्बलर कहते हैं पर यह अधिकतर झाड़ियों में रहता है **भोजन** : कीड़े **संरक्षण महत्व** : वन्यजीव सुरक्षा अधिनियम – शेड्यूल 4 **(प्लेट 44, चित्र 337)**

पैडीफील्ड वार्बलर *एक्रोसिफेलस एग्रिकोला*

खेत फुदकी 13 से.मी.

वितरण : अप्रवासी; पूर्व और दक्षिण पूर्व राजस्थान **पहचान** : चोंच गहरी भूरी, निचला भाग गुलाबी; पैर भूरे–धूसर; छोटा आकार, ऊपरी शरीर जैतूनी–भूरा, पुट्ठे लालाभ; आंख के ऊपर हलकी सफेद धारी, जिसके ऊपर का भूरा रंग गहरा; गला सफेद, अन्य अधोभाग लालाभ–मटमैले; डैने छोटे **व्यवहार और आवास** : धान और गन्ने के खेत, पानी के पास के सरकंडे और ऊँची घास वाले क्षेत्र में रहते हैं। प्रायः अकेले; शाखाओं पर आड़े

लटके हुए झूलते रहते हैं। खतरे की आहट होने पर कमजोर उड़ान लेकर पुनः शाखाओं के बीच छुप जाते हैं **भोजन** : कीड़े **संरक्षण महत्व** : वन्यजीव सुरक्षा अधिनियम – शेड्यूल 4 **(प्लेट 44, चित्र 338)**

सल्फर–बेलीड लीफ–वार्बलर *फिल्लोस्कोपस ग्रीसिओलस*

पीत–पेट फुदकी 10 से.मी.

वितरण : अप्रवासी; दक्षिण पूर्व और दक्षिण राजस्थान **पहचान** : चोंच का ऊपरी भाग भूरा, निचला पीला, पैर पीले–भूरे; ऊपरी शरीर गहरा धूसर जिस पर भूरी आभा; आँख के ऊपर पीली धारी लम्बी और स्पष्ट; गला पीला, अधोभाग धूसर–पीला, बगल और सीने पर भूरापन; पेट पीत वर्णी **व्यवहार और आवास** : चट्टानी इलाकों की झाड़ियों और खंडहरों के बीच प्रायः मिलते हैं। अकेले या जोड़े में झाड़ियों की निचली शाखाओं पर घूमते रहते हैं। चट्टानों, दीवार और पत्थरों पर बैठते हैं। अन्य लीफ वार्बलर की तरह डालियों के बीच कीड़े तलाशते हैं **भोजन** : मकड़ी, झींगुर, गुबरैले और अन्य कीड़े **संरक्षण महत्व** : वन्यजीव सुरक्षा अधिनियम – शेड्यूल 4 **(प्लेट 44, चित्र 339)**

स्पौटेड फ्लाईकैचर *मूसिकैपा स्ट्रिएटा*

15 से.मी.

वितरण : अप्रवासी; पश्चिम राजस्थान में यात्रा के मध्य कुछ समय के लिये **पहचान** : चोंच काली, पैर गहरे धूसर या काले; शरीर का रंग हलका भूरा–धूसर, डैने और पूंछ गहरे रंग के; कपाल पर गहरी भूरी धारियां; अधोभाग मटमैले सफेद, सीने और गले पर धारियां **व्यवहार और आवास** : बबूल, खेजड़ी के जंगल में मिलते हैं। अकेले और शान्त रहते हैं, पेड़ की निचली शाखाओं पर बैठ कर कीड़े पकड़ने के लिये उड़ान भरते रहते हैं। कभी कभी कीड़े पकड़ने के लिये भूमि पर भी उतरते हैं **भोजन** : कीड़े **संरक्षण महत्व** : वन्यजीव सुरक्षा अधिनियम – शेड्यूल 4 **(प्लेट 44, चित्र 340)**

एसिअन ब्राउन फ्लाईकैचर *मूसिकैपा दौरिका*

ज़क्की 13 से.मी.

वितरण : दक्षिण पूर्व और दक्षिण राजस्थान **पहचान** : चोंच भूरी, निचले भाग पर गुलाबी–पीला रंग, पैर भूरे; शरीर राख के रंग का भूरा, आँख का घेरा सफेद, आंखें बड़ी; अधोभाग धूसर सफेद; बगल में धूसर और

बारीक भूरी रेखायें; गला चमकदार सफेद **व्यवहार और आवास** : खुले जंगल, गांव के वृक्ष कुंज, बगीचे और पानी के पास की झाड़ियाँ पसन्द करते हैं। पेड़ों की निचली शाखाओं पर बैठते हैं। पूंछ को झटकते रहते हैं और सीधे होकर बैठते हैं। सुबह और शाम को अधिक चपल **भोजन** : कीड़े **प्रजनन** : मई से जुलाई; रेशे, घास के तिनके, पंखों का घोंसला बनाते हैं। 3–4 जैतूनी–धूसर, भूरे बिन्दुओं वाले अंडे देते हैं **संरक्षण महत्व** : वन्यजीव सुरक्षा अधिनियम – शेड्यूल 4 **(प्लेट 44, चित्र 341)**

वर्डिटर फ्लाईकैचर *यूमाइअस थैलेसिनस*
नीला कटकटिआ 15 से.मी.

वितरण : अप्रवासी; राजस्थान के पूर्वी भाग में **पहचान** : चोंच और पैर काले; गौरैया से कुछ बड़ा आकार, नीला रंग, सिर और गले पर चमकीला, डैनों और पूंछ पर अधिक गहरा; आँख के सामने काला धब्बा; मादा धूसर और हलके रंग की **व्यवहार और आवास** : हलके जंगल, बगीचे, वृक्ष कुंज और सड़क के किनारे के पेड़ों पर प्रायः मिलते हैं। अधिकतर अकेले ही ऊँची शाखाओं पर सीधे होकर बैठते हैं। कीड़े पकड़ने के लिये उड़ान भरते हैं और अन्य शाखा पर जाकर बैठ जाते हैं। फूलों और पत्तियों के गुच्छे के सामने उड़ते हुए भोजन तलाशते हैं **भोजन** : छोटे उड़ने वाले कीड़े **संरक्षण महत्व** : वन्यजीव सुरक्षा अधिनियम– शेड्यूल 4 **(प्लेट 45, चित्र 342)**

रेड–ब्रेस्टेड फ्लाईकैचर *फिसेड्यूला पार्वा*
तुर्रा 13 से.मी.

वितरण : अप्रवासी; राजस्थान के पूर्वी भाग में सामान्य **पहचान** : चोंच भूरी, पैर गहरे भूरे; नर का शरीर भूरा, ठोढ़ी और गला लाल–नारंगी; बाकी के अधोभाग सफेद; मादा का गला सफेद और सीना मटमैला; पूंछ के बाहरी पंखों का निचला आधा भाग सफेद **व्यवहार और आवास** : खुले जंगल, झाड़ियाँ, वृक्ष कुंज, बाग–बगीचों में पाये जाते हैं। प्रायः अकेले झाड़ियों या पेड़ की निचली शाखाओं पर बैठे हुए देखे जाते हैं। पूंछ को ऊँचा और डैनों को शरीर से नीचे करके बैठते हैं **भोजन** : कीड़े **संरक्षण महत्व** : वन्यजीव सुरक्षा अधिनियम – शेड्यूल 4 **(प्लेट 45, चित्र 343)**

नोट : कुछ वैज्ञानिक रेड–ब्रेस्टेड फ्लाईकैचर और रेड–थ्रोटेड फ्लाईकैचर (टैगा फ्लाईकैचर) को दो प्रजातियाँ मानते हैं और कुछ इन्हें उपप्रजातियाँ मानते हैं।

टिकेल'स ब्लू फ्लाईकैचर *सायोर्निस टिकेल्ली*

अधरन्गा 14 से.मी.

वितरण : राजस्थान के पूर्वी भाग में **पहचान** : चोंच काली–भूरी, पैर धूसर–भूरे; नर का रंग नीला, माथा चमकीला नीला, गला और सीना लालाभ–नारंगी; पेट सफेद; मादा हलके रंग की धूसरपन लिये हुए, सीने पर लालिमा **व्यवहार और आवास** : घनी झाड़ियों, बाग–बगीचों, गांव के वृक्ष कुंज का निवासी; अकेले या छोटे समूह में रहते हैं और कीड़े हवा में उड़ते–उड़ते हुए पकड़ते हैं **भोजन** : कीड़े **प्रजनन** : अप्रैल से अगस्त; मुलायम जड़ों और पत्तियों का घोंसला बनाते हैं। 3–5 पत्थर के रंग के अंडे देते हैं **संरक्षण महत्व** : वन्यजीव सुरक्षा अधिनियम – शेड्यूल 4 **(प्लेट 45, चित्र 344)**

ग्रे–हैडेड केनेरी–फ्लाईकैचर *क्यूलिसिकैपा सीलोनेन्सिस*

ज़र्द फुदकी 13 से.मी.

वितरण : अप्रवासी; दक्षिण पूर्व और दक्षिण राजस्थान **पहचान** : चोंच भूरी, पैर पीत–भूरे; सिर, गर्दन, गला और सीना राख के रंग के धूसर, कपाल का रंग गहरा; पीठ पीली–हरी, पुट्ठा पीला; पेट चमकीला पीला; डैने और पूंछ पर भूरा और पीला **व्यवहार और आवास** : वन क्षेत्र, गांव के पास वृक्ष कुंज, घाटियों के जंगल, बगीचे आदि स्थानों में पाये जाते हैं। छितराये समूह में रहते हैं। चपल, सजग और हवाई करतब में माहिर; कीड़े पकड़ने के लिये हवा में खूब चक्कर और गुलाटियां लगाते हैं **भोजन** : छोटे उड़ने वाले कीड़े **संरक्षण महत्व** : वन्यजीव सुरक्षा अधिनियम – शेड्यूल 4 **(प्लेट 45, चित्र 345)**

एसिअन पेरेडाइज–फ्लाईकैचर *टर्पिसफोन पेरेडेसी*

दूधराज 20 से.मी.

वितरण : राजस्थान के पूर्वी भाग में **पहचान** : आँख भूरी, आँख का घेरा नीला, चोंच और पैर नीले–धूसर; वयस्क नर (आयु चार वर्ष से अधिक) का शरीर और पूंछ के लम्बे पंख सफेद, सिर और कलगी काली; कम आयु के नर का सिर काला और शरीर व पूंछ लाल–भूरे; मादा का शरीर लाल–भूरा, सिर नीला–काला, कलगी नहीं, पूंछ के लम्बे पंख नहीं **व्यवहार और आवास** : जलक्षेत्र वाले नम जंगल, नदी–नालों के पास के घने वन, वृक्ष

कुंज और बाग–बगीचों में पाये जाते हैं। प्रायः जोड़े या छितराये समूह में रहते हैं। पेड़ से पेड़ पर घूमते और कीड़े पकड़ने के लिये छोटी–छोटी उड़ान भरते दिखते हैं। अत्यन्त सजग, पास नहीं आने देते; उड़ान तेज और लहराती हुई **भोजन** : उड़ने वाले कीड़े, टिड्डे, झींगुर आदि **प्रजनन** : मार्च से जुलाई; घास, रेशे, पत्तियों को मकड़ी के जालों से जोड़ कर घोंसला बनाते हैं। 3–4 सफेद, लाल धब्बेदार अंडे देते हैं **संरक्षण महत्व** : वन्यजीव सुरक्षा अधिनियम – शेड्यूल 4 **(प्लेट 45, चित्र 346)**

व्हाईट–ब्रोड फैनटेल *रिपिड्यूरा औरिओला*

नचनियां 17 से.मी.

वितरण : राजस्थान के पूर्वी भाग में **पहचान** : चोंच और पैर काले–भूरे; कपाल और कर्ण छिद्र के पंख काले, माथा और आँख के ऊपर की चौड़ी पट्टी सफेद; पीठ और डैने गहरे भूरे–धूसर, डैनों पर सफेद बिन्दुओं की दो कतारें; गला काला, सीना और पेट सफेद; पूंछ काली, बाहरी पंख सफेद **व्यवहार और आवास** : पतझड़ी जंगल, झाड़ियाँ, वृक्ष कुंज इनके पसन्दीदा आवास हैं। झाड़ियों और पेड़ों की निचली शाखाओं पर बैठते हैं। कभी कभी भूमि पर भी उतरते हैं। सजग और चपल; समय–समय पर पूंछ को पंखे की तरह फैलाते हैं और डैनों को नीचे की ओर लटकाते हैं। उड़ते कीड़ों को पकड़ने के लिये लहरदार, ऊँची–नीची उड़ान भरते हैं **भोजन** : कीड़े **प्रजनन** : मार्च से जून; रेशे और घास को जालों से जोड़ कर घोंसला बनाते हैं। प्रायः 3 पीत रंग के अंडे देते हैं **संरक्षण महत्व** : वन्यजीव सुरक्षा अधिनियम – शेड्यूल 4 **(प्लेट 45, चित्र 347)**

व्हाईट–स्पौटेड फैनटेल *रिपिड्यूरा अल्बोगुलेरिस*

मच्छरिया 18 से.मी.

वितरण : दक्षिण राजस्थान **पहचान** : चोंच और पैर काले या गहरे धूसर; शरीर का रंग गहरा धूसर, गले पर चौड़ी सफेद पट्टी और आँख के ऊपर सफेद धारी; धूसर सीने पर सफेद बिन्दु; पेट मटमैला; पूंछ धुंए के रंग की धूसर, सिरे पर सफेद **व्यवहार और आवास** : घने वन के छायादार इलाके, बाग–बगीचे और घने वृक्ष कुंज में पाये जाते हैं। आबूपर्वत और सज्जनगढ़ अभ्यारण्य में देखे जाते हैं। अकेले या जोड़े में झाड़ियों या पेड़ों की निचली शाखाओं पर घूमते दिखाई देते हैं। बार–बार पूंछ को ऊँचा कर पंखे की तरह फैलाते रहते हैं। खुले में भी कीड़े पकड़ते हैं **भोजन** : कीड़े

प्रजनन : मार्च से जुलाई; रेशे और घास का शंकु आकार का घोंसला बनाते हैं। प्रायः 3 सफेद, भूरे–धूसर धब्बेदार अंडे देते हैं **संरक्षण महत्व** : वन्यजीव सुरक्षा अधिनियम – शेड्यूल 4 **(प्लेट 45, चित्र 348)**

ग्रेट टिट *पारस मेजर*

बड़ी रामचकली 14 से.मी.

वितरण : पूर्व, दक्षिण पूर्व और दक्षिण राजस्थान **पहचान** : चोंच काली, पैर धूसर; कपाल काला, गाल सफेद, पीठ धूसर, डैनों पर एक सफेद पट्टी; गला काला, गले से पेट की ओर काली पट्टी; बगलें हलकी धूसर **व्यवहार और आवास** : छितराये पतझड़ी वन, गांव के वृक्ष कुंज और फलों के बगीचे इनके आवास हैं। जोड़े या छोटे समूह में पेड़ से पेड़ पर उड़ते दिखाई देते हैं। पत्तियों के बीच चपलता से कीड़े आदि ढूंढ़ते हैं। शाखा पर उलटे लटक कर पत्तियों के नीचे भोजन तलाशते हैं **भोजन** : कीड़े, इल्लियां, बीज, कलियां और फल **प्रजनन** : अप्रैल से जुलाई; रेशे, घास, बाल से घोंसला बनाते हैं। 4–6 सफेद, लाल–भूरे धब्बेदार अंडे देते हैं **संरक्षण महत्व** : वन्यजीव सुरक्षा अधिनियम – शेड्यूल 4 **(प्लेट 45, चित्र 349)**

ब्लैक–लोरेड टिट *पारस झैन्थोजेनीस*

पीली रामचकली 14 से.मी.

वितरण : दक्षिण राजस्थान के कुछ स्थानों पर **पहचान** : चोंच काली, पैर काले–भूरे; कपाल, कलगी और आँख के पीछे की पट्टी काली; आँख के ऊपर पीली धारी और गुद्दे पर पीला धब्बा; डैने काले जिन पर पीले धब्बे और सफेद लम्बोतर रेखा; अधोभाग पीले, गले से पेट की ओर काली पट्टी **व्यवहार और आवास** : सघन वन क्षेत्र में पाये जाते हैं। समूह में भोजन की तलाश में पेड़ों पर पत्तियों के बीच घूमते रहते हैं। छाल के नीचे कीड़े ढूंढ़ते हैं **भोजन** : कीड़े और बीज **प्रजनन** : अप्रैल से अगस्त; रेशे और बाल का मुलायम घोंसला बनाते हैं। 4–5 सफेद धब्बेदार अंडे देते हैं **संरक्षण महत्व** : वन्यजीव सुरक्षा अधिनियम – शेड्यूल 4 **(प्लेट 46, चित्र 350)**

नोटः व्हाईट–नेपड टिट, पारस नुकेलिस भी मध्य और दक्षिण–मध्य राजस्थान के कुछ हिस्सों में पाये जाते हैं। इनको काले–सफेद शरीर, सफेद गुद्दे द्वारा अलग से पहचाना जा सकता है।

स्पौटेड क्रीपर *सालपोर्निस स्पिलोनोटस*

चित्तल सिरी 13 से.मी.

वितरण : पूर्व, मध्य, उत्तर और दक्षिण राजस्थान **पहचान** : चोंच भूरी, निचला भाग गुलाबी, पैर नीले–काले; ऊपरी शरीर गहरा भूरा जिस पर सफेद धब्बे, आँख के ऊपर सफेद पट्टी, कर्ण छिद्र गहरे भूरे; चोंच लम्बी और नीचे की ओर घूमी हुई; पूंछ पर सफेद और भूरी आड़ी धारियां; गला सफेद, अधोभाग पर लाल–भूरे धब्बे और गहरी भूरी धारियां **व्यवहार और आवास** : खुले बबूल के जंगल और आम के बाग में रहना पसन्द करते हैं, कटी–फटी छाल वाले वृक्ष के तने पर प्रायः देखे जाते हैं। अकेले या जोड़े में पेड़ से पेड़ पर उड़ते और तने पर नीचे से ऊपर की ओर चलते देखे जाते हैं। शाखाओं पर उलटे लटक कर कीड़े ढूंढ़ते हैं। **भोजन** : कीड़े और मकड़ी **प्रजनन** : मार्च से मई; पत्तियों, छाल और वनस्पति को जालों से जोड़ कर घोंसला बनाते हैं। 2–3 हलके हरे–धूसर धब्बेदार अंडे देते हैं **संरक्षण महत्व** : वन्यजीव सुरक्षा अधिनियम – शेड्यूल 4 **(प्लेट 46, चित्र 351)**

नोटः थिक–बिल्ड फ्लावरपेकर, *डायसीयम अजिल* और टिकेल'स फ्लावर पेकर, *डायसीयम इरिथ्रोरिंकिस* भी पूर्व और दक्षिण पूर्व राजस्थान के अत्यन्त सीमित क्षेत्र में देखे गये हैं। इनका आकार बहुत छोटा होता है और इनको इनकी मोटी–धूसर चोंच (थिक–बिल्ड) और नुकीली–गुलाबी चोंच (टिकेल'स या पेल–बिल्ड) के द्वारा अलग–अलग पहचाना जा सकता है।

पर्पल सनबर्ड *नेक्टेरिनिआ एसिएटिका*

शकरखोरा 10 से.मी.

वितरण : लगभग सम्पूर्ण राजस्थान **पहचान** : चोंच और पैर भूरे–काले; चोंच नुकीली और फूलों का रस पीने के लिये नीचे की ओर घूमी हुई; प्रजनन काल में नर धातुई नीला और बैंगनी, गला और सीना बैंगनी, कंधे पर छुपे हुए पीले और लाल पंखों का गुच्छा; अन्यथा नर हलका जैतूनी–भूरा, डैने और पूंछ काले, पीले अधोभाग पर गले से पेट तक नीली पट्टी; मादा का शरीर जैतूनी–भूरा और अधोभाग पीत **व्यवहार और आवासः** शहरी बाग–बगीचों, गांव व शहर में आँगन के फूलों की झाड़ियों पर अकसर देखे जाते हैं। प्रायः अकेले या जोड़े में फूलों पर मंडराते देखे जाते हैं। इनकी चोंच विशेष रूप से फूलों का पराग पीने के लिये उपयुक्त **भोजनः** फूलों का पराग और चूजों को खिलाने के लिये मकड़ी और कीड़े **प्रजननः** मार्च से जून; पत्तियों, रेशे, चिंदियों को मकड़ी के जालों से चिपका

कर बटुये नुमा लटकता हुआ घोंसला बनाते हैं। 2–3 धूसर–सफेद भूरी–धारीदार अंडे देते हैं **संरक्षण महत्व** : वन्यजीव सुरक्षा अधिनियम – शेड्यूल 4 **(प्लेट 46, चित्र 352)**

पर्पल–रम्प्ड सनबर्ड *नेक्टेरिनिआ झीलोनिका*

पचरंगी शकरखोरा 10 से.मी.

वितरण : दक्षिण राजस्थान **पहचान** : आँख नारंगी या लाल–भूरी, चोंच काली–भूरी और पैर गहरे भूरे; नर का कपाल धातुई हरा, पीठ गहरी कत्थई, पुट्ठा धातुई बैंगनी; कंधे पर हरा धब्बा; गला चमकदार बैंगनी; सिर के बगल में और गले के निचले भाग में कत्थई; सीना और पेट के बीच में पीला, बगलें सफेद; मादा भूरी, डैनों पर लालाभ; गला और बगलें धूसर–सफेद, सीना और पेट के बीच का हिस्सा पीला **व्यवहार और आवास** : नम जंगल और बाग–बगीचों में मिलते हैं। इनमें क्षेत्रीयता अधिकता से पाई जाती है; नीचे की ओर घूमी हुई चोंच से फूलों के निचले भाग में छेद कर के पराग चूसते हैं **भोजन** : फूलों का पराग और कीड़े **प्रजनन** : मार्च से मई; घास और रेशे का बटुये नुमा घोंसला; 2–3 धूसर या पीत–धूसर अंडे देते हैं **संरक्षण महत्व** : वन्यजीव सुरक्षा अधिनियम – शेड्यूल 4 **(प्लेट 46, चित्र 353)**

ओरिएन्टल व्हाईट–आई *झोस्टेरोप्स पल्पेब्रोसा*

बबूना 10 से.मी.

वितरण : राजस्थान के पूर्वी भाग में सामान्य **पहचान** : आँख का घेरा सफेद, चोंच काली, निचला भाग धूसर, पैर भूरे–धूसर; ऊपरी शरीर जैतूनी–पीला, सफेद आँख का घेरा, आँख और चोंच के बीच काला; गला और पूंछ के नीचे के पंख पीले; सीना धूसर और पेट सफेद **व्यवहार और आवास** : छितराये वन क्षेत्र, वृक्ष कुंज, बाग–बगीचों में मिलते हैं। पेड़ों के पत्तों, फूलों और टहनियों के बीच कीड़े तलाशते देखे जाते हैं। प्रायः जोड़े या छोटे समूह में रहते हैं **भोजन** : कीड़े, इल्लियां, कलियां, बीज और फूलों का पराग **प्रजनन** : अप्रैल से सितम्बर; घास, रेशे और मकड़ी के जाले से जोड़ कर घोंसला बनाते हैं। 2–4 हलके नीले रंग के अंडे देते हैं **संरक्षण महत्व** : वन्यजीव सुरक्षा अधिनियम – शेड्यूल 4 **(प्लेट 46, चित्र 354)**

क्रेस्टेड बन्टिंग *मेलोफस लथामी*

पथर चिड़िया 15 से.मी.

वितरण : पूर्व, दक्षिण पूर्व और दक्षिण राजस्थान **पहचान** : चोंच गुलाबी, पैर बैंगनी–भूरे; नर चमकीला काला, डैने और पूंछ कत्थैइ–लाल, सिर पर नुकीली काली कलगी; मादा का ऊपरी शरीर जैतूनी–भूरा, आँख का घेरा पीत और छोटी कलगी, अधोभाग पीत–भूरे जिन पर बारीक रेखायें **व्यवहार और आवास** : जंगल का सीमान्त वाला पथरीला क्षेत्र, पत्थर की बाड़, झाड़ियों वाले मैदान इनके आवास हैं। पथरीले क्षेत्र में घास के बीज चुगते अकसर दिखाई देते हैं। अकेले या छितराये समूह में रहते हैं। चट्टान और झाड़ियों पर बैठते हैं **भोजन** : मुख्यतः घास के बीज **प्रजनन** : अप्रैल से अगस्त; भूमि पर या चट्टान आदि के नीचे घास और रेशों का घोंसला बनाते हैं। 3–4 सफेद, हरित धब्बेदार अंडे देते हैं **संरक्षण महत्व** : वन्यजीव सुरक्षा अधिनियम – शेड्यूल 4 **(प्लेट 46, चित्र 355)**

ग्रे–नेक्ड बन्टिंग *एम्बेरिज़ा बुचनानी*

गन्दुम 15 से.मी.

वितरण : अप्रवासी; दक्षिण और दक्षिण पूर्व राजस्थान **पहचान** : चोंच हलके गुलाबी या भूरे रंग की, पैर पीले–गुलाबी; सिर धूसर, आँख का घेरा सफेद, हलके धूसर रंग की मुच्छ–रेखा; ऊपरी शरीर लालाभ–भूरा, पीठ पर गहरी धारियां; भूरी पूंछ के बाहरी पंख सफेद; आँख के सफेद घेरे और गहरे रंग से नर को हलके रंग की मादा से अलग पहचाना जा सकता है **व्यवहार और आवास** : सूखे, पथरीले मैदान और घाटियों का पक्षी, कभी–कभी बंजर खेतों में भी मिलता है; प्रायः अकेले या इक्के–दुक्के दिखाई देते हैं। भूमि पर भोजन तलाशते हैं **भोजन** : बीज **संरक्षण महत्व** : वन्यजीव सुरक्षा अधिनियम – शेड्यूल 4 **(प्लेट 47, चित्र 356)**

ब्लैक–हैडेड बन्टिंग *एम्बेरिज़ा मिलेनोसिफेला*

काला–सिर गन्दुम 16.5 से.मी.

वितरण : अप्रवासी; पूर्व, दक्षिण पूर्व और दक्षिण राजस्थान **पहचान** : चोंच भूरी–धूसर, निचला भाग पीत, पैर गुलाबी; छरहरा शरीर, लम्बी पूंछ, नर का कपाल और सिर का बगल का भाग काला, शरदकाल में चितकबरा; पीठ और पुट्ठे भूरे; बगलें लालाभ; अधोभाग पीला; मादा लालाभ–भूरी, शरीर

पर गहरी धारियां; पीठ की लाल आभा इनको मादा रैड–हैडेड बन्टिंग से अलग पहचान में सहायक **व्यवहार और आवास** : खुले घास के मैदान और खेतों में पाये जाते हैं। गेहूँ, ज्वार, बाजरा और धान के खेतों के ऊपर तारों पर बैठे दिखते हैं। विशाल समूह में अन्य बन्टिंग के साथ घूमते हैं। पकती फसल को हानि पहुंचाते हैं **भोजन** : घास के बीज और अनाज **संरक्षण महत्व** : वन्यजीव सुरक्षा अधिनियम – शेड्यूल 4 **(प्लेट 47, चित्र 357)**

रैड–हैडेड बन्टिंग *एम्बेरिज़ा ब्रुनिसेप्स*

लाल–सिर गन्दुम 17 से.मी.

वितरण : अप्रवासी; पश्चिम राजस्थान में यात्रा के दौरान और पूर्वी भाग में सामान्य **पहचान** : चोंच भूरी–धूसर, पैर पीत–भूरे; कपाल कत्थई पीलेपन के साथ; ऊपरी पीठ पीली और मध्य पीठ पर काली धारियां; पुट्ठे पीले; गला और बगलें हलकी कत्थई; अधोभाग पीले; मादा भूरी और पीठ पर हलकी पीत **व्यवहार और आवास** : विशाल समूह बनाते हैं। अन्य बन्टिंग से अधिक सामान्य; पकती फसलों के आस–पास मंडराते रहते हैं और इनके समूह एक खेत से दूसरे खेत पर उड़ते अकसर देखे जाते हैं **भोजन** : बीज और अनाज **संरक्षण महत्व** : वन्यजीव सुरक्षा अधिनियम – शेड्यूल 4 **(प्लेट 47, चित्र 358)**

कौमन रोजफिंच *कार्पोडेकस इरिथ्रिनस*

लाल तूती 15 से.मी.

वितरण : अप्रवासी; पूर्व, दक्षिण पूर्व और दक्षिण राजस्थान **पहचान** : चोंच भूरी–धूसर, निचला भाग चाँदी जैसा धूसर, पैर भूरे; नर का कपाल लाल, गुद्दा लाल या गुलाबी, पीठ और डैने लाल–भूरे; पुट्ठा लाल; गाल गुलाबी, गला और सीना लाल, पेट और गुदा भाग सफेद; मादा का ऊपरी शरीर जैतूनी–भूरा, अधोभाग पर रेखायें, डैनों पर दो समानान्तर धारियां **व्यवहार और आवास** : खुले जंगल, बांस के कुंज और झाड़ियों वाले इलाके में पाये जाते हैं। जोड़े या समूह में घनी झाड़ियों या बांस के बीच उड़ते हुए देखे जाते हैं। सुबह के समय अति चपल **भोजन** : बीज और अनाज **संरक्षण महत्व** : वन्यजीव सुरक्षा अधिनियम – शेड्यूल 4 **(प्लेट 47, चित्र 359)**

रेड अवाडावट *अमान्डवा अमान्डवा*

लाल मुनिआ 10 से.मी.

वितरण : पूर्वी राजस्थान में सामान्य **पहचान** : आँख लाल–भूरी, चोंच लाल या भूरी, पैर गुलाबी; नर भूरा–लाल या प्रजनन काल में चमकीला लाल; डैने कत्थई जिन पर सफेद बिन्दु; पूंछ गहरी भूरी सिरे पर सफेद; गला लाल, पेट का निचला भाग भूरा; मादा भूरी, डैनों पर सफेद बिन्दु, गला और सीना हलका पीत–भूरा, पेट पीला; प्रजनन काल के बाद नर मादा जैसा लेकिन गला और सीना अधिक धूसर **व्यवहार और आवास** : नम घास के मैदान, जल के पास की झाड़ियाँ, सरकंडे और खेतों में पाये जाते हैं। समूह में भूमि पर दाना चुगते दिखते हैं। रात्रि विश्राम सरकंडे के बीच करते हैं **भोजन** : घास के बीज **प्रजनन** : जुलाई से अक्टूबर; घास और पंखों का मुलायम घोंसला बनाते हैं। 6–10 सफेद अंडे देते हैं **संरक्षण महत्व** : वन्यजीव सुरक्षा अधिनियम – शेड्यूल 4 **(प्लेट 47, चित्र 360)**

ग्रीन अवाडावट *अमान्डवा फोरमोसा*

हरी मुनिआ 10 से.मी.

वितरण : दक्षिण राजस्थान, असामान्य रूप से पश्चिम और मध्य राजस्थान में भी **पहचान** : चोंच लाल, पैर धूसर या गुलाबी–भूरे; नर का रंग जैतूनी–हरा, पूंछ भूरी–काली; गला पीत, सीना और पेट पीले, बगलें सफेद और काली धारीदार; मादा हलके रंग की, बगल में हलकी धारियां **व्यवहार और आवास** : गन्ने के खेत, ऊँची घास और झाड़ी वाले मैदान इनके आवास स्थल हैं। प्रायः समूह में दिखते हैं। वर्तमान में दुर्लभ; भूमि पर दाने चुगते हैं **भोजन** : घास के बीज **प्रजनन** : जनवरी से मई; घास का घोंसला बना कर गन्ने की पत्तियों से जोड़ देते हैं। 5–6 सफेद अंडे देते हैं **संरक्षण महत्व** : वन्यजीव सुरक्षा अधिनियम – शेड्यूल 4; आई.यू.सी.एन.– असुरक्षित **(प्लेट 47, चित्र 361)**

स्केली–ब्रेस्टेड मुनिआ *लोन्क्यूरा पन्क्टूलेटा*

तेलिआ मुनिआ 10 से.मी.

वितरण : राजस्थान के पूर्वी भाग में **पहचान** : चोंच गहरी धूसर, पैर धूसर; प्रजनन काल में चाकलेट–भूरा रंग, पूंछ के आधार के पंख और पूंछ जैतूनी पीत–भूरे; सिर, गला और गर्दन भूरे, छाती और बगलों पर सफेद

और काले गोले; अन्य ऋतु में सादा भूरा रंग, अधोभाग हलके लाल–भूरे रंग के **व्यवहार और आवास** : पेड़ों और झाड़ियों वाले खुले मैदान, घास के मैदान, खेत और बगीचों में देखे जाते हैं। भूमि पर दाना चुगते हैं और झाड़ियों पर बैठते हैं। प्रजनन काल के बाद विशाल समूह में रहते हैं और सामान्यतः लैन्टाना की झाड़ियों में एकत्रित होते हैं **भोजन** : घास के बीज, धान और लैन्टाना के फल **प्रजनन** : मई से सितम्बर; झाड़ियों के बीच घास का घोंसला बनाते हैं। 4–10 सफेद अंडे देते हैं **संरक्षण महत्व** : वन्यजीव सुरक्षा अधिनियम – शेड्यूल 4 **(प्लेट 47, चित्र 362)**

इंडिअन सिल्वरबिल *लोन्क्यूरा मलाबारिका*

चरचरी 10 से.मी.

वितरण : सम्पूर्ण राजस्थान **पहचान** : आँख भूरी–काली, चोंच धूसर–नीली या धूसर–काली, पैर गुलाबी–धूसर; चोंच मोटी, नुकीली काली पूंछ; रंग मिट्टी जैसा भूरा, डैने कुछ गहरे रंग के; अधोभाग मटमैले सफेद, बगलें हलकी भूरी, पुट्ठा सफेद **व्यवहार और आवास** : घास के मैदान, खेत, बबूल के जंगल और सूखे स्थानों का पक्षी; 5–20 के झुंड में रहते हैं। डालियों, तारों या रात्रि विश्राम के समय एक–दूसरे से सट कर बैठते हैं **भोजन** : घास के बीज, कीड़े आदि **प्रजनन** : जनवरी से अप्रैल; मुलायम घास का घोंसला बनाते हैं या बया के पुराने घोंसले भी अंडे देने के उपयोग में ले लेते हैं। 4–8 सफेद अंडे देते हैं **संरक्षण महत्व** : वन्यजीव सुरक्षा अधिनियम – शेड्यूल 4 **(प्लेट 47, चित्र 363)**

ब्लैक–हैडेड मुनिआ
(ट्राईकलर्ड मुनिआ) *लोन्क्यूरा मलक्का*

नरगिस 10 से.मी.

वितरण : दक्षिण पूर्व और दक्षिण राजस्थान में कुछ स्थानों पर **पहचान** : चोंच नीली–धुसर, पैर धूसर; सिर काला, शरीर का ऊपरी भाग कत्थई–लाल; गला, सीना, मध्य पेट और पूंछ के नीचे के पंख काले, ऊपरी पेट और बगलें सफेद **व्यवहार और आवासः** हर जगह बराबरी से उपलब्ध नहीं; घुमक्कड़; दलदल के पास कंटीली झाड़ियों और सरकंडों के बीच रहते हैं। धान के खेत और घास के मैदान में भी दिख जाते हैं। भूमि पर भोजन तलाशते हैं। इस दक्षिण के पक्षी का उत्तर की और क्षेत्र विस्तार हो रहा है **भोजनः** घास के बीज और धान **संरक्षण महत्व** : वन्यजीव सुरक्षा अधिनियम – शेड्यूल 4 **(प्लेट 47, चित्र 364)**

हाउस स्पैरो *पासर डोमेस्टिकस*

गौरैया 15 से.मी.

वितरण : सम्पूर्ण राजस्थान में सामान्य **पहचान** : चोंच गहरी या हलकी भूरी, पैर गुलाबी; नर का कपाल धूसर, कपाल के बगल में, आँख के पीछे और गुद्दे पर कत्थई; पीठ लाल–भूरी जिस पर काली धारियां; पुट्ठा धूसर; पूंछ गहरी भूरी; गले के बीच और सीने पर काला; मादा हलके भूरे–धूसर रंग की, पीठ पर भूरी धारियां; आँख के ऊपर हलकी धारी **व्यवहार और आवास** : प्रजनन काल के अतिरिक्त समूह में रहते हैं। मानवीय आबादी से जुड़ा हुआ पक्षी; शरद काल में झाड़ियों और सीमान्त के जंगल में झुंड एकत्रित होते हैं **भोजन** : बीज, अनाज, धान, कोंपलें और चूजों के लिये कीड़े भी **प्रजनन** : मुख्यतः मार्च से जून, पर लगभग सारे वर्ष; रेशे, घास, चिन्दियां, पंख एकत्रित कर घोंसला बनाते हैं। 3–6 सफेद अंडे देते हैं **संरक्षण महत्व** : वन्यजीव सुरक्षा अधिनियम – शेड्यूल 4 **(प्लेट 48, चित्र 365)**

स्पैनिश स्पैरो *पासर हिस्पेलिओलेन्सिस*

विलायती गौरैया 15 से.मी.

वितरण : अप्रवासी; उत्तर, पूर्व और दक्षिण पूर्व राजस्थान **पहचान** : चोंच गुलाबी–भूरी, पैर गुलाबी; नर का कपाल और गुद्दा लाल–भूरा, गला और सीना काला, बगलों पर काली रेखायें; पीठ पर काले रंग पर भूरी और हलकी सफेद धारियां; गाल सफेद, आँख के ऊपर की पट्टी सफेद; मादा गौरैया की मादा जैसी पर बगल में काली रेखायें और आँख के ऊपर सफेद पट्टी **व्यवहार और आवास** : झाड़ियों, घास के मैदान में बड़े समूह में देखे जाते हैं। सजग और चपल; भोजन और रात्रि विश्राम के लिये गौरैया के साथ एकत्रित होते हैं। भूमि पर दाने चुग कर तुरन्त झाड़ी पर जाकर बैठ जाते हैं **भोजन** : अनाज और अन्य बीज **संरक्षण महत्व** : वन्यजीव सुरक्षा अधिनियम – शेड्यूल 4 **(प्लेट 48, चित्र 366)**

यलो–थ्रोटेड स्पैरो *पेट्रोनिआ झैन्थोकोल्लिस*

जन्गली गौरैया 14 से.मी.

वितरण : लगभग सम्पूर्ण राजस्थान **पहचान** : प्रजनन काल में नर की चोंच काली अन्यथा भूरी या गुलाबी–भूरी, पैर धूसर–भूरे; सिर और पीठ

धूसर–भूरे, डैने और पूंछ गहरे रंग के; नर के कन्धे का धब्बा कत्थई, मादा का लाल–भूरा; डैनों पर दो सफेद धारियां; अधोभाग हलके धूसर–भूरे, पूंछ के बाहरी पंख लम्बे इसलिये सिरे पर अन्दर की ओर दबी हुई **व्यवहार और आवास :** सूखे पतझड़ी वन, कंटीली झाड़ियाँ, खेत और घास के सूखे मैदान में पाये जाते हैं। दाना भूमि पर चुगते हैं। बहुत सामान्य नहीं **भोजन:** अनाज, बीज, वनस्पति, फूलों का पराग और लैन्टाना के फल **प्रजनन :** फरवरी से मई; घास, रेशे और बालों का घोंसला बनाते हैं। 3–4 सफेद अँडे देते हैं **संरक्षण महत्व :** वन्यजीव सुरक्षा अधिनियम – शेड्यूल 4 **(प्लेट 48, चित्र 367)**

बया वीवर *प्लोसिअस फिल्लिपेन्सिस*

बया 15 से.मी.

वितरण : लगभग सम्पूर्ण राजस्थान **पहचान :** चोंच प्रजनन काल में काली–भूरी अन्यथा भूरी–धूसर; पैर गुलाबी–भूरे; नर का कपाल पीला, ऊपर का शरीर भूरा जिस पर पीली धारियां; गला और कर्ण छिद्र के पंख भूरे, सीना पीला, बाकी के अधोभाग मटमैले, मादा का कपाल पीत–भूरा, जिस पर गहरी भूरी रेखायें, पीले सीने के बगल में भूरी रेखायें **व्यवहार और आवास :** खेत, घास के मैदान, कंटीली झाड़ियों, बबूल और खजूर के झुरमुट; प्रजनन काल में जलाशय के ऊपर झूलती डालियों पर घोंसले बनाते हैं। प्रजनन काल के बाद विशाल समूह बनाते हैं **भोजन :** घास के बीज, अनाज, कीड़े, इल्लियां **प्रजनन :** अप्रैल से सितम्बर, घास के रेशों से विशेष आकार का घोंसला बनाते हैं, जिसमें बटुये जैसा अंडे सेकने का कक्ष और एक लम्बा लटकता हुआ प्रवेश द्वार होता है; 2–3 सफेद अंडे देते हैं **संरक्षण महत्व :** वन्यजीव सुरक्षा अधिनियम – शेड्यूल 4 **(प्लेट 48, चित्र 368)**

स्ट्रीक्ड वीवर *प्लोसिअस मान्यार*

तेलिआ बया 14 से.मी.

वितरण : मुख्यतः राजस्थान के पूर्वी भाग में, स्थानीय रूप से पश्चिम में भी **पहचान :** चोंच भूरी–धूसर, पैर गुलाबी भूरे; नर का कपाल पीला, सिर के बगल का भाग भूरा, पीठ भूरी जिस पर लालाभ धारियां; अधोभाग मटमैले, भूरी रेखायें, सीने पर सघन और गहरी; मादा और प्रजनन काल के बाद के नर का शरीर गहरा भूरा जिस पर लालाभ रेखायें; नर की आँख के

ऊपर पीली धारी **व्यवहार और आवास** : पकती हुई फसल पर विशाल समूह में एकत्रित होते हैं। रात गन्ने के खेत, सरकंडों के बीच या छिछले पानी वाले घास के मैदानों में पेड़ों पर बिताते हैं **भोजन** : घास के बीज और कीड़े **प्रजनन** : घास का अनगढ़ सा घोंसला बना कर सरकंडे पर लटका देते हैं, प्रवेशद्वार लम्बा नीचे की ओर लटका हुआ होता है; 3 या कभी–कभी 2 या 4 सफेद अंडे देते हैं **संरक्षण महत्व** : वन्यजीव सुरक्षा अधिनियम – शेड्यूल 4 **(प्लेट 48, चित्र 369)**

नोट : ब्लैक–ब्रेस्टेड वीवर, प्लोसिअस बेन्गालेन्सिस भी पूर्वी और दक्षिण पूर्वी राजस्थान के कुछ भाग में प्रवासी के रूप में आते हैं। गहरे या हलके काले सीने से इनकी पहचान अलग से की जा सकती है।

रोजी स्टारलिंग *पास्तर रोजिअस*

गुलाबी मैना 23 से.मी.

वितरण : अप्रवासी; सम्पूर्ण राजस्थान **पहचान** : चोंच गुलाबी या भूरी, पैर गुलाबी–भूरे; वयस्क का सिर, गर्दन, गला और ऊपरी सीना, डैने और पूंछ काले; गुद्दा, सीना और पेट गुलाबी; हलकी सी कलगी सिर के पीछे गिरती हुई; शरद ऋतु में और अवयस्क का रंग हलका और गुद्दे का गुलाबी रंग भूरे से मिश्रित **व्यवहार और आवास** : खेत, घास के मैदान, अर्द्ध मरुस्थल, लैन्टाना की झाड़ियाँ इनके आवास हैं। बड़े–बड़े समूह में अगस्त–सितम्बर और फरवरी–मार्च में दिखाई देते हैं। बाकी समय अन्य मैना आदि के साथ छोटे समूह में रहते हैं। घास के मैदान में मवेशियों के पीछे–पीछे चलते देखे जा सकते हैं **भोजन** : फल, अनाज, टिड्डे, कान खजूरे और फूलों का पराग **संरक्षण महत्व** : वन्यजीव सुरक्षा अधिनियम – शेड्यूल 4 **(प्लेट 48, चित्र 370)**

कौमन स्टारलिंग *स्टर्नस वल्गेरिस*

तिलोरा 21 से.मी.

वितरण : अप्रवासी; उत्तर, पूर्व, मध्य और दक्षिण पूर्व राजस्थान **पहचान** : चोंच चमकीली धूसर, पैर गुलाबी–भूरे; पूरा शरीर चमकीला काला, धूप में काले रंग पर बैंगनी और हरी आभा झलकती है; शरीर पर बारीक सफेद बिन्दु; सिर ताम्बई हरा; सिर, गर्दन और सीने के पंख नुकीले; मादा कुछ हलके रंग की **व्यवहार और आवास** : सामूहिक; झाड़ियों और घास के नम मैदान में अन्य स्टारलिंग और मैना आदि के साथ घूमते हुए पाये जाते हैं। समय–समय पर कीड़े पकड़ने को भूमि पर उतरते हैं। रात को

पेड़ों या सरकंडों के बीच एकत्रित होते हैं **भोजन** : फल, बेर, कीड़े और इल्लियां **संरक्षण महत्व** : वन्यजीव सुरक्षा अधिनियम – शेड्यूल 4 **(प्लेट 48, चित्र 371)**

नोटः ग्रे–हैडेड स्टारलिंग, स्टर्निआ मलाबारिका दक्षिण और दक्षिण पूर्व राजस्थान में प्रवासी पक्षी है; ये अपने धूसर सिर और पीठ द्वारा पहचाने जा सकते हैं।

ब्राह्मनी मैना *स्टर्निआ पेगोडरम*

ब्राह्मनी मैना 22 से.मी.

वितरण : राजस्थान में सामान्य **पहचान** : आँख नीली और सफेद, चोंच हलकी पीली, आधार पर नीली, पैर पीले; सिर पर पीछे की ओर गिरती काली कलगी; ऊपरी शरीर धूसर; गर्दन, गला, सीना और पेट लालाभ–भूरा; डैने काले; पूंछ भूरी **व्यवहार और आवास** : छोटे समूह में रहते हैं। अन्य मैना आदि पक्षियों के साथ मवेशियों के पीछे–पीछे चलते और कीड़े पकड़ते देखे जा सकते हैं। पेड़ों और झाड़ियों पर रात को बैठते हैं। खुले जंगल, खेत, गांव व शहर में देखे जा सकते हैं **भोजन** : फल, बेर, टिड्डे, शलभ, इल्लियां और अन्य कीड़े **प्रजनन** : फरवरी से अगस्त; घास, पत्तियों और पंख आदि का घोंसला बनाते हैं। 3–4 हलके नीले रंग के अंडे देते हैं **संरक्षण महत्व** : वन्यजीव सुरक्षा अधिनियम – शेड्यूल 4 **(प्लेट 49, चित्र 372)**

एसिअन पाइड स्टारलिंग *ग्रैकोपिआ कौन्ट्रा*

अबलकी मैना 23 से.मी.

वितरण : सम्पूर्ण राजस्थान **पहचान** : आँख भूरी–नारंगी, आँख का घेरा गहरा नारंगी, चोंच नारंगी–लाल, पैर पीत–गुलाबी; आसानी से पहचानी जाने वाली काली और सफेद स्टारलिंग; कपाल काला, गला, ऊपरी सीना, पीठ और डैने काले; गाल, निचला सीना और पेट सफेद; डैनों पर एक सफेद पट्टी; अवयस्क हलके रंग के और सीने पर बारीक रेखायें **व्यवहार और आवास** : सामाजिक; मानवीय आबादी के साथ जुड़ी हुई; गांव, शहर में हर जगह दिखाई देते हैं। प्रजनन काल के अतिरिक्त प्रायः 20–30 के झुंड में रहते हैं **भोजन** : कीड़े, अनाज और फल **प्रजनन** : मार्च से सितम्बर; रेशे, चिन्दियां, घास आदि का बड़ा और अनगढ़ घोंसला टेलीफोन

के खम्भों पर बनाते हैं। 4–6 चमकीले नीले अंडे देते हैं **संरक्षण महत्व :** वन्यजीव सुरक्षा अधिनियम – शेड्यूल 4 **(प्लेट 49, चित्र 373)**

कौमन मैना *अक्रिडोथिरिस ट्रिस्टिस*

मैना 23 से.मी.

वितरण : सामान्य, सम्पूर्ण राजस्थान **पहचान :** आँख लाल–भूरी, आँख का घेरा पीला, चोंच हलकी पीली, पैर पीले; शरीर का रंग गहरा भूरा, सिर, गला, गर्दन और पूंछ काले–भूरे; डैनों पर सफेद धब्बा; पूंछ के नीचे के पंख और सिरे पर सफेद **व्यवहार और आवास :** गांवों और शहरों में मानवीय आबादी के आस–पास रहते हैं। भूमि पर उतर कर कूदते हुए चलते हैं और भोजन के लिये कीड़े आदि तलाशते हैं। निडर, निकट आने देते हैं **भोजन :** टिड्डे, कीड़े, इल्लियां, छोटी छिपकली, चूहे, मेंढक, अनाज, फल **प्रजनन :** मार्च से सितम्बर; टहनी, रेशे, जड़, चिन्दियां आदि इकट्ठी कर घोंसला बनाते हैं। 4–5 नीले रंग के अंडे देते हैं **संरक्षण महत्व :** वन्यजीव सुरक्षा अधिनियम – शेड्यूल 4 **(प्लेट 49, चित्र 374)**

बैंक मैना *अक्रिडोथिरिस जिन्जिएनस*

गंगा मैना 23 से.मी.

वितरण : लगभग सम्पूर्ण राजस्थान **पहचान :** आँख नारंगी–लाल, आंख आस–पास की त्वचा नारंगी, चोंच नारंगी–पीली, पैर पीले; शरीर का रंग नीला–भूरा, सिर काला–भूरा, डैने और पूंछ का रंग गहरा; डैनों पर एक हलका पीत–भूरा धब्बा **व्यवहार और आवास :** सामूहिक; नम स्थानों पर अधिक मिलते हैं। नहर, नदी, धान के खेत, और नम चरागाह में प्रायः देखे जाते हैं। अनेक स्थानों पर गांव और शहर में भी दिखाई देते हैं। कीड़ों के लिये मवेशियों का पीछा करते हैं। रात्रि विश्राम के लिये विशाल संख्या पेड़ों पर में एकत्रित होते हैं **भोजन :** कीड़े, अनाज और फल **प्रजनन :** मार्च से अगस्त; सामूहिक रूप से पुल, नदियों के तट आदि पर पानी के निकास की नालियों में घोंसला बनाते हैं। 3–5 चमकीले हलके नीले रंग के अंडे देते हैं **संरक्षण महत्वः** वन्यजीव सुरक्षा अधिनियम–शेड्यूल 4 **(प्लेट 49, चित्र 375)**

नोटः जंगल मैना, अक्रिडोथिरिस फस्कस दक्षिण राजस्थान में आबू पर्वत के पास मिलती है; इनको सफेद आँख और चोंच के ऊपर माथे पर उठे हुए कलगी जैसे पंखों द्वारा अन्य मैनाओं से अलग पहचाना जा सकता है।

गोल्डन ओरिओल *ओरिओलस कुन्डू*

पीलक 25 से.मी.

वितरण : मुख्यतः पूर्व और दक्षिण पूर्व राजस्थान **पहचान** : आँख लाल, चोंच गुलाबी, पैर नीले–धूसर; शरीर का रंग सुनहरा पीला, डैने और पूंछ काले; आँख के आगे से एक काली रेखा आँख को घेरती हुई पीछे तक; अवयस्क नर और मादा हलके रंग के, अधोभाग हरित–पीले जिस पर हलकी भूरी रेखायें **व्यवहार और आवास** : जंगल और उनके सीमान्त क्षेत्र, वृक्ष कुंज, बाग, फलों के बगीचे इनके आवास स्थल हैं। अकेले या जोड़े में रहते हैं। अधिकतर पेड़ों पर ही रहते हैं। उड़ान तेज और सीधी **भोजन** : जंगली अंजीर, फल, फूलों का पराग, कीड़े और इल्लियां **प्रजननः** अप्रैल से अगस्त; मुलायम घास और रेशे का घोंसला बनाते हैं। 2–4 सफेद, लाल–भूरे चित्तीदार अंडे देते हैं **संरक्षण महत्व** : वन्यजीव सुरक्षा अधिनियम – शेड्यूल 4 **(प्लेट 49, चित्र 376)**

नोटः ब्लैक–हैडेड ओरिओल, *ओरिओलस झैन्थोर्नस* भी पूर्व और दक्षिण राजस्थान में पाया जाता है; इसको काले रंग के सिर, और गले द्वारा अलग से पहचाना जा सकता है।

ब्लैक ड्रोन्गो *डाईक्रुरस मेक्रोसर्कस*

भुजन्गा 28 से.मी.

वितरण : सम्पूर्ण राजस्थान **पहचान** : आँख लाल, चोंच और पैर काले; चमकीला काला रंग और गहराई तक विभक्त पूंछ इनकी पहचान है; पूंछ के बाहरी लम्बे पंख झड़ने के कारण अगस्त–सितम्बर में विभक्त पूंछ अविभक्त दिख सकती है **व्यवहार और आवास** : खुले क्षेत्र, गांव और शहर, खेत इनके सामान्य आवास हैं। अधिकतर पेड़ों, तारों, कंटीली झाड़ियों, दीवार आदि पर ही बैठे दिखाई पड़ते हैं। वहीं से कीड़े पकड़ने के लिये उड़ान भरते रहते हैं। मवेशियों की पीठ पर बैठ कर उड़ने वाले कीड़े पकड़ते हैं **भोजन** : उड़ने वाले कीड़े–टिड्डे, शलभ, तितली, दीमक, झींगुर, चींटी आदि **प्रजनन** : अप्रैल से अगस्त। टहनी, घास और रेशे का घोंसला बनाते हैं। 3–4 सफेद अंडे देते हैं **संरक्षण महत्व** : वन्यजीव सुरक्षा अधिनियम – शेड्यूल 4 **(प्लेट 49, चित्र 377)**

व्हाईट–बेल्लीड ड्रोन्गो *डाईक्रुरस सीरुलेसेन्स*

जंगली भुजन्गा 24 से.मी.

वितरण : राजस्थान के पूर्वी भाग में **पहचान** : आँख लाल–भूरी, चोंच और पैर काले; सामान्य भुजन्गो से कुछ छोटा आकार, गहरा काला–धूसर रंग, गहराई से विभक्त पूंछ; सीना धूसर–भूरा, पेट और पूंछ का निचला भाग सफेद **व्यवहार और आवास** : वन क्षेत्र, वृक्ष कुंज, अमराई और बाग–बगीचों में रहते हैं, खुले स्थान पर नहीं दिखते; 2–3 की संख्या में एक साथ रहते हैं। उड़ने वाले कीड़े फ्लाई कैचर की तरह पकड़ते हैं। शाम को अँधेरा होने तक कीड़े पकड़ते रहते हैं **भोजन** : झींगुर, दीमक, टिड्डे और अन्य कीड़े, फूलों का पराग भी **प्रजनन** : मार्च से जून; घास, टहनी और रेशे का घोंसला बना कर उसमें 2–4 गुलाबी, गहरे भूरे धब्बेदार अंडे देते हैं **संरक्षण महत्व** : वन्यजीव सुरक्षा अधिनियम – शेड्यूल 4 **(प्लेट 49, चित्र 378)**

एशी वूडस्वैलो *आर्टामस फस्कस*

अबाबील लटोरा 19 से.मी.

वितरण : पूर्व और दक्षिण पूर्व राजस्थान के कतिपय स्थानों में **पहचान** : चोंच नीली, पैर नीले–धूसर; ऊपरी शरीर का रंग गहरा धूसर, पूंछ के सिरे पर सफेद, पुट्ठा पीत–धूसर; गला धूसर, बाकी का अधोभाग गुलाबी आभा लिये हुए सफेद; चोंच मोटी **व्यवहार और आवास** : खुले जंगल, खजूर के पेड़ों वाले क्षेत्र में पाये जाते हैं। सामूहिक, छोटे झुंड में रहते हैं। एक दूसरे से सटकर तार या शाखा पर बैठते हैं। चपल और आक्रामक; कीड़े आदि पकड़ने के लिये छोटी उड़ान भरते हैं **भोजन** : तितली, दीमक, ड्रैगनफ्लाई और अन्य उड़ाने वाले कीड़े **प्रजनन** : मार्च से जून; खजूर के पेड़ों पर मुलायम घास, रेशे, जड़ आदि का घोंसला बनाते हैं। 2–3 हरित–सफेद धब्बेदार अंडे देते हैं **संरक्षण महत्व** : वन्यजीव सुरक्षा अधिनियम – अपेन्डिक्स 1 **(प्लेट 49, चित्र 379)**

रुफस ट्रीपाई *डेन्ड्रोसिट्टा वेगाबौन्डा*

महालत 30 से.मी.

वितरण : लगभग सम्पूर्ण राजस्थान, पश्चिमी मरुस्थल के अतिरिक्त **पहचान** : आँख भूरी–लाल, चोंच और पैर चमकीले धूसर; सिर, गला, सीना और गर्दन धूसर, ऊपरी शरीर चमकीला लालाभ–भूरा; लम्बी धूसर और

सफेद पूंछ के सिरे पर चौड़ी काली पट्टी; डैनों पर काला और सफेद **व्यवहार और आवास** : सामान्य, सामाजिक और पेड़ पर रहने वाला पक्षी; पतझड़ी वन, खेत, बाग–बगीचे और मानवीय आबादी के पास प्रायः रहते हैं। पेड़ से पेड़ भोजन की तलाश में घूमते रहते हैं। निडर, आदमी के पास आ जाते हैं **भोजन** : फल, कीड़े, सांप, पक्षियों के अंडे और बच्चे **प्रजनन** : मार्च से जुलाई; टहनियों, घास और मुलायम जड़ों का घोंसला बना कर उसमें 4–5 हलके लाल, धूसर या बादामी धारीदार अंडे देते हैं **संरक्षण महत्व** : वन्यजीव सुरक्षा अधिनियम – शेड्यूल 4 **(प्लेट 49, चित्र 380)**

हाउस क्रो *कौर्वस स्प्लेन्डेन्स*

कौआ 40 से.मी.

वितरण : सम्पूर्ण राजस्थान **पहचान** : चोंच और पैर काले; चमकदार काला रंग, गर्दन, ऊपरी सीना और ऊपरी पीठ धूसर; माथा, कपाल और गला चमकीला काला; अति सामान्य, इनको लगभग सभी पहचानते हैं **व्यवहार और आवास** : मानवीय आबादी के साथ ही रहते हैं, गांव से लेकर बड़े–बड़े शहरों तक; सामाजिक, समझदार, बुद्धिमान, मनुष्य के साथ रहने के बाद भी सजग, पास नहीं आने देते **भोजन** : सर्वभक्षी, शाकाहार, मांसाहार, गंदगी और पका हुआ भोजन **प्रजनन** : मार्च से जुलाई; बड़े आकार का टहनी, बाल, रेशे और घास–पात का घोंसला बना कर 4–5 हलके नीले–हरे रंग के अंडे देते हैं। कोयल इनके घोंसले में अंडे देती है और ये उनके बच्चों का पालन करते हैं **संरक्षण महत्व** : वन्यजीव सुरक्षा अधिनियम – शेड्यूल 5 **(प्लेट 50, चित्र 381)**

जंगल क्रो *कौर्वस मैक्रोर्हिंकस*

जंगली कौआ 48 से.मी.

वितरण : पूर्व और दक्षिण राजस्थान में सामान्य **पहचान** : चोंच और पैर काले; चमकीला काला रंग, भारी, मोटी चोंच; पूंछ सिरे पर गोलाई लिये हुए; बड़े आकार और पूरे काले रंग द्वारा सबसे अलग पहचाने जाते हैं **व्यवहार और आवास** : वन क्षेत्र, गांवों के पास वृक्ष कुंज, मन्दिर, अमराई और अनेक स्थानों पर शहरी आबादी के पास पाये जाते हैं। प्रायः अकेले या जोड़े में रहते हैं। समझदार, सजग और बुद्धिमान **भोजन** : सर्वभक्षी; शाकाहार और मांसाहार; गन्दगी और पका भोजन भी **प्रजनन** : फरवरी से जून; टहनियों, घास–पात, बाल आदि का बड़ा सा घोंसला बनाते हैं। 3–5

हलके नीले–हरे अंडे देते हैं **संरक्षण महत्व** : वन्यजीव सुरक्षा अधिनियम – शेड्यूल 4 **(प्लेट 50, चित्र 382)**

कौमन रैवन *कौर्वस कोरेक्स*

डोम काक 58–69 से.मी.

वितरण : अप्रवासी; प्रायः पश्चिम और उत्तर राजस्थान, अन्य स्थानों पर यदा–कदा **पहचान** : चोंच और पैर काले; बड़ा आकार, पूरा शरीर चमकदार काला; जंगली कौवे से बड़े आकार और आवाज़ के आधार पर अलग से पहचाने जा सकते हैं। उड़ान में इनकी लम्बी और सिरे पर तिकोनी पूंछ भी पहचान में सहायक **व्यवहार और आवास** : अकेले या जोड़े में पाये जाते हैं। सफेद गिद्ध और चील आदि के साथ मरे मवेशियों को फेंकने के स्थान पर देखे जाते हैं। अन्य कौवों के मुकाबले मानवीय आबादी से दूर रहने वाले; अधिकतर नहर, गांव के सीमान्त अर्द्ध मरुस्थल में रहते हैं **भोजन** : मरे मवेशी, छिपकली, मछली, मेंढक, कीड़े और इल्लियां **प्रजनन** : दिसम्बर से मार्च। टहनी, घास–पात का बड़े आकार का घोंसला बना कर 3–6 हलके नीले–हरे अंडे देते हैं **संरक्षण महत्व** : वन्यजीव सुरक्षा अधिनियम – शेड्यूल 4 **(प्लेट 50, चित्र 383)**

सरीसृप

मार्श क्रोकोडाईल *क्रोकोडाईलस पालुस्ट्रिस*

मगर लम्बाई वयस्क 3–4 मीटर

वितरण : पूर्व, दक्षिण पूर्व, दक्षिण और दक्षिण पश्चिम राजस्थान **पहचान** : रंग जैतूनी–हरा, काले धब्बे अवयस्क में अधिक स्पष्ट, अधोभाग पीले सफेद; थूथन चौड़ा, आंखों के आगे उभार नहीं, सिर के पीछे की ओर 4 उभार (पोस्ट ओक्सीपिटल); पीठ पर 6 आड़े कठोर चमड़े में धंसे हुए अस्थि–उभारों की 16–17 लम्बवत पंक्तियों का कवच, अधोभाग पर कवच नहीं; पूंछ पर चपटे–खड़े प्लेटनुमा उभारों की दो पंक्तियां जो छोर तक जाते–जाते एक पंक्ति में बदल जातीं हैं, अंगुलियां झिल्ली से जुड़ी हुईं **व्यवहार और आवास** : नदियों, इनसे जुड़ी हुई जलधाराओं, तालाबों, झीलों, बांधों और नहरों में; गर्मियों में तालाब आदि सूखने की स्थिति में बड़े जलक्षेत्रों पर चले जाते हैं, सर्दी में वयस्क दिन का अधिक समय किनारे पर या चट्टानों पर धूप सेंकते हुए बिताते हैं, अवयस्क पानी की सुरक्षा के अधिक समीप रहते हैं, पानी के अंदर सुरंग बना कर रहते हैं, पेट को जमीन के ऊपर उठा कर चलते हैं, अच्छे तैराक; डराने के लिये जोर से फुंफकारते हैं, भैंस जैसी आवाज भी निकालते हैं **भोजन** : मछली, पक्षी, जानवर आदि, बच्चे मछली, मेंढक, घोंघे आदि **प्रजनन** : नर–मादा का मिलन गर्मियों में, अंडे 3–40 तक, बच्चों का जन्म बरसात में, मादा अंडों और बच्चों की सुरक्षा करती है **संरक्षण महत्व** : वन्यजीव सुरक्षा अधिनियम – शेड्यूल 1, आई.यू.सी.एन. – संकट में **(प्लेट 51, चित्र 384)**

घरियाल *गैविएलस गेंजेटिकस*

घड़ियाल लम्बाई 5–6.5 मीटर

वितरण : पूर्व, दक्षिण पूर्व राजस्थान, राष्ट्रीय चम्बल अभ्यारण्य में **पहचान**: रंग गहरा जैतूनी–हरा या जैतूनी–भूरा, अधोभाग सफेद या हलका पीलापन लिये हुए, अवयस्क के शरीर पर परंपरागत और पूंछ पर 9 गहरी खड़ी पट्टियां; इसका लम्बा, पतला थूथन इसको मगर से अलग करता है; वयस्क नर के थूथन के सिरे पर एक घड़े जैसे उभार के कारण इनका हिन्दी नाम घड़ियाल; ऊपर के जबड़े में 27–29 दाँत, नीचे के जबड़े में 25–26, जबड़ा कमजोर, दाँत केवल मछली पकड़ने के लिये **व्यवहार और**

आवास : दुर्लभ, ताजे पानी की नदियों में गहरी दह के निवासी, जहाँ मछलियों की बहुतायत हो; नदी के बहाव क्षेत्र में रेत के टीलों या रेतीले तटों पर धूप का सेवन करते हैं, यह इनके शरीर के पाचन तंत्र के लिये अतिआवश्यक है; अच्छे तैराक पर भूमि पर पेट को घसीट कर चलते हैं **भोजन** : मुख्य रूप से मछली, पर कछुवे, छोटे जानवर भी **प्रजनन** : प्रजननकाल में अपने क्षेत्र की सुरक्षा करते हैं, घोंसले मार्च–अप्रैल में, कठोर आवरण अंडे सफेद, लगभग 40 बच्चे, अंडे सेकने का औसत समय 84 दिन, अंडों और बच्चों की सुरक्षा करते हैं **संरक्षण महत्व** : वन्यजीव सुरक्षा अधिनियम – शेड्यूल 1, आई.यू.सी.एन. – चरम संकट में **(प्लेट 51, चित्र 385)**

इंडियन स्टार टोरटोईज *जिओकीलोन एलीगेन्स*

कछुआ लम्बाई 38 से.मी.

वितरण : पश्चिम, मध्य और दक्षिण राजस्थान **पहचान** : ऊपरी कवच का मूल रंग गहरा या हलका भूरा, जिस पर पीले रंग के तारे जैसे निशान; पृष्ठ कवच (केरापेस) उन्नत, बगल में चपटा; अधोकवच (प्लास्ट्रोन) नतोदर; ऊपरी जबड़े में दो या तीन 'कस्प'; भूरे–पीले सिर और पैर पर कुछ–कुछ काला रंग **व्यवहार और आवास** : मरुस्थल के किनारे और कटीली झाड़ियों वाले रेतीले/सूखे मैदान इनके लिये आदर्श आवास हैं, सुबह और शाम को झाड़ियों व अन्य छुपने के स्थान से निकलता है; बरसात के मौसम में अधिक चपल दिखता है **भोजनः** मूलतः शाकाहारी – घास, फल, पत्तियां और यदा–कदा मांस **प्रजननः** वर्षा ऋतु में नर–मादा का मिलन, मादा 3–7 कठोर–भुरभुरे अंडे भूमि या रेत में गड्ढा खोद कर उसमें देती है; बच्चे निकलने में 47–178 दिन लगते हैं **संरक्षण महत्व** : वन्यजीव सुरक्षा अधिनियम – शेड्यूल 4, आई.यू.सी.एन. – असुरक्षित **(प्लेट 51, चित्र 386)**

इंडियन साफ्ट–शैल टर्टल *अस्पेरडेटस (निलसोनिआ) गेंजेटिकस*

चातल लम्बाई 70–94 से.मी.

वितरण : पूर्व, दक्षिण पूर्व और दक्षिण राजस्थान **पहचान** : पृष्ठ कवच काला–भूरा, काला–हरा, उस पर काली आड़ी–टेढ़ी रेखायें, अंडाकार और दबा हुआ; अवयस्क के कवच पर 3–6 पीली परिधि वाले आँख जैसे गोले; सिर हरा, माथे के पीछे से अनेक तिरछी काली धारियां; अधो कवच पीत; थूथन थोड़ा नीचे झुका हुआ **व्यवहार और आवास** : नदियां, झील, तालाब,

बाँध और मंदिरों के तालाब इसके प्रमुख आवास हैं, पूर्व राजस्थान में अनेक छोटे–छोटे तालाबों पर भी बहुत बड़ी संख्या में मिलते हैं, पानी में गिरे मरे जानवर आदि खाकर वातावरण को शुद्ध रखते हैं, समूह में आक्रमण भी कर देते हैं **भोजन** : सर्वभक्षी; जलीय वनस्पतियां, छोटे कछुए, मगरमच्छ, पक्षी और मरे जानवर **प्रजनन** : वर्षाकाल; 13–35 गोल, कठोर कवच अंडे अगस्त से दिसम्बर तक दिये जाते हैं **संरक्षण महत्व** : वन्यजीव सुरक्षा अधिनियम – शेड्यूल 1, आई.यू.सी.एन. – असुरक्षित **(प्लेट 51, चित्र 387)**

इंडियन पीकाक साफ्ट–शैल टर्टल *अस्पेरडेटस (निलसोनिआ) हुरम*

कठवा, चारपैया लम्बाई 55–60 से.मी.

वितरण : पूर्व, दक्षिण पूर्व राजस्थान **पहचान** : पृष्ठ कवच जैतूनी हरा, महीन काली रेखायें, अवयस्क की पीठ पर पीली परिधि वाले गोले; सिर और पैर हरे; सिर बड़ा और थूथन नीचे झुका हुआ; पृष्ठ कवच नीचा और अंडाकार; आंखों के पीछे पीले धब्बे; नर की पूंछ मादा से अधिक मोटी और गुदा उसके सिरे पर **व्यवहार और आवास** : बड़ी नदियां, बाँध, झील और तालाब के निवासी **भोजन** : घोंघे, मछली आदि **प्रजनन** : 20–38 अंडे देने का समय अगस्त से दिसम्बर तक, बच्चों का अंडे से निकलना बरसात के पहले **संरक्षण महत्व** : वन्यजीव सुरक्षा अधिनियम – शेड्यूल 1, आई.यू. सी.एन. – असुरक्षित

नैरो–हैडेड साफ्ट–शैल टर्टल *चित्रा इंडिका*

सेंओतर लम्बाई 1.5 मीटर तक

वितरण : दुर्लभ, पूर्व राजस्थान में चम्बल नदी में **पहचान** : पृष्ठ कवच का मूल रंग जैतूनी या नील–धूसर, उस पर लहरदार रेखायें जो कि कवच से गर्दन और सिर तक फैली हुई; गर्दन के पिछले भाग से एक V जैसा निशान पीठ तक; सिर छोटा और लम्बा, गर्दन और सिर अभिन्न, थूथन गोलाकार; आंखें नथुनों के पास; अधोकवच सफेद **व्यवहार और आवास** : बड़ी नदियों में ही पाये जाते हैं, राजस्थान में राष्ट्रीय चम्बल अभ्यारण्य में ही देखे गये हैं **भोजन** : मांसाहारी; मछलियां, घोंघे आदि **प्रजनन** : अगस्त–सितम्बर में मादा रेतीली जमीन में खोदे गये घोंसले में 65–187 अंडे देती है, अंडे सेकने का समय 40–70 दिन **संरक्षण महत्व** : वन्यजीव सुरक्षा अधिनियम – शेड्यूल 4, आई.यू.सी.एन. – संकट में।

इंडियन फ्लैप–शेल टर्टल *लिसेमिस पन्क्टाटा*
मटिया, सुन्दरी लम्बाई 37 से.मी. तक

वितरण : लगभग सम्पूर्ण राजस्थान में **पहचान** : पृष्ठ कवच अंडाकार, जैतूनी–भूरे रंग का, जिस पर पीले धब्बे; सिर हरे रंग का जिस पर पीले धब्बे; पीले या काले धब्बों या धारियों के आधार पर दो प्रजातियों का राजस्थान में होना माना जाता है; कवच त्वचा से ढंका हुआ **व्यवहार और आवास** : पोखरों, तालाबों का सामान्य कछुआ, जो अधिकतर छिछले पानी में रहता है; विभिन्न जलवायु के अनुकूल; अच्छे तैराक पर कीचड़ में छुप कर शिकार करते हैं, भूमि पर आसानी से चलते हैं, बरसात के मौसम में एक जलक्षेत्र से दूसरे पर आते–जाते रहते हैं **भोजन** : सर्वभक्षी, जलीय वनस्पति, मछली, मेंढक, झींगे, घोंघे आदि **प्रजनन** : 5–14 अंडे अक्टूबर–नवम्बर में, बच्चे लगभग 270 दिन में निकलते हैं **संरक्षण महत्व** : वन्यजीव सुरक्षा अधिनियम – शेड्यूल 1 **(प्लेट 51, चित्र 388)**

क्राउंड रिवर टर्टल *हार्डेल्ला थुर्जी*
काला ढोंड, काली कौंठा लम्बाई मादा 61 सेमी. तक, नर छोटा

वितरण : पूर्व राजस्थान, मुख्यतः चम्बल नदी में **पहचान** : गहरे भूरे रंग का पृष्ठ कवच, जिस पर धूसर काले रंग की रीढ़ की उठी हुई पट्टी; अधो कवच पीला, प्रत्येक 'स्क्यूट' पर काला धब्बा; सिर से दोनों ओर चार नारंगी–पीली धारियां; भूरे पैरों के किनारे पीले; पृष्ठ कवच दबा हुआ, रीढ़ कवच के ऊपर 'कील' (कांटे जैसा उभार); सिर बड़ा, थूथन नीचे के जबड़े के आगे निकला हुआ; पूंछ छोटी **व्यवहार और आवास** : धीरे–धीरे बहने वाली बड़ी नदियों और जलाशयों के निवासी, शर्मीले, शिकार होता है **भोजन** : शाकाहारी, जलीय वनस्पतियां **प्रजनन** : एक बार में 8–13 अंडे सितम्बर से जनवरी तक, एक ऋतु में मादा 30–100 तक अंडे दे सकती है, अंडे लम्बोतर, सेकने का समय 273 दिन तक **संरक्षण महत्व** : आई.यू.सी.एन. – असुरक्षित **(प्लेट 51, चित्र 389)**

पेन्टेड रूफ्ड टर्टल
(रेड क्राउंड रूफ्ड टर्टल) *कचूगा (बटागुर) कचूगा*
साल, साधुआ लम्बाई 49–56 से.मी. तक, नर छोटा

वितरण : पूर्व राजस्थान, चम्बल नदी में **पहचान** : नर का पृष्ठ कवच भूरा या जैतूनी, मादा का गहरा भूरा या काला, अधो कवच हलका पीला;

वयस्क नर का सिर नीला–काला, थूथन पर लाल धब्बा, सिर के बगल में दो पीली पट्टियां और छः लाल पट्टियां गर्दन पर, मादा का सिर भूरा–काला, और नीचे का जबड़ा पीत या चाँदी जैसा; उन्नत पृष्ठ कवच, रीढ़ की 'कील' पर गांठें, दूसरी पर स्पष्ट; थूथन हलका उठा हुआ, नर की पूंछ लम्बी, गुदा कवच के बाहर **व्यवहार और आवास** : बड़ी नदियों के निवासी; नदी के किनारे रेत, चट्टान और लकड़ी के लट्ठों पर धूप सेंकते देखे जा सकते हैं **भोजन** : शाकाहारी, जलीय वनस्पति **प्रजनन** : मार्च–अप्रैल और दिसम्बर में भी, मादा 11–30 अंडे देती है **संरक्षण महत्व** : वन्यजीव सुरक्षा अधिनियम – शेड्यूल 1, आई.यू.सी.एन. – चरम संकट में **(प्लेट 52, चित्र 390)**

थ्री–स्ट्राइप्ड रूफ्ड टर्टल *कचूगा (बटागुर) ढोंगोका*

ढोर, ढुंडी लम्बाई 40–48 से.मी., नर छोटा

वितरण : राजस्थान में केवल चम्बल नदी में **पहचान** : पृष्ठ कवच भूरा या जैतूनी, उस पर तीन काली पट्टियां – एक रीढ़ पर और दो बगल में; भूरे सिर पर एक पीत या सफेद पट्टी, पृष्ठ कवच चपटा पर रीढ़ का भाग उन्नत और कवच का पीछे का भाग चौड़ाई लेता हुआ, रीढ़ की दूसरी 'शील्ड' तीसरी के ऊपर चढ़ी हुई; थूथन नुकीला; अधो कवच पीत और संकरा; प्रजनन काल में नर की गर्दन पर लाल रेखा और गले पर लाल या पीला धब्बे, सिर के ऊपर लाल और बगल में नीला रंग **व्यवहार और आवास** : बड़ी और मध्यम नदियों के निवासी **भोजन** : शाकाहारी, नर शायद सर्वभक्षी **प्रजनन** : मादा रेत में गड्ढा बना कर अंडे देती हैं, प्रायः 10–30 अंड़ों के समूह में, अधिक जानकारी उपलब्ध नहीं **संरक्षण महत्व** : वन्यजीव सुरक्षा अधिनियम – शेड्यूल 1, आई.यू.सी.एन. – संकट में **(प्लेट 52, चित्र 391)**

इंडियन रूफ्ड टर्टल *पंगसुरा टेक्टम (कचूगा टेक्टा)*

तिलहरा, चंदन कछुआ लम्बाई 18–25 से.मी.

वितरण : पूर्व, दक्षिण पूर्व राजस्थान में **पहचान** : पृष्ठ कवच जैतूनी–भूरा, 'कील' लाल; अधो कवच गुलाबी–पीला और प्रत्येक 'स्क्यूट' पर 2–3 काले धब्बे, गर्दन पर पतली पीली धारियां और आँख के पीछे लाल अर्द्ध चन्द्राकार, पृष्ठ कवच उन्नत, रीढ़ की 'कील' तीसरे कशेरुका पर कांटे जैसी उठी हुई; आगे के पैरों पर पीले धब्बे, नर की पूंछ पर सफेद और

मादा की पूंछ पर पीली वलय **व्यवहार और आवास** : तालाब, झील, बाँध के रुके हुए पानी का निवासी, पर नदीं के बीच रुके पानी में भी मिलता है; सामूहिक रूप से धूप सेंकते देखे जा सकते हैं **भोजन** : शाकाहारी **प्रजनन**: फरवरी–मार्च में, अधिक जानकारी उपलब्ध नहीं **संरक्षण महत्व** : वन्यजीव सुरक्षा अधिनियम – शेड्यूल 1 **(प्लेट 52, चित्र 392)**

इंडियन टेन्ट टर्टल *पंगसुरा टेन्टोरिआ सिरकम्डाटा (स्थानिक)*

पचेरा लम्बाई 27 से.मी., नर छोटा

वितरण : पूर्व राजस्थान में राष्ट्रीय चम्बल अभ्यारण्य और केवलादेव राष्ट्रीय उद्यान में **पहचान** : पृष्ठ कवच जैतूनी–हरा, 'प्लूरल' (बगल) और 'मार्जिनल' (किनारा) के 'स्क्यूट' के बीच गुलाबी वलय; अधो कवच पीला, उस पर काले धब्बे; सिर जैतूनी–हरा, आँख के पीछे गुलाबी रेखा और कान के पीछे गुलाबी बिन्दु, इस आधार पर राजस्थान में पाये गये इंडियन टेन्ट टर्टल को 'सिरकम्डाटा' उप प्रजाति का माना जाता है; पृष्ठ कवच उन्नत और रीढ़ की तीसरी 'कील' पर काँटा; थूथन नुकीला; इंडियन रूफ्ड टर्टल से इसको अलग पहचानने में इसकी रीढ़ की दूसरी 'शील्ड' का तीसरी से छोटी होना है **व्यवहार और आवास** : नदी और तालाब में पाया जाता है **भोजन** : मादा शाकाहारी, नर और अवयस्क सर्वभक्षी **प्रजनन** : मादा अक्टूबर से जनवरी तक 3–12 अंडे नदी के किनारे की उपयुक्त भूमि को खोद कर गड्ढे में देती है; अंडे सेकने का समय 5 से 8 महीने तक का होता है; अंडे वातावरण का तापमान 30° सेंटीग्रेड होने तक सुप्तावस्था में रहते हैं **संरक्षण महत्व** : वन्यजीव सुरक्षा अधिनियम – शेड्यूल 1 **(प्लेट 52, चित्र 393)**

स्पाटेड पोंड टर्टल *जिओक्लेमिस हेमिल्टोनी*

लम्बाई 41 से.मी. तक, नर छोटा

वितरण : दुर्लभ, पूर्व राजस्थान में केवलादेव राष्ट्रीय उद्यान **पहचान** : पृष्ठ कवच लम्बोतर, उन्नत, 3 'कील' या उभार के साथ, काले कवच पर पीले धब्बे और चकत्ते, काले सिर पर भी पीले धब्बे और गर्दन व पैरों पर छोटे–छोटे सफेद बिंदु, सिर बड़ा, थूथन छोटा, मजबूत जबड़े, पीत अधो–कवच पर गहरे निशान **व्यवहार और आवास** : नदियों, तालाब और दलदल का निवासी **भोजन** : घोंघे, फल, पत्तियां और घास **प्रजनन** : गर्मी की ऋतु में, मादा 13–24 कठोर पर भुरभुरे अंडे देती है, बच्चे निकलने का

समय 23–76 दिन **संरक्षण महत्व** : वन्यजीव सुरक्षा अधिनियम – शेड्यूल 1, आई.यू.सी.एन. – असुरक्षित **(प्लेट 52, चित्र 394)**

नोदर्न हाऊस गेको *हेमीडेक्टाईलस फ्लेविविरिडिस*

छिपकली लम्बाई 15–18 से.मी.

वितरण : सामान्य, सम्पूर्ण राजस्थान **पहचान** : रंग पीत–धूसर, गर्मियों में गहरा धूसर और उस पर 5 गहरी लहरदार पट्टियां, अधोभाग पीलापन लिये हुए; शरीर चपटा; मुंह से गुदा तक की लम्बाई और पूंछ की लम्बाई लगभग बराबर, पैर की उंगलियां चौड़ी, तलवे पर झिल्ली जैसे शल्क की जोड़ी (लेमिल्ला) जो कि दीवार पर चलने और चिपकने में सहायक, उंगलियों पर लेमिल्ला की संख्या के आधार पर ही पक्की पहचान की जाती है; ऊपर की त्वचा खुरदुरी **व्यवहार और आवास** : घरों में रहने वाली सामान्य छिपकली, अपने क्षेत्र की सुरक्षा करते हैं, छुपने और शिकार के निश्चित स्थान; रात्रिचर, शिकार के लिये अँधेरा होते ही निकलते हैं, भोजन की प्रचुरता होने पर क्षेत्रीयता का भाव कम; गतिविधि मौसम अनुकूल, शरद ऋतु सुप्तावस्था में बिताते हैं, मौसम के गरमाने के साथ गतिविधि बढ़ जाती है **भोजन** : कीड़े–मकोड़े, कभी–कभी छोटी छिपकली भी **प्रजनन** : मार्च–मई में; मादा 1–3 अंडे दीवार की दरार, कोने या छेद में देती है; बच्चे निकलने का समय 33–54 दिन; बच्चे 2–4 माह में वयस्क हो जाते हैं **संरक्षण महत्वः** राजस्थान में पाई जाने वाली सभी 'गेको' छिपकलियां असंरक्षित **(प्लेट 52, चित्र 395)**

लेमिल्ला की संख्या	**पैर की पहली उँगली**	**पैर की चौथी उँगली**
नोदर्न हाऊस गेको	7–10	11–14
बार्क गेको		6–7
ब्रूक्स गेको	5–6	7–10
राक गेको	9–10	11–13

बार्क (ट्री) गेको *हेमीडेक्टाईलस लेशनाल्टी*

पेड़ की छिपकली लम्बाई 16.6 से.मी.

वितरण : लगभग सम्पूर्ण राजस्थान **पहचान** : बहुत कुछ हाऊस गेको जैसी पर रंग गहरा धूसर, ऊपर गहरी काली–भूरी लहरदार पट्टियों के पीछे

सफेद रेखायें, इनके कारण यह पेड़ों की छाल की पृष्ठभूमि में छुप जाती है; सिर पर काले धब्बे **व्यवहार और आवास** : सामान्य; अनेक स्थानों पर इमारतों, दरारों में पाई जाती है पर मुख्यतः सड़क के किनारे के पेड़ों और बरगद, इमली जैसे पेड़ों पर जिनकी छाल में छुपने के लिये दरारें, छिद्र आदि होते हैं **भोजन** : कीड़े–मकोड़े **प्रजनन** : अप्रैल से जुलाई के बीच मादा जोड़े में अंडे देती है; बच्चे निकलने का समय 32 दिन **(प्लेट 53, चित्र 396)**

ब्रूक्स गेको *हेमीडेक्टाईलस ब्रूकी*

ब्रूक छिपकली लम्बाई 13.5 से.मी.

वितरण : लगभग सम्पूर्ण राजस्थान, पश्चिम में अति सामान्य **पहचान** : हलके पीले–भूरे या धूसर रंग की छोटी छिपकली, पीठ पर गहरे भूरे धब्बे, अधोभाग सफेद–भूरा; पीठ पर शंकु के आकार के कतारबद्ध मस्से **व्यवहार और आवास** : अधिकतर पत्थरों और चट्टानों के नीचे पाई जाती है, कभी–कभी भवनों और पेड़ों पर भी; धुंधलका होने पर इनकी तेज चक–चक–चक आवाज अक्सर सुनाई पड़ती है **भोजन** : कीड़े **प्रजनन** : गर्मियों में मादा दो अंडे देती है, बच्चे निकलने का समय 39 दिन।

टर्माइट हिल गेको *हेमीडेक्टाईलस ट्राएड्रस*

दीमकखोर छिपकली लम्बाई 17 से.मी.

वितरण : पश्चिम, मध्य और दक्षिण राजस्थान **पहचान** : पृष्ठभाग गुलाबी पीत–भूरा, अवयस्क के शरीर पर सफेद मस्सों की रेखा से घिरी गहरे रंग की चार आड़ी पट्टियां और जैतूनी हरी धारियां; वयस्क की पीठ पर गहरी पट्टियां; पीठ और बगल में बड़े मस्सों की 16–18 कतारें; सिर के बगल में गहरी–भूरी पट्टी जिसके किनारे सफेद; अधोभाग सफेद; आंखों के ऊपर हरापन; माथा हलका दबा हुआ; पूंछ गोलाकार, पीछे की ओर पतली होती हुई, पूंछ पर शल्क और ग्रन्थियों के वलय **व्यवहार और आवास** : भूमि पर रहने वाली छिपकली, जिसे प्रायः दीमक की बाम्बियों के पास पाया जाता है; कीटभक्षी; अधिक जानकारी उपलब्ध नहीं **(प्लेट 53, चित्र 397)**

राक गेको *हेमीडेक्टाईलस मेक्यूलेटस*

चट्टानी छिपकली लम्बाई 27 से.मी.

वितरण : पश्चिम, मध्य, दक्षिण राजस्थान **पहचान** : बड़ा आकार, धूसर पृष्ठ भाग पर गहरे भूरे चकत्ते, पीठ पर जिनके वलय बन जाते हैं,

सिर के बगल में दो या अधिक गहरी पट्टियां जो कि आँख के बीच से जाती है; कर्ण छिद्र बड़े; पृष्ठ भाग पर खुरदरे शल्क और ग्रन्थियां; सिर बड़ा और अंडाकार; पूंछ गोलाकार और थोड़ी चपटी, काली धारियां और वलय; अधोभाग मटमैला सफेद **व्यवहार और आवास** : मुख्य रूप से चट्टानों, गुफाओं, यदा कदा दीवारों और पेड़ों पर भी पाई जाती है **भोजन** : कीट व अन्य छिपकलियां **प्रजनन** : ग्रीष्म ऋतु, अंडे 2।

कौमन लेपर्ड गेको *युब्लेफेरिस मेक्युलेरिअस*

लम्बाई 21 से.मी.

वितरण : पश्चिम राजस्थान **पहचान** : अवयस्क के गहरे भूरे पृष्ठ भाग पर पीली व सफेद पट्टियां, वयस्क के हलके भूरे शरीर पर पीली या नीली–धूसर धारियां, धब्बे और लहरदार निशान; आंखों पर पलकें, भारी बनावट और मोटी पूंछ इसकी पहचान में सहायक **व्यवहार और आवास** : गर्म और शुष्क इलाकों की निवासी; रात्रिचर; सिर को अगल–बगल झटक कर मशीनी आवाज निकालती है **भोजन** : कीट–पतंगे, भुनगे और अन्य छिपकलियां **प्रजनन** : ग्रीष्म ऋतु, 2 अंडे।

रफ बेन्ट–टेल्ड गेको *सिर्टोपोडिआन स्केब्रम*

लम्बाई 7.5–11.7 से.मी.

वितरण : पश्चिम राजस्थान **पहचान** : रेतीले रंग के शरीर पर भूरे धब्बे, अधोभाग सफेद; बड़ी, कोणीय पर की अंगुलियां, ठोढ़ी के नीचे बड़े शल्क के दो जोड़े; सिर चपटा, आंखें बड़ी, पुतली खड़ी, पूंछ, सिर और शरीर से अधिक लम्बी **व्यवहार और आवास** : रेतीले, कंटीली झड़ियों वाले या सूखे घास के मैदान और मानवीय बस्तियां; रात्रिचर; भूमि पर रहने वाली छिपकली **भोजन** : कीट–पतंगे **प्रजनन** : मार्च से अगस्त; मादा 1–2 कठोर कवच वाले अंडे देती है, एक मौसम में 3 बार तक।

ब्राह्मनी स्किंक
(कील्ड इंडियन मबूया) *यूट्रोपिस (मबूया) केरिनाटा*

बामनी लम्बाई अधिकतम 29 से.मी.

वितरण : लगभग सम्पूर्ण राजस्थान **पहचान** : चमकीला भूरा या ताम्बई रंग, उस पर गहरे रंग की बूंदें, बगल का रंग अधिक गहरा, आँख से

लेकर पूंछ के आधार तक दो पीत–सफेद धारियां, प्रजनन काल में नर का बगल का भाग लाल, अधोभाग का रंग हलका; सुविकसित पैर; नाक के ऊपर शल्क (सुपरानेसल–सभी मबूया); आँख की नीचे की पलक पर शल्क; पूंछ शरीर से अधिक लम्बी **व्यवहार और आवास** : सामान्य, मानव आबादी के पास और जंगल में मिलता है, भूतल पर रहता है और पत्तियों के ढेर व अन्य स्थानों पर चपलता से अपना भोजन ढूंढता है, अनेक स्थानों पर भोजन की तलाश में घरों में आ जाता है; दिनचर; रात्रि का समय एक ही स्थान विशेष पर बिताते हैं **भोजन** : कीड़े और अन्य छोटे सरीसृप **प्रजनन** : अंडे मादा के शरीर के अंदर बड़े होते हैं, आठ तक बच्चे प्रायः मई–जून में दिखाई देते हैं **(प्लेट 53, चित्र 398)**

लिटल स्किंक

(ब्रांज ग्रास स्किंक) *यूट्रोपिस मेक्यूलेरिआ*

छोटी बामनी लम्बाई 15 से.मी.

वितरण : पश्चिम, मध्य और पूर्व राजस्थान **पहचान** : शरीर भूरा या जैतूनी–भूरा; बगल में गहरा, साधारणतः काली परिधि वाले सफेद छींटे; पृष्ठ भाग एक रंग, कभी–कभी काले धब्बे या चार गहरे बिंदुओं की लम्बवत रेखाएं; पृष्ठ भाग और अधोभाग को अलग करती सुनहरी–सफेद रेखा; अधोभाग पीत–सफेद; ठोढ़ी और गले के शल्कों की परिधी भूरी; थूथन छोटा; कर्ण छिद्र अंडाकार; निचली पलक पर शल्क; शरीर के मध्य में 26–30 शल्क **व्यवहार और आवास** : जंगल, नम हरी घास के मैदान; भूमि पर ही रहते हैं **भोजन** : कीड़े **प्रजनन** : अंडज, मादा 3–4 अंडे गर्मियों में देती है **(प्लेट 53, चित्र 399)**

नोटः स्ट्राइप्डग्रास स्किंक या *यूट्रोपिस दिसिमिलिस* भी पूर्व और मध्य राजस्थान में पाई जाती है; यह प्रायः सूखे इलाकों में रहती है और इसे हलके भूरे रंग के शरीर पर पीत–सफेद पट्टियों और काले बिन्दुओं द्वारा पहचाना जा सकता है।

स्नेक स्किंक *लाईगोसोमा (राओपा) पंक्टेटस*

सांप बामनी लम्बाई 8.5 से.मी. (थूथन से गुदा तक)

वितरण : राजस्थान का पूर्वी भाग **पहचान** : लम्बा सांप जैसा शरीर, थूथन छोटा, आगे के पैर छोटे और कमजोर; शरीर गहरा भूरा, प्रत्येक शल्क के आधार पर एक काला टीका; अवयस्क में ये टीके जुड़ कर रेखाओं जैसे

प्रतीत होते हैं, अवयस्क की पूंछ लाल, जो कि वयस्क होते–होते शरीर के रंग की हो जाती है; अधोभाग पीत–सफेद, प्रत्येक शल्क के मध्य एक काला टीका; निचली पलक पर एक पारदर्शक झिल्ली, पूंछ आधार पर मोटी **व्यवहार और आवास** : भूमिगत जीवनशैली के कारण बहुत कम दिखाई देते हैं, भोजन, प्रजनन आदि जानकारी बहुत कम उपलब्ध **(प्लेट 53, चित्र 400)**

थ्री–फिंगर्ड सैंडफिश *ओफिओमोरस रेथमई*

रेत माई (सिंधी) लम्बाई 18.5 से.मी.

वितरण : पश्चिग और उत्तर राजस्थान **पहचान** : शरीर का रंग रेत जैसा, पूरे पृष्ठ भाग पर गहरे भूरे बारीक टीके, आँख से गुजरती एक काली रेखा; शरीर लम्बा, तीन अंगुलियों वाले पैर छोटे और कमजोर; शरीर की गोलाई पर 22 शल्क; पूंछ की लम्बाई (5.5 से.मी.) शरीर (13 से.मी.) से छोटी, पूंछ मोटी और सिरे पर दबी हुई **व्यवहार और आवास** : रेत के टीलों, छितराई वनस्पति वाले रेतीले मैदानों में रेत के अंदर सुरंग बना कर रहते हैं, दिनचर; शीत–निद्रा में जाते हैं **भोजन** : दीमक, मुलायम शरीर वाले कीड़े–मकोड़े; अधिक जानकारी उपलब्ध नहीं **(प्लेट 53, चित्र 401)**

नोट: विशेषज्ञ मानते हैं कि भारत में पाई जाने वाली प्रजाति 'रेथमई' ही है; 'ट्राईडेक्टाईलस' प्रजाति भारत में नहीं पाई जाती।

इंडियन फ्रिन्ज–फिन्गर्ड लिज़ार्ड *अकेन्थोडेक्टाईलस केन्टोरिस*

लम्बाई 22 से.मी.

वितरण : पश्चिम, उत्तर पश्चिम राजस्थान **पहचान** : शरीर का पृष्ठ भाग गहरा भूरा, छोटे काले गोलों के मध्य सफेद, पैरों पर सफेद गोले, शरीर पर सफेद लम्बवत धारियां जो कि वयस्क में लगभग समाप्त हो जातीं हैं, अधोभाग सफेद, अवयस्क की पूंछ गुलाबी; थूथन नुकीला, आंखों के बीच के शल्क (सुप्राओक्यूलर) चार; निचली पलक पर पारदर्शक झिल्ली; पृष्ठ–शल्क कंधों के मुकाबले पीछे की ओर आकार में बड़े **व्यवहार और आवास** : रेतीला, घनी (मरुप्रदेश की) झाड़ियों युक्त पर्यावास इनके लिये सर्वथा उपयुक्त है; मरुस्थल की सामान्य 'लेसर्टिड' छिपकली; अन्य जानकारी उपलब्ध नहीं **(प्लेट 54, चित्र 402)**

जेर्डन्स स्नेक–आई *ओफिसोप्स जेर्डोनी*

कुल लम्बाई 12.3 से.मी. (थूथन से गुदा 4.2 से.मी., पूंछ 8.1 से.मी.)

वितरण : लगभग सम्पूर्ण राजस्थान **पहचान** : शरीर पीला–भूरा या ताम्बई–भूरा, पृष्ठ भाग पर गले से पूंछ तक काले धब्बों से घिरी दो हलकी पीत रेखायें, अधोभाग पीत–सफेद; हलके चपटे सिर पर उठे हुए कवच; पृष्ठ के शल्क बड़े और उठे हुए; शरीर के बीच की गोलाई पर 28–35 शल्क; पूंछ शरीर से डेढ़ से दो गुनी **व्यवहार और आवास** : सूखे जंगल, चट्टानी क्षेत्र, पत्तियों के ढेर, नम स्थान, बगीचे आदि में रहते हैं, चपल, पलक झपकते सुरक्षित स्थान में चले जाते हैं **भोजन** : कीट–पतंगे **प्रजनन** : मादा मार्च से जुलाई तक 2–7 अंडे देतीं हैं, बच्चे जुलाई से नवम्बर तक निकलते हैं **(प्लेट 54, चित्र 403)**

स्नेक–आई *ओफिसोप्स माइक्रोलेपिस*

लम्बाई 20 से.मी. (थूथन से गुदा 6.2 से.मी., पूंछ 13.8 से.मी.)

वितरण : मध्य, पूर्व, दक्षिण पूर्व और दक्षिण राजस्थान; पश्चिम राजस्थान का स्थानिक **पहचान** : पृष्ठ भाग रेतीला धूसर या भूरा, उस पर छोटे काले धब्बे; सिर का ऊपरी भाग पीत–धूसर, कपाल पर हलके वलय; शरीर पर 1 या 2 पीत धारियां; पैर का ऊपरी भाग जैतूनी–भूरा; अधोभाग सफेद; सिर दबा हुआ, थूथन लम्बा, सिर पर चिकने कवच, आँख के ऊपर चार कवच, कर्ण कवच बड़ा, शरीर के ऊपरी भाग के शल्क छोटे और मध्य शरीर की गोलाई पर 52–64 शल्क; पूंछ शरीर से लगभग दुगनी लम्बी **व्यवहार और आवास** : सूखे पतझड़–वन और कंटीली झाड़ियों वाले घास के मैदान **भोजन : कीड़े**; अन्य जानकारी अनुपलब्ध।

ब्रिलिएंट ग्राउंड अगामा *ट्रपेलस एजिलिस*

कुल लम्बाई 28.5 से.मी. (थूथन से गुदा 10.1 से.मी.,पूंछ 18.4 से.मी.)

वितरण : पश्चिम और उत्तर राजस्थान **पहचान** : सिर का रंग पीला–धूसर, ऊपरी शरीर रेतीला भूरा, पूंछ पर बहुत हलके भूरे छल्ले, पैरों की ऊपरी सतह जैतूनी–भूरी; पीठ पर कभी–कभी दिखने वाली बहुत हलकी

आड़ी रेखायें और रीढ़ पर आँख जैसे गोले; प्रजनन काल में नर का गला, सीना और बगलें हलकी नीली; अधोभाग मटमैले सफेद; शरीर की अधिकतम गोलाई पर 69–81 शल्क, पैर की चौथी अंगुली के नीचे 22–26 'लेमिल्ला'; पूंछ गोल, कम दबी हुई **व्यवहार और आवास** : रेतीले मैदान और टीले; कुछ स्थानों पर उपजाऊ भूमि के पास चट्टानों पर भी मिलते हैं **भोजन** : **कीड़े**; अन्य जानकारी उपलब्ध नहीं **(प्लेट 54, चित्र 404)**

टोड–हैडेड अगामा *फ्राईनोसिफेलस लांगवालन्सिस*

कुल लम्बाई 16.5 से.मी. (थूथन से गुदा 6.5 से.मी., पूंछ 10 से.मी.)

वितरण : पश्चिम राजस्थान के मरु प्रदेश का स्थानिक अगामा **पहचान** : रेतीले पीले या रेतीले धूसर रंग पर बारीक बिंदुओं की बनावट, शरीर पर पाँच हलकी भूरी आड़ी धारियां जो कि जुड़े हुए बिंदुओं से बनती हैं, पहली धारी कंधे पर और पाँचवीं कूल्हे पर; अधोभाग सफेद; पूंछ के नीचे का एक–तिहाई भाग काला, सिरा काला; नासा छिद्र सामने की ओर खुलते हैं, सिर के एक भाग पर बड़े शल्क, पृष्ठ भाग के शल्क कोमल **व्यवहार और आवास** : रेत के मैदान और टीले जहाँ छिटपुट झाड़ियाँ हों; दिनचर; झाड़ियों के बीच दिन में भोजन की तलाश करते या कुछ ऊँची भूमि पर बैठे दिखते हैं, खतरे की आशंका पर पूंछ पीठ की ओर ऊँची कर भागते हैं, अधिक खतरे में पैरों को चला कर रेत में धंस जाते हैं **भोजन** : **कीड़े**; अधिक जानकारी उपलब्ध नहीं।

शौर्ट–टेल्ड ग्राउंड अगामा *ब्राकाईसौरा (लौडकिआ या अगामा) माईनर*

लम्बाई 17 से.मी. (थूथन से गुदा 9 से.मी., पूंछ 8 से.मी.)

वितरण : दक्षिण पूर्व और दक्षिण राजस्थान **पहचान** : पृष्ठ भाग जैतूनी–भूरा या गहरा भूरा पीलापन लिये हुए, सिर पर हलकी भूरी आड़ी धारियां, गर्दन पर सफेद धारी और एक सफेद धारी आंखों से मुंह के कोनों तक; पीठ पर सफेद गोल या विविधाकार धब्बे; गले पर पीले, धूसर बिंदु, अधोभाग पीत–सफेद; पैरों पर धारियां; इसका रंग इसे अपने पर्यावास से घुलने–मिलने में सहायक; प्रजनन काल में मादा चमकीले लाल–पीले रंग की; सिर बड़ा और ऊपर से चपटा, पेट का भाग भारी, पूंछ छोटी; **व्यवहार**

और आवास : सूखे जंगल, चट्टानी घास के मैदान, झाड़ियाँ, खेत के सीमांत; दिनचर, अधिकतर सुबह–शाम; झाड़ियों के नीचे सुरंग और दरारों में छुपते हैं, सुरंग स्वयं नहीं खोदते, दूसरों की सुरंग का उपयोग करते हैं, शांत, आहट पर एक ही स्थान पर रुक जाते हैं **भोजन** : कीड़े – सेंटीपीड, दीमक, झींगुर, टिड्डे, तितलियां पत्तियां और फूल **प्रजनन** : अप्रैल–जून में मादा 4–6 अंडे सुरंग में देती है **(प्लेट 54, चित्र 405)**

कौमन गार्डन लिजार्ड *केलोटिस वर्सिकोलर*

गिरगिट, किरकांटिया

लम्बाई कुल 49 से.मी.
(शरीर 14 से.मी., पूंछ 35 से.मी.)
मादा स्पष्टतः छोटी

वितरण : सम्पूर्ण राजस्थान **पहचान** : समान रूप से भूरा या रेतीला धूसर रंग, पीठ और बगल में धब्बों और रेखाओं के चिन्ह; अंडाकार सिर, शरीर बगल से चपटा; नर के गाल मांसल और फूले हुए; पीठ के शल्क बड़े, उठे हुए, शरीर के मध्य की गोलाई में 35–52 शल्क; पूंछ लम्बी, गोल; नर की रीढ़ पर गर्दन से गुदा के ऊपर तक लम्बे और पीछे की ओर घूमे हुए शल्क **व्यवहार और आवास** : शुष्क मरु प्रदेश से लेकर घने जंगलों तक; सर्व सामान्य; दिनचर; बाग–बगीचों या जंगल के पेड़ों और झाड़ियों पर निवास; चपल; 24° से. से 40° से. तक सामान्य सहनशील, कम तापमान होने पर अचल हो जाते हैं, एक प्रकार से शीत निद्रा में छुप कर रहते हैं **भोजन** : कीड़े, चीटियां, छिपकलियां और छोटे गिरगिट **प्रजनन** : अप्रैल से सितम्बर; प्रजनन काल में नर का सिर, कंधे आदि गहरे लाल रंग के, गले के बगल में काला; मादा 11–23 अंडे नम स्थान की मिट्टी में दबा देती है, 37 से 47 दिन में बच्चे निकलते हैं **(प्लेट 54, चित्र 406)**

फैन–थ्रोटेड लिजार्ड *सिताना पोंटिसिरयाना*

सरगोटा

लम्बाई (थूथन से गुदा) 4–5 से.मी.

वितरण : दक्षिण राजस्थान **पहचान** : भूरा, मध्य–पीठ पर काले घेरों वाले गहरे धब्बे, पीठ पर दो हलके पीत रंग की समानान्तर रेखायें; अधोभाग सफेद; नर के गले का पंखे जैसा भाग प्रजनन काल में चमकीला नीला, बीच में नीला–काला और अंदर की ओर लाल; छोटा आकार, पैरों में चार अंगुलियां (अन्य सभी अगामा में पाँच); नर के गले पर पंखे जैसा थैला; पीठ के शल्क पेट के शल्कों के मुकाबले बड़े; पूंछ शरीर से डेढ़ से दो गुनी **व्यवहार और आवास** : रेतीले मैदान, छितराई झाड़ियों वाले मैदान; भूमि

पर रहने वाले, दिनचर अगामा; तेज छोड़, कभी–कभी पीछे की टांगों पर छोड़ लगाते हैं, झाड़ियों की छाया में दिन बिताते हैं **भोजन** : चीटियां और अन्य कीट **प्रजनन** : अप्रैल–मई; अंडे जुलाई से अक्टूबर तक; मादा एक ऋतु में 11–14 अंडे 2–3 बार दे सकती है।

स्पाइनी–टेल्ड लिजार्ड *यूरोमेस्टिक्स हार्डविकी*

सांडा लम्बाई नर 39–49 से.मी., मादा 34–39 से.मी.

वितरण : पश्चिम और उत्तर राजस्थान **पहचान** : पीला–भूरा या रेतीला रंग, शरीर पर काली बूंदें या पतली लहरदार धारियां; जांघ पर सामने काला धब्बा; छोटा गोल सिर, शरीर चपटा, पूंछ पर उठे हुए कांटेदार शल्क के वलय, इनके बीच में बारीक शल्क के 4–6 वलय; त्वचा ढीली, झुर्रीदार **व्यवहार और आवास** : मरुस्थल और सूखे मैदानों का जीव; रहने के लिये कुछ ऊँचाई वाले स्थान चुनता है; प्रत्येक सांडा अपने द्वारा खोदी हुई सुरंग में रहता है, सुरंगें पास–पास समूह में होतीं हैं, सुरंग दो मीटर की घुमावदार होती है जिसके अंत में रहने का स्थान होता है; शरद ऋतु शीत निद्रा में बिताते हैं, सुरंग के मुंह पर बैठे धूप सेकते देखे जा सकते हैं **भोजन** : शाकाहारी; कैर के फूल, फल और बबूल की फलियां; टिड्डियों के अवयस्क और वयस्क भी **प्रजनन** : बसन्त ऋतु में, अंडे सफेद और कबूतर के अंडे के आकार के, बच्चे जून के बाद **संरक्षण महत्व** : वन्यजीव सुरक्षा अधिनियम – शेड्यूल 2 **(प्लेट 54, चित्र 407)**

कौमन इंडियन मानिटर *वेरेनस बेंगालेन्सिस*

गोह, पाटागोह लम्बाई अधिकतम 175 से.मी.

वितरण : लगभग सम्पूर्ण राजस्थान **पहचान** : वयस्क गोह जैतूनी भूरा या धूसर, छितराये गहरे चकत्ते; अधोभाग पीलापन लिये हुए, अवयस्क गहरे जैतूनी हरे, पीठ पर खड़ी धारियां और गोले; पूंछ कुछ–कुछ चपटी **व्यवहार और आवासः** भूमि के अंदर बिल, दरार या गड्ढों में रहते हैं, घर की छत या दीवारों की दरारों में भी; सभी प्रकार के वातावरण के लिये अनुकूलन क्षमता; खतरे की सम्भावना पर सीधे अपने छुपने के स्थान की ओर भागते हैं, सिर की ओर से बिल में प्रवेश कर फिर पलट जाते हैं, एक बार बिल या दरार में प्रवेश के बाद इनको निकालना बहुत कठिन; भोजन की तलाश में जंगल या मैदान में धीरे–धीरे चलते हैं, इनकी सांप जैसी विभाजित जीभ सदा लपलपाती रहती है; पेड़ पर चढ़ने और तैरने में कुशल

भोजनः चूहा, पक्षी और उनके अंडे, बामनी, छिपकली, गिरगिट, छोटे सांप, मेंढक और कीड़े **प्रजननः** अप्रैल से अक्टूबर; अंडे 8–30, बड़े आकार की मादा अधिक अंडे देती है; अंडे गोलाकार और मुलायम कवच, जमीन में गड्ढा खोद कर उसमें अंडे देती है; बच्चे 8–9 महीने में अंडे से निकलते हैं **संरक्षण महत्वः** वन्यजीव सुरक्षा अधिनियम–शेड्यूल 2 **(प्लेट 55, चित्र 408)**

डेजर्ट मानिटर *वेरेनस ग्रीसिअस*

रेगिस्तानी गोह लम्बाई (औसत) – नर 84 से.मी. (शरीर 37 से.मी.), मादा 75 से.मी. (शरीर 34 से.मी.)

वितरण : थार मरुस्थल राजस्थान **पहचान** : रेगिस्तानी गोह की तीन उप प्रजातियों में सबसे छोटा, भारत और पाकिस्तान में पाई जाने वाली यह उप प्रजाति 'कोनुक्जनई' कहलाती है; हलका भूरा या पीला धूसर रंग, पीठ पर हलके पीले धब्बे, जो कि आयु के साथ कम हो जाते हैं, बच्चे और अवयस्क चमकीले नारंगी पीले गोले और भूरी धारियां; शरीर पर 3–5 गहरे धूसर वलय और पूंछ पर 10–15; इनकी लम्बाई भोजन की उपलब्धता और आयु पर निर्भर; शरीर के मध्य की गोलाई पर 108–139 शल्क; सिर चपटा और चौड़ा; नथुने आँख के समीप; वर्ष में करीब तीन बार खाल बदलते हैं **व्यवहार और आवास** : रेत और मिट्टी के रेगिस्तान के निवासी; मई से जुलाई तक सर्वाधिक गतिशील रहते हैं, कम तापमान पर इनकी गतिविधि भी कम हो जाती है; बिल में छुप कर रहते हैं, सुबह और शाम को भोजन के लिये निकलतें हैं, शर्मीले; सामना होने पर गर्दन फुला कर और शरीर को भूमि से उठा कर फुंफकारते हैं **भोजन** : कीड़े, सेंटीपीड, गुबरैले, छिपकली, चूहे, मेंढक, चिड़ियों के अंडे और चूजे **प्रजनन** : अप्रैल–मई में, मादा जमीन खोद कर उसमें 10–25 तक अंडे देती है; अंडों को पत्तियों और घास–फूस से ढंक देती है; करीब 120 दिन में 25 से.मी. लम्बे बच्चे निकलते हैं **संरक्षण महत्व** : वन्यजीव सुरक्षा अधिनियम – शेड्यूल 2 **(प्लेट 55, चित्र 409)**

इंडियन कैमीलिओन *कैमीलिओन जीलेनिकस*

लम्बाई कुल 37.5 से.मी. (शरीर 17.5 से.मी., पूंछ 20 से.मी.)

वितरण : दक्षिण राजस्थान **पहचान** : मुख्यतः रंग हरा और उस पर पीले और काले वलय, धारियां और धब्बे; परिवास के अनुसार रंग बदलने

की क्षमता, पर यह क्षमता मुख्य रंगों के अलग–अलग हलके या गहरे होने तक सीमित, जो कि इनके प्राकृतिक आवास के अनुकूल; पीठ ऊपर की ओर को दबी हुई, सिर के ऊपर एक शंक्वाकार उभार; शरीर छोटे शल्कों से ढंका हुआ; आंखें बड़ी, पलकें शल्क युक्त और केवल पुतली ही दिखती है; जीभ लम्बी और लचीली, सिरे पर मोटी; पूंछ लम्बी और परिग्राही, जो कि इसे सम्हालने में सहायक; हाथ और पैर की अंगुलियां जोड़े में, हाथ में तीन शरीर की और मुड़ी और दो बाहर की ओर, पैर की दो अंदर और तीन बाहर की ओर मुड़ी **व्यवहार और आवास** : वृक्षवासी, दिनचर; घने जंगल का निवासी पर अधिक वर्षा के क्षेत्र में नहीं; सूखे इलाकों में बगीचों के पेड़, हरी झाड़ियों पर; दुर्लभ; चाल धीमी, अपने पर्यावरण में छुपे रहने की क्षमता; प्रत्येक आँख अपनी–अपनी अलग दिशा में देख सकने में सक्षम **भोजन** : लगभग 30 से.मी. की दूरी से लचीली और चिपचिपी जीभ से कीड़े आदि पकड़ते हैं, यह प्रक्रिया बार–बार और तेजी से दोहराने में सक्षम; कीड़े, मकोड़े, ड्रेगनफ्लाई, मेंढक आदि **प्रजनन** : अगस्त से अक्टूबर, मादा 22–33 अंडे अक्टूबर में देती है, बच्चे 81 से 270 दिन में निकलते हैं **संरक्षण महत्व** : वन्यजीव सुरक्षा अधिनियम – शेड्यूल 1 **(प्लेट 55, चित्र 410)**

ब्राह्मनी वर्म स्नेक *रैम्फोटिफ्लोप्स ब्रामिनस*

अंधा सांप लम्बाई 17 से.मी.

वितरण : लगभग सम्पूर्ण राजस्थान **पहचान** : गहरा भूरा या काला–भूरा रंग, अधोभाग कुछ हलके रंग का; छोटा, पतला, केंचुये जैसा शरीर; सिर गोल, आंखें अदृश्य, पूंछ बहुत छोटी; शल्क चमकदार **व्यवहार और आवास** : जीवन का अधिकांश समय नम भूमि के या ईंटों, पत्थरों के नीचे बिताते हैं, अधिकतर अकेले पर कभी–कभी समूह में भी देखे गये हैं; नम भूमि में सुरंग बनाने में माहिर, भूमि के ऊपर धीमे; घरों में प्रायः देखे जाते हैं, अन्य सर्पों का भोजन बन जाते हैं **भोजन** : चीटियों व अन्य कीटों के लारवा, प्यूपा आदि **प्रजनन** : अंडे 2–7, सफेद चावल के दाने के बराबर

बीक्ड वर्म स्नेक *राईनोटिफ्लोप्स एक्यूटस*

अंधा सांप लम्बाई 66 से.मी.

वितरण : दक्षिण राजस्थान और पश्चिम राजस्थान में जोधपुर **पहचान** : पृष्ठ भाग कालापन लिये हुए भूरा, अधोभाग कुछ हलके रंग का; भारत में पाये जाने वाले वर्म स्नेक में सबसे लम्बा और चोंच जैसी थूथन वाला **व्यवहार और आवास** : नम भूमि के अंदर या ईंटों–पत्थरों के नीचे रहते

हैं, अन्य आदतें वर्म स्नेक जैसी ही **भोजन** : कीड़े उनके लारवा, प्यूपा के अतिरिक्त केंचुये आदि भी **प्रजनन** : अधिक जानकारी उपलब्ध नहीं **(प्लेट 55, चित्र 411)**

इंडियन राक पायथन *पायथन मोल्यूरस*

अजगर लम्बाई अधिकतम 585 से.मी., सामान्य 300–500 से.मी.

वितरण : पूर्व, दक्षिण पूर्व और दक्षिण राजस्थान **पहचान** : पीत–भूरा रंग, बच्चे लगभग गुलाबी; कपाल पर गहरा भूरा भाले जैसा चिन्ह, जिसका मध्य पीला; आँख से मुंह के फटाव के बीच और अन्त तक मोटी धारी; गर्दन से पूंछ तक बेतरतीब काली सीमा वाले चतुर्भुज; बगल में छोटे धब्बों की दो धारियां; अधोभाग सफेद या मटमैले; 'मोल्टिंग' के बाद त्वचा चमकीली; सिर चपटा, थूथन लम्बा; शरीर लम्बा और भारी; गर्दन पर कुछ पतला; शल्क चिकने **व्यवहार और आवास** : जंगल का निवासी; छितराये और घने जंगल, चट्टानी इलाकों या पानी के किनारों पर पाया जाता है; धीमा, धीरे–धीरे सरक कर चलता है, वृक्ष पर चढ़ने में सक्षम, अच्छे तैराक; रात्रि और दिन दोनों में सामान्य गतिविधि **भोजन** : स्तनपायी, पक्षी और अन्य सरीसृप; चिंकारा, सांभर के बच्चे, चीतल, लंगूर, सेही, गीदड़, मोर, बड़ी बतखें खाने में सक्षम, हड्डी, सींग आदि पचा लेते हैं **प्रजनन** : मादा 8–100 तक अंडे देती है; मादा अंडों की सुरक्षा और सेकने का काम उनको अपने शरीर के बीच समेटकर करती है; जन्म के समय बच्चे 70–73 से.मी. लम्बे होते हैं **संरक्षण महत्व** : वन्यजीव सुरक्षा अधिनियम – शेड्यूल 1 **(प्लेट 55, चित्र 412)**

कौमन सैंड (रसेल्स अर्थ) बोआ *गोंगाईलोफिस (एरिक्स) कोनिकस*

कम्बोई, दुम्बी लम्बाई अधिकतम 100 से.मी., सामान्यतः 60 से.मी.

वितरण : मध्य, पूर्व, दक्षिण पूर्व और दक्षिण राजस्थान **पहचान** : अधोभाग गुलाबी पीत–सफेद, बगलों में गहरा होता रंग, पीठ पर गर्दन से पूंछ तक गहरे भूरे लगभग चाकलेट के रंग के चौकोर धब्बे; बगल में बिना जुड़े भूरे धब्बों की धारी; सिर का रंग कुछ हलका; सिर के शल्क छोटे, अधोभाग के शल्कों की चौड़ाई बहुत कम; शरीर छोटा और भारी; पूंछ छोटी, सिरे पर एक दम से पतली होती हुई, लगभग शंकु के आकार की; थूथन लम्बा, गालों पर लटकता हुआ; पृष्ठ शल्क खुरदुरे **व्यवहार और आवास** :

सूखे क्षेत्र का निवासी लेकिन नम स्थानों में भी पाया जाता है; प्रायः मैदानी क्षेत्र में रहता है पर जंगल के सीमान्त पर भी मिल जाता है; बिल में रहता है; स्वभाव अनिश्चित, अनेक बार आक्रामक अधिकतर शांत, मुठभेड़ होने पर यथास्थान छुपने की कोशिश करता है; दिनचर, दृष्टि अच्छी; चाल धीमी पर खतरे की स्थिति में झटके से उछलता है **भोजन** : चूहे, गिलहरी, मेंढक, पक्षी **प्रजनन** : अंडों से बच्चे मादा के शरीर में ही निकलते हैं, 3–7 बच्चे गर्मियों में पैदा होते हैं, जन्म पर लम्बाई 7 से.मी. **(प्लेट 55, चित्र 413)**

रेड सैंड (जोन्स अर्थ) बोआ *एरिक्स जोनाई*

दुमुही लम्बाई 90 से.मी.

वितरण : लगभग सम्पूर्ण राजस्थान **पहचान** : भूरा या गहरा लाल–भूरा रंग; कभी–कभी पीछे के शरीर पर बारीक लहरदार रेखायें; अवयस्क ईंट या रेत जैसे लाल; पेट का रंग कुछ हलका; शरीर मांसल और भारी दिखता है, आगे से पीछे तक लगभग समान गोलाई; शरीर पर छोटे शल्क, सिर के शल्क कुछ बड़े; आंखें छोटी, नासा छिद्र थूथन के ऊपर की ओर; पूंछ छोटी और सिरे पर गोल, लगभग सिर जैसी ही **व्यवहार और आवासः** सूखे, नम, जंगल के सीमान्त, खेत, आबादी के पास सभी प्रकार के वातावरण में मिलता है; चूहों के बिल में रहता है; ढीली मिट्टी में मुंह के शल्क की सहायता से आसानी से घुस जाता है; स्वभाव से शांत, धीमा और अनाक्रामक **भोजन** : चूहे और गिलहरी आदि **प्रजनन** : एक बार में 14 तक बच्चे जून–जुलाई में पैदा होते हैं, अधिक जानकारी उपलब्ध नहीं **(प्लेट 56, चित्र 414)**

कौमन ट्रिंकेट स्नेक *सीलोग्नेथस (इलाफे) हेलेना*

लम्बाई अधिकतम 160 से.मी.,
औसत 122 से.मी.

वितरण : दक्षिण व मध्य राजस्थान **पहचान** : भूरा रंग, होंठ पर पीलापन, आंख से होंठ के पिछले भाग तक एक गहरी रेखा, गर्दन पर दो आपस में मिलती गहरी रेखायें; पृष्ठ भाग पर विशिष्ट रूप से आभूषित खड़ी धारियां, जो कि पीठ पर अलग–अलग लम्बाई तक फैली रहती हैं इस सर्प की पहचान हैं, बचा हुआ पृष्ठ भाग सामान्य भूरा; बगल में एक चौड़ी गहरी पट्टी पूंछ तक जो कि पीछे के हिस्से में आभूषित धारियों का स्थान ले लेती हैं **व्यवहार और आवास** : जंगल के सीमान्त प्रदेश और कभी–कभी आबादी के पास; अनिश्चित स्वभाव, छेड़ने पर आक्रामक, शरीर के अगले भाग को आकार का बना कर, गर्दन और शरीर को फुलाते हैं जिससे नीचे

की गुलाबी त्वचा दिखने लगती है; सिर को आगे फेंक कर आक्रमण करते हैं **भोजन** : मुख्यतः चूहे पर छिपकली, गिरगिट और अन्य सर्प भी **प्रजनन** : अंडों में से बच्चे मई–जून में निकलते हैं **नोटः** इनकी एक उप प्रजाति मोन्टेन ट्रिंकेट स्नेक भी दक्षिणी राजस्थान के कुछ भाग और रणथम्भोर में पाई गई है **(प्लेट 56, चित्र 415)**

इंडियन रेट स्नेक *टायस म्यूकोसस*

धामन, कुम्भरा लम्बाई 165–200 से.मी.,
352 से.मी. तक भी

वितरण : लगभग सम्पूर्ण राजस्थान, कतिपय सुदूर पश्चिम और उत्तर को छोड़ कर **पहचान** : जैतूनी भूरे से लेकर सरसों जैसा पीलापन लिये हुए गहरा भूरा; होंठ और अधोभाग के शल्क की सीमा काली; अधोभाग धूसर–सफेद या पीलापन लिये मटमैली; ऊपरी शरीर का रंग समान या पीछे की ओर काली आड़ी–तिरछी रेखायें; सिर लम्बा, आंखें बड़ी और चमकीली, नासा छिद्र बड़े; गर्दन स्पष्ट; पूंछ कुल लम्बाई की एक चौथाई **व्यवहार और आवास** : मैदानी इलाकों का सर्प, दिनचर, आबादी वाले इलाकों में सुबह और शाम को दिख जाता है; अच्छे तैराक; पेड़ पर चढ़ने में सक्षम; दिख जाने पर भागने और छुपने की कोशिश करता है पर छेड़ने पर आक्रामक; सामान्य सर्प जिसे लगभग सभी जानते हैं पर यही विषैले सर्प के धोखे में सर्वाधिक मारा जाता है **भोजन** : मेंढक, चूहे, छिपकली और पक्षी भी **प्रजनन** : अंडे देने का समय अगस्त–सितम्बर, अंडे 6–14, मादा अंडों से लिपट कर रहती है, बच्चे अक्टूबर से जनवरी तक निकलते हैं **(प्लेट 56, चित्र 416)**

ग्लौसी–बेलीड रेसर *प्लेटीसेप्स (आरगायरोजीना) वेन्ट्रोमेक्यूलेटस*

लम्बाई 90–120 से.मी.

वितरण : पश्चिम और उत्तर राजस्थान **पहचान** : मटमैला पीला, जैतूनी–हरा, जैतूनी–भूरा या धूसर रंग, आगे के शरीर पर गहरी धारियां या धब्बे या दोनों; सिर पर नाक के पीछे काला, आँख के नीचे एक काली रेखा, आंखों के मध्य एक पट्टी; अधोभाग हलका या गहरा पीला; आकर्षक, चमकीला, लम्बा सर्प, मुंह व पूंछ की ओर पतला होता हुआ; सिर कुछ हद तक संकरा **व्यवहार और आवास** : रेतीले स्थान, झाड़ी वाले मैदान, चट्टानी पहाड़, खेत इनके निवास स्थल हैं, चपल, शर्मीला, आहट पर छुप जाता है **भोजन** : छिपकली, गिरगिट आदि **प्रजनन** : मादा सितम्बर में औसत 9 अंडे देती है **नोटः** बैन्डेड रेसर आरगायरोजीना फेसिओलेटस

सीतामाता और प्रतापगढ़ वन संभाग में मिले हैं, स्लेन्डर रेसर कोलुबर ग्रेसिलिस उदयपुर के आस–पास के संरक्षित क्षेत्र में देखे गये हैं **(प्लेट 56, चित्र 417)**

ब्लैक हैडेड (डाएडम) रौयल स्नेक

डाएडेमा अट्रिसेप्स (स्पेलेरोसोफिस डाएडेमा)

रजितबांस, रजितबंसर लम्बाई अधिकतम 200 से.मी.

वितरण : पश्चिम और मध्य राजस्थान **पहचान** : गुलाबी कांसे जैसा या पीत–भूरा रंग, बगल में हलका रंग नींबू जैसा, सिर और गर्दन या सिर्फ गर्दन लाल, अधोभाग गुलाबी; सिर लम्बा अंडाकार; आंखें छोटी; शरीर दबा हुआ और सिर की ओर एक दम से और पूंछ की ओर धीरे–धीरे पतला होता हुआ; विशिष्ट पहचान के लिये अन्य सांपों की तरह प्रीफ्रोन्टल (माथे के आगे) शल्क जोड़े में न होकर छोटे शल्कों की दो कतारों में **व्यवहार और आवास** : शुष्क और अर्द्धशुष्क क्षेत्र का निवासी, चट्टानी और भूमि की दरारों में रहता है; शर्मीला, खतरे की स्थिति में जल्दी से छुप जाता है, पेड़ पर चढ़ सकता है **भोजन** : मुख्य रूप से चूहे, गिलहरी आदि **प्रजनन** : मई से जुलाई के बीच मादा अंडे देती है, बच्चे अक्टूबर–नवम्बर और फरवरी–मार्च में देखे गये हैं, अधिक जानकारी उपलब्ध नहीं **नोटः** रेड–स्पोटेड रौयल स्नेक स्पेलेरोफिस आर्नेरिअस सीकर, चुरू, जैसलमेर और बाड़मेर जिलों में पाये गये हैं, ब्लौच्ड रौयल स्नेक स्पेलेरोसोफिस डाएडेमा जयपुर, अजमेर, जोधपुर और नागौर जिलों में देखे गये हैं (इनकी अलग प्रजातियाँ या एक प्रजाति की उप प्रजातियाँ होने पर मतभेद है; विभिन्न विशेषज्ञ अलग–अलग राय रखते हैं); इतना निश्चित है कि ये दुर्लभ और कतिपय स्थानों पर ही पाये गये हैं।

कौमन कुकरी स्नेक

ओलिगोडान आर्नेसिस

गरगर लम्बाई अधिकतम 66 से.मी.

वितरण : पूर्व और दक्षिण राजस्थान **पहचान** : विभिन्न श्रेणी का भूरा रंग, बगलें हलके रंग की और पीठ पर काली पट्टियां, पट्टियां सफेद रेखाओं द्वारा सीमित; शरीर पर अनेक बार बैंगनी या लाल आभा; सिर पर तीन काले चिन्ह – आगे का एक अर्द्धचन्द्राकार और पीछे वाले दो तीर के आकार के; अधोभाग मोती जैसा सफेद, प्रायः काले धब्बे; बूढ़े सर्पों में सिर के चिन्ह मिट से जाते हैं, शरीर बेलनाकार, छोटी और चमकीली; सिर दबा

हुआ, थूथन छोटा और भौंथरा; पूंछ छोटी, शरीर की लम्बाई के छठे या सातवें भाग के बराबर; अन्य कुकरी सर्पों से अलग पहचान में विभाजित गुदा कवच और 7 होंठ के ऊपर के शल्क मददगार **व्यवहार और आवास :** मैदानी इलाकों में आबादी वाले क्षेत्र में पाये जाते हैं, जहाँ ये पुरानी दीवारों के बीच और दरारों में रहते हैं, चट्टानों के बीच, दीमक की बांबी और पेड़ के कोटर में भी पाये जाते हैं, चपल, दिनचर; खतरे की स्थिति में शरीर को फुला लेते हैं, विशेषकर गर्दन को **भोजन :** सरीसृपों के अंडे, चूहे आदि **प्रजनन :** मादा 4–5 अंडे देती है, बच्चे अप्रैल में देखे गये हैं, नर और मादा बहुत समय तक साथ रहते हैं **(प्लेट 56, चित्र 418)**

रसेल्स कुकरी स्नेक *ओलिगोडान टीनिओलेटा*

लम्बाई अधिकतम 58 से.मी.

वितरण : दक्षिण व दक्षिण पूर्व राजस्थान **पहचान :** पीत–भूरा, ताम्बे या कांसे जैसा रंग; पृष्ठ भाग पर अनिश्चित आकार के धब्बे या खड़ी पट्टियां; रीढ़ पर हलके रंग की पट्टी; सिर पर गहरे रंग की चन्द्राकार और < के आकार की धारियां, अधोभाग सफेद; पूरे शरीर पर 15 शल्कों की कतार; पतला, सुंदर सर्प; पूरे शरीर की गोलाई लगभग एक सी; गर्दन अस्पष्ट; पूंछ छोटी **व्यवहार और आवास :** जंगल और आबादी वाले इलाकों में मिलता है; अधिकतर दिनचर; चट्टान या घास में बैठ कर धूप सेकते हैं **भोजन :** सरीसृप और मेंढकों के अंडे **प्रजनन :** अधिक जानकारी उपलब्ध नहीं; अप्रैल में एक मादा 9 अंडों के साथ देखी गई थी **(प्लेट 56, चित्र 419)**

कौमन ब्रांज–बैक ट्री स्नेक डेन्ड्रेलेफिस ट्रिस्टिस

उडनी

लम्बाई अधिकतम नर 137 से.मी.,
मादा 169 से.मी.

वितरण : दक्षिण राजस्थान **पहचान :** बैंगनी भूरा, कांसे जैसा भूरा या लाल–भूरा रंग, रीढ़ पर पीली सी पट्टी और बगल में पीले शल्कों की शृंखला अधोभाग के ऊपर; गर्दन से गुदा तक एक पतली काली रेखा; गर्दन और आगे के शरीर पर काली रेखायें या जुड़े हुए बिंदुओं की कतार; ऊपर का होंठ पीला, अधोभाग पीत–सफेद या पीत–धूसर; रीढ़ के शल्क बड़े; लम्बा सिर, भोंथरा गोल थूथन; बड़ी और चमकीली आंखें; गर्दन स्पष्ट; शरीर लम्बा, पतला, पूंछ लम्बी **व्यवहार और आवास :** वृक्ष और झाड़ियों का

निवासी; चपल, गतिशील, तेजी से सिर उठा कर डालियों के बीच चलते हैं, भूमि पर भी तेजी से चलते हैं और पेड़ों पर आसानी से चढ़ जाते हैं, डालियों के बीच कूद भी सकते हैं, दिनचर **भोजन :** छिपकली, मेंढक, पक्षी और अन्य सांप **प्रजनन :** मादा 6–7 लम्बोतर अंडे देती है, बच्चे 4 से 6 सप्ताह में निकलते हैं। **(प्लेट 57, चित्र 420)**

कौमन वोल्फ स्नेक *लाईकोडोन औलिकस*

कौड़ियाला लम्बाई अधिकतम 80 से.मी., प्रायः 61 से.मी.

वितरण : मध्य, पूर्व, दक्षिण पूर्व और दक्षिण राजस्थान **पहचान :** शरीर का मूल रंग भूरा या काफी जैसा गहरा भूरा, पीली आड़ी धारियां और इसी रंग की गले पर पट्टी; 9–18 पीली धारियां पूरे शरीर पर या केवल आगे के भाग पर सीमित; चमकीला, पतला सांप, सिर दबा हुआ और उसका आकार नाशपाती जैसा; होंठों के ऊपर 9 (सुप्रालेबियल) शल्क; आंखें काली; पूंछ शरीर की कुल लम्बाई का पाँचवाँ या छठा भाग **व्यवहार और आवास :** मानवीय आबादी के पास पाया जाता है, कुओं, पत्थर के ढेर, पेड़ के खोखल और घरों में रहता है; सामान्य; आबादी के पास रहना पसन्द करता है; सामना होने पर आक्रामक; दिन के समय छुप कर रहता है; दीवार आदि पर चढ़ने में चतुर **भोजन :** छिपकली, ब्राह्मणी, चूहे आदि **प्रजनन :** 4–11 अंडे फरवरी से जुलाई के बीच, जन्म पर बच्चे 17–19 से.मी. के **नोटः** बार्ड (शा'ज) वोल्फ स्नेक लाईकोडोन स्ट्रिएटस मध्य और दक्षिण राजस्थान में देखा गया है; यह कौमन वोल्फ स्नेक से छोटा (48 से.मी.) और इसके होंठों के ऊपर 8 शल्क होते हैं, रंग गहरा भूरा या काला; 11–18 पीली धारियां; पेट और ऊपरी होंठ सफेद **(प्लेट 57, चित्र 421)**

चेकर्ड कीलबैक स्नेक *जीनोक्रोफिस पिस्केटर*

डिंडिलिआ, डेंडू लम्बाई अधिकतम 148 से.मी., सामान्यतः 121 से.मी.

वितरण : लगभग सम्पूर्ण राजस्थान, सुदूर पश्चिम और उत्तर को छोड़ कर पहचान रूपीले या जैतूनी शरीर पर काले बिन्दुओं की पांच कतारें; अनेक बार ये बिन्दु बड़े धब्बों जैसे, पूरी पीठ पर बिखरे हुए; जैतूनी भूरे सिर पर दो रेखायें, एक आँख के नीचे और दूसरी पीछे; अधोभाग पीत या सफेद, अवयस्क लगभग हलके हरे या जैतूनी भूरे, शरीर पर धब्बे और अनेक बार उनके बीच गुलाबी बिन्दु; गठीला शरीर; सिर अंडाकार; पूंछ कुल लम्बाई की

एक तिहाई या एक चौथाई **व्यवहार और आवास** : सर्व सामान्य पानी का सांप; तालाब, धान के खेत, पोखर, दलदल और नदियों में पाया जाता है; आक्रामक स्वभाव; चपल, भागते समय बीच–बीच में कूदता भी है; सर्दियों में जलीय खरपतवार पर बैठ कर धूप सेंकता है **भोजन** : मेंढक, टेडपोल, मछली **प्रजनन** : मादा 8–91 तक अंडे देती है, अंडे पानी के पास एक घोंसलानुमा गड्ढे में; बच्चे निकलने का समय 37–51 दिन, बच्चे 17–21 से. मी. **(प्लेट 57, चित्र 422)**

बफ–स्ट्राईप्ड कीलबेक स्नेक *एम्फियेस्मा स्टोलेटा*

पनेता लम्बाई नर 62 से.मी., मादा 90 से.मी.

वितरण : दक्षिण पूर्व और दक्षिण राजस्थान **पहचान** : शरीर का रंग जैतूनी भूरा–हलके से गहरे तक, गर्दन से पूंछ तक दो हलकी पीत धारियां, कुछ काली या गहरी धूसर आड़ी पट्टियां; हलके जैतूनी भूरा सिर, गला और ठोढ़ी सफेद, होंठ पीले; सफेद अधोभाग पर कुछ बिखरे हुए काले बिन्दु; आकर्षक, लम्बी पूंछ वाला छोटा सांप, गर्दन स्पष्ट; सिरे पर काली जीभ हलकी नारंगी **व्यवहार और आवास** : नदी किनारे, दलदली घास, तालाब, खेत में पाया जाता है; सामान्य; भूमि पर गड्ढों में, नालियों और पुलों के नीचे की दीवारों में रहता है; दिनचर; **भोजन** : मेंढक और टोड **प्रजनन** : अंडे देने का समय मई से सितम्बर, अंडे औसतन 5–10, जन्म के समय बच्चे 13–17 से.मी. लम्बे **(प्लेट 57, चित्र 423)**

ग्रीन कीलबेक स्नेक *मेक्रोपिस्थोडोन प्लम्बिकलर*

हरा सांप लम्बाई नर 75 से.मी., मादा 94 से.मी.

वितरण : दक्षिण और दक्षिण पूर्व राजस्थान **पहचान** : घास जैसा हरा रंग, शरीर पर बिखरे हुए बेतरतीब काले बिन्दु, कुछ सफेद बिन्दु; ऊपर का होंठ, ठोढ़ी, गला और पेट सफेद, पेट बहुत हलका हरा भी हो सकता है; बच्चों की गर्दन पर काला तीर जैसा चिन्ह, जिसके पीछे पीली कंठी; कपाल के कवच इसे ग्रीन पिट वाईपर से अलग पहचान देते हैं, छोटा, गठीला सांप; पूंछ छोटी **व्यवहार और आवास** : जंगल और पहाड़ियों का निवासी, झाड़ियों और घास में पाया जाता है; अनाक्रामक, रात्रिचर; आगे के शरीर को ऊँचा उठाकर नाग की तरह गर्दन फुला लेता है **भोजन** : मुख्यतः टोड, मेंढक और विभिन्न छिपकलियां भी **प्रजनन** : 7–16 अंडे मार्च से जून तक, बच्चे अप्रैल से सितम्बर तक, जन्म के समय बच्चे 13–17 से.मी. लम्बे **(प्लेट 57, चित्र 424)**

कौमन कैट स्नेक *बोइगा ट्राईगोनेटा*

कोड़िओ सांप लम्बाई नर 97 से.मी., मादा 117 से.मी.

वितरण : मध्य, पूर्व, दक्षिण पूर्व और दक्षिण राजस्थान के अलावा जोधपुर **पहचान** : पीत–भूरा, रेतीला रंग, शरीर पर हलके और गहरे रंग का मिश्रण; पृष्ठ भाग पर Y आकार के चिन्हों की शृंखला; Y आकार की बाजुएं सफेद; ये चिन्ह गुदा तक समाप्त हो जाते हैं, पेट सफेद, बगल में भूरे धब्बे; कपाल पर दो फेफड़े के आकार के चिन्ह; पतला, दबे हुए शरीर का सांप; गर्दन स्पष्टतः पतली; आंखें बड़ी और पीली **व्यवहार और आवास** : झाड़ियों, घास और पेड़ों का निवासी; रात्रिचर; पतझड़ी वन क्षेत्र में पाया जाता है; पेड़ पर चढ़ने और ऊँचाई से कूदने में चतुर; पूंछ से पकड़े जाने पर अपने शरीर के सहारे ऊपर चढ़ कर काटता है; विष के दाँत मुंह में अन्दर की ओर, विष चूहों और छिपकलियों के लिये घातक **भोजन** : छिपकलियां, गिरगिट, पक्षी, छोटे स्तनपायी **प्रजनन** : 3–11 अंडे सितम्बर में पाये गये हैं, बच्चे मार्च से जुलाई तक, जन्म पर बच्चे 24–26 से.मी. लम्बे **नोटः** फोर्सटन'स कैट स्नेक बोइगा फोर्सटेनी मूल रूप से पश्चिमी घाट का सांप है जो आबूपर्वत और फुलवारी की नाल अभ्यारण्य में पाया गया है; कौमन कैट स्नेक के मुकाबले अधिक लम्बा (231 से.मी.); शरीर का मूल रंग मटमैला या सुनहरा भूरा, जिस पर गहरे भूरे रंग की चौड़ी धारियां; आगे के शरीर पर स्पष्ट, पीछे अस्पष्ट; पेड़ों का निवासी; चमगादड़, कबूतर, मुर्गी आदि कतिपय बड़े जानवर इसका मुख्य भोजन हैं, ऐसा माना जाता है कि ये जोड़ा बना कर रहते हैं **(प्लेट 57, चित्र 425)**

लीथ'स सैंड स्नेक *सैमोफिस लीथी*

सिलक लम्बाई 90 से.मी.

वितरण : पूर्व व दक्षिण राजस्थान **पहचान** : पीला–भूरा रंग, पीठ पर सिर से पूंछ तक चार समानान्तर धारियां, अन्तिम दो धारियां आँख के बीच से निकलती हैं, इन धारियों के दोनों ओर काले बिन्दु; शरीर पतला, शल्क चमकीले, अधोभाग सफेद और शल्क गोलाई लिये हुए; सिर लम्बा और गर्दन स्पष्ट; शरीर लम्बा, बेलनाकार; पूंछ लम्बी **व्यवहार और आवास** : रेतीले स्थान, घास के मैदान और दलदली स्थान का निवासी; भूमि और छोटी झाड़ियों पर मिलता है **भोजन** : छिपकली, गिरगिट आदि **प्रजनन** : अधिक जानकारी उपलब्ध नहीं **नोटः** अफ्रो–एशियन सैंड स्नेकसैमोफिस शोकारी – जोधपुर, बाड़मेर और बीकानेर में देखा गया है; सूखे रेतीले या चट्टानी रेगिस्तान का निवासी; 148 से.मी. तक लम्बा; पीत–भूरा या

पीत–धूसर रंग, शरीर पर लम्बवत अनिश्चित धारियां, पर बगल में काले बिन्दु होते हैं, एक गहरी धारी थूथन से कपाल तक; कपाल के कवच पर चिन्ह; दिनचर; छोटे पेड़ों और झाड़ियों के बीच पाया जाता है; अन्य जानकारी उपलब्ध नहीं **(प्लेट 58, चित्र 426)**

कौमन व्हाईन स्नेक *अहिटुल्ला नसुटा*

बांस का सांप, हरसिरा — लम्बाई अधिकतम नर 132 से.मी., मादा 194 से.मी.

वितरण : दक्षिण और दक्षिण–पूर्व राजस्थान **पहचान** : पृष्ठ भाग चमकदार हरा, अधोभाग चमकदार पर कुछ हलका हरा; अधोभाग के शल्क कोनों पर सफेद या नील–सफेद, दोनों ओर एक पट्टी बनाते हुए; ठोढ़ी और गला सफेद; उत्तेजित अवस्था में शरीर को फुलाने पर काली और सफेद खड़ी और आड़ी रेखायें दिखती हैं, हरा रंग, नुकीला थूथन और आँख की आड़ी पुतली इनकी पहचान है; लम्बा, पतला फीते जैसा सांप; आँख के सामने का चपटापन इनको द्विअक्षीय दृष्टि प्रदान करते हैं, मुंह का अन्दरूनी भाग गुलाबी; पूंछ बहुत लम्बी और बेलनाकार **व्यवहार और आवास** : जंगली क्षेत्र में वृक्षों और झाड़ियों पर रहने वाला सांप; वृक्ष की डालियों और बेलों पर भी तेजी से चलता है, पतली डालियों पर भी आसानी से पकड़ बना लेता है; छेड़ने पर आक्रामक, गर्दन उठा कर गले को और आगे के शरीर को फुला लेता है; इसका रंग और पतला शरीर इसके पर्यावास के अनुकूल, अतः इनको ढूंढ़ना कठिन **भोजन**: छोते स्तनपायी, पक्षी, छिपकलियां, अन्य सांप व कभी–कभी मेंढक, मछली भी **प्रजनन** : मादा बच्चों को जन्म देती है; बच्चे मार्च से दिसम्बर के बीच देखे गये हैं, बच्चे 3–23; जन्म पर 26–44 से.मी. लम्बे **(प्लेट 58, चित्र 427)**

नोट : इसाबेलीन व्हाईन स्नेक अ. न. इसाबेलिनस – व्हाईन स्नेक का यह प्रकार आबू पर्वत, फुलवारी और बस्सी अभ्यारण्य तथा देवगढ़ में देखी गई है; इनका रंग हरे के स्थान पर गुलाबी–भूरा होता है।

कौमन इंडियन क्रैट *बंगारस सीरुलस*

करैत — लम्बाई अधिकतम 173 से.मी., औसत 120 से.मी.

वितरण : लगभग सम्पूर्ण राजस्थान **पहचान** : चमकीला काला या नीला–काला रंग, शरीर पर सफेद आड़ी धारियों के जोड़े, आगे के शरीर पर

धारियां नहीं; अवयस्क में धारियाँ अधिक स्पष्ट और अति वयस्क में ये धारियां आपस में जुड़े हुए गोलों के रूप में जो कि रीढ़ पर बड़े आकार के; पूरी रीढ़ पर बड़े षटकोणीय शल्क की शृंखला; अधोभाग सफेद; शरीर लम्बा और गोलाकार; गर्दन स्पष्ट नहीं; पूंछ छोटी **व्यवहार और आवास** : दीमक की बांबी, चूहों के बिल, ईंटों के ढेर और लम्बे समय से रखा सामान, खेत, मैदान और बागों में सामान्यतः मिलता है; मानव आबादी के पास रहता है; रात्रिचर; दिन में शान्त स्वभाव; रात में जाने–अनजाने छेड़े जाने या दबने पर ही काटता है **भोजन** : मुख्य रूप से अन्य सांप, छोटे सजातीय भी; मेंढक, छिपकली और छोटे स्तनपायी भी **प्रजनन** : अंडे 6–15; मादा अंडों के आस–पास रहती है; प्रायः बच्चे मई से जुलाई के बीच निकलते हैं, जन्म पर बच्चे 27 से 30 से.मी. के **विष** : अति विषैला; करैत का विष नाड़ीतन्त्र और रक्त कोशिकाओं को हानि पहुंचाता है, श्वसन क्रिया को बाधित करता है और मुंह व गले को लकवा ग्रस्त कर देता है; आरम्भ में बहुत तीव्र दर्द होता है जो थोड़ी देर बाद कम हो जाता है, बाद में पेट में तीव्र पीड़ा; विष रोधी सीरम के अभाव में मृत्यु सुनिश्चित **नोट** : पश्चिमी राजस्थान के मरु प्रदेश में करैत की एक और प्रजाति पाई जाती है, जिसे सिंध क्रैट (बंगारस सिंदेनस) या स्थानीय भाषा में पीहुना के नाम से जाना जाता है; सामान्य करैत से अलग पहचानने में इसका चमकीला पीला नीचे का होंठ और गला तथा स्पष्ट गर्दन मदद करते हैं, शरीर पर एक या जोड़े में धारियां जो आगे की ओर केवल सफेद धब्बों के रूप में; पेट पीत–सफेद; सामान्य करैत के मुकाबले अधिक उग्र स्वभाव, अति विषैला **(प्लेट 58, चित्र 428)**

इंडियन (स्पेक्टेकल्ड)
कोबरा — *नाजा नाजा*

नाग — लम्बाई अधिकतम 225 से.मी., औसत 138–162 से.मी.

वितरण : लगभग सम्पूर्ण राजस्थान **पहचान** : काला–भूरा या गहरा काला रंग, फन पर प्रायः काली और सफेद आकृति, फन के अंदरूनी भाग पर काले–सफेद धब्बे का जोड़ा और फन के नीचे एक या दो काली रेखायें; सामान्यतः आम आदमी के लिये फन और काला रंग ही इसकी पहचान है पर विशेषज्ञ इसे होंठ के नीचे वाले (इंफ्रालेबियल) संख्या 4 और 5 के शल्क के बीच के एक या दो शंकु (क्यूनिएट) आकार के शल्क, होंठ के ऊपर के तीसरे शल्क (सुप्रालेबिअल) के आँख को छूने द्वारा पहचानते हैं, इनका फन तीसरी से सत्ताईसवीं पसली से बनता है, नौवीं और दसवीं पसली सबसे लम्बी होतीं हैं, सामान्य स्थिति में ये पसलियां बगल में चिपकी रहतीं हैं और

त्वचा ढीली रहती है; उत्तेजित होने पर फन चौड़ा हो जाता है और सिर गर्दन से 90° के कोण पर सीधा हो जाता है **व्यवहार और आवास** : जंगल, खेत–खलिहान, शहर, गांव सभी जगह पाये जाते हैं, दीमक की बांबी, पेड़ों के कोटर, इमारत, एकत्रित सामान के बीच रहते हैं, शांत स्वभाव पर उकसाने पर खतरनाक; अवयस्क अधिक उत्तेजन शील; शरीर को अपनी कुल लम्बाई के एक–तिहाई तक भूमि के ऊपर उठा लेते हैं, उत्तेजना में फुंफकारते और फन को हिलाते हैं **भोजन** : चूहे, मेंढक, पक्षी, अन्य सरीसृप और अंडे **प्रजनन** : 12–22 अंडे अप्रैल–मई में, बच्चे लगभग 48 से 69 दिनों के बाद; अंडों की सुरक्षा नर, मादा या दोनों द्वारा; नवजात बच्चे 25–28 से.मी. **विष** : इनका विष तन्त्रिका–तन्त्र और रक्त पर असर करता है; श्वसन क्रिया रुकने लगती है और रक्त कोशिकायें टूटती हैं, रक्तस्राव होने लगता है; चुभते दर्द के बाद रक्त मिश्रित सीरम निकलने लगता है और पैरों की ओर से संवेदना समाप्त होने लगती है; विष रोधी सीरम ही इसका इलाज है **(प्लेट 58, चित्र 429)**

नोट : सेन्ट्रल एसिअन कोबरा या ब्लैक कोबरा (नाजा ओक्सिआना) भी राजस्थान के कुछ भागों में देखा गया है पर यह यहाँ का निवासी है या नहीं कह पाना कठिन है; यह पूरा काले या भूरे रंग का होता है, इसके फन पर कोई चिन्ह नहीं होते और यह प्रायः सुदूर उत्तर–पश्चिमी भारत में ही पाया जाता है।

रसेल्स वाईपर	*दबोईया (वाईपेरा) रसेली*
दबोईया, चित्ती	लम्बाई अधिकतम 167 से.मी., सामान्यतः 120 से.मी.

वितरण : लगभग सम्पूर्ण राजस्थान, रेगिस्तानी पश्चिमी और उत्तरी भाग में शायद नहीं **पहचान** : शरीर का मूल रंग भूरा, हलके और गहरे भूरे रंग का मिश्रण; पृष्ठ भाग पर अंडाकार गोलों की तीन कतारें, पीठ के गोले बड़े और दोनों ओर के बगल के गोले छोटे; गोलों का मध्य गहरा भूरा, काले और सफेद सीमांत घेरे; आँख के पीछे एक गहरी रेखा, एक सफेद, गुलाबी या पीत–सफेद रेखा आँख के ऊपर से थूथन के छोर तक V आकार में; पेट सफेद या मटमैला सफेद, होंठ सफेद; सिर के शल्क छोटे; शरीर भारी, सिर चपटा, त्रिकोणीय थूथन छोटा; आंखें बड़ी, गर्दन स्पष्ट रूप से पतली, पूंछ छोटी **व्यवहार और आवास** : मैदानी खुले इलाके, मानव आबादी वाले क्षेत्र जहाँ चूहों की बहुतायत हो इसके पसंदीदा स्थान हैं, सामान्यतः धीमा पर उत्तेजित होने पर तेजी से डसता है; बहुत जोर से

फुंफकारता है; आक्रमण के समय तेजी से आगे की ओर उछलता है; अधिकतर रात्रिचर, सामना होने पर भागने की जगह अपने स्थान से डराने की कोशिश करता है **भोजन** : चूहे, गिलहरी, बिल्ली के बच्चे, पक्षी, मेंढक और गिरगिट **प्रजनन** : अंडे माँ के शरीर के अंदर पलते हैं अतः मादा बच्चों को जन्म देती है; 30–40 बच्चों का जन्म मई से नवम्बर तक, मुख्यतः जून–जुलाई में **विष** : विषैला, विषदंत बड़े –1.6 से.मी.; इनका विष रक्त कोशिकाओं को नष्ट करता है और श्वसन, हृदयगति को धीमा कर देता है; रक्त प्रवाहिकाओं नष्ट हो जाती हैं और रक्त की थक्के बनाने की क्षमता समाप्त हो जाती है जिसके कारण अंदरूनी रक्तस्राव होता है; दंश के बाद दर्द, जलन और सूजन के साथ घाव से सीरम का बहना आरम्भ हो जाता है; विष रोधी सीरम ही इसका इलाज है **(प्लेट 58, चित्र 430)**

सा–स्केल्ड वाईपर *एकिस केरिनेटस*

फुरसा, कुड़ियाला लम्बाई सामान्यतः 46 से.मी., 61 से.मी. से अधिक दुर्लभ

वितरण : सम्पूर्ण राजस्थान **पहचान** : हलके और गहरे भूरे से लेकर पीत–भूरा रंग; पृष्ठ पर गहरे सीमांत वाले गोले, एक–दूसरे से बगल की ^ आकार की सफेद लहरदार रेखा से जुड़े हुए; कपाल पर एक त्रिशूल जैसा चिन्ह; सिर पर केवल शल्क, कवच नहीं; शरीर बेलनाकार, छोटा और गठीला; गर्दन स्पष्ट; सिर अंडाकार, थूथन छोटा और गोल **व्यवहार और आवास** : खुले मैदान, रेतीले प्रदेश, झाड़ियों से भरे चट्टानी इलाके इनके आवास स्थल हैं, सूखे गर्म इलाकों के अनुकूल; दिनचर, झाड़ियों और छोटी वनस्पति पर चढ़ जाता है; उग्र स्वभाव; आक्रमण के समय शरीर को 8 के आकार में लपेट कर सिर को बीच में कर लेता है, फिर तेजी से डंसता है **भोजन** : कीड़े, सेंटीपीड, चूहे, छिपकली और मेंढक **प्रजनन** : मादा एक बार में 3–15 बच्चों को जन्म देती है; बच्चे अप्रैल से अगस्त के बीच **विष** : इनका विष मुख्य रूप से रक्त की थक्के जमाने की क्षमता समाप्त कर देता है; रक्त वाहिका तन्त्र को नष्ट करता है और हृदय व नाड़ी तन्त्र को धीमा कर देता है; इसके विष का असर लम्बे समय बाद तक देखा जाता है; विष रोधी सीरम इनके दंश का इलाज है। **(प्लेट 58, चित्र 431)**

उभयचारी

कौमन इंडियन टोड *बुफो मिलेनोसिस्टिकस*

लम्बाई (वयस्क) 15 से.मी., मादा बड़ी

वितरण : लगभग सम्पूर्ण राजस्थान, उत्तर–पश्चिम को छोड़ कर **पहचान** : पृष्ठ भाग हलके–गहरे धूसर–भूरे रंग का, या लालामी लिये हुए गहरे धब्बों का; अधोभाग सफेद, ठोढ़ी और गले पर काले दाग; प्रजनन के समय नर का गला हलका नारंगी; बच्चे ऊपर से गहरे धूसर या काले; कपाल और ऊपरी होंठ पर उभरे किनारे, होंठों के ऊपर काला; कान का पर्दा (टिम्पेनम) गोलाकार और आँख की गोलाई का तीन चौथाई; पेरोटोईड ग्रंथि स्पष्ट और बड़ी; त्वचा ग्रंथियुक्त, पूरे शरीर पर काले सिए वाले मस्से; पीठ के मध्य में मस्सों की दो कतारें **व्यवहार और आवास** : सामान्य तौर पर पाया जाने वाला टोड; दिन में आराम के लिये ठंडा स्थान, भोजन और प्रजनन के लिये अस्थायी जल की उपलब्धता इसके लिये काफी है; यही कारण है कि ये सभी स्थानों मिलते हैं, उपयुक्त स्थान मिल जाने पर वहीं रहते हैं और रात को भोजन के लिये निकलते हैं, अनेक टोड भी एक स्थान पर रह सकते हैं **भोजन** : कीड़े–मकोड़े **प्रजनन** : प्रजनन काल वर्षा ऋतु में, नर गलफड़े फुला कर आवाज करते हैं और मादा का पीछा करते हैं, एक नर मादा की पीठ पर सवार हो जाता है और मादा पानी में जाकर अंडे देती है और नर उनका निषेचन करता है; अंडे चमकदार लड़ी में जलीय खरपतवार से लिपटे रहते हैं, अंडों से टेडपोल 4 दिन में निकलते हैं, बच्चे लगभग 1 से.मी. से छोटे होते हैं **(प्लेट 59, चित्र 432)**

मार्बल्ड टोड *बुफो स्टोमेटिकस*

लम्बाई (वयस्क) 76 से.मी.

वितरण : पश्चिम, उत्तर–पश्चिम, मध्य, पूर्व और दक्षिण राजस्थान **पहचान** : ऊपर का भाग पीला–धूसर या जैतूनी, गहरे जैतूनी फैले हुए धब्बे; अधोभाग सफेद; कपाल और होंठों के उभार नहीं और न ही होंठ के ऊपर काला, यह गुण इसको सामान्य टोड से अलग पहचान देते हैं, शरीर पर मस्से भी कम; टिम्पेनम स्पष्ट पर आँख की गोलाई का दो तिहाई; पीछे के पंजे दो तिहाई झिल्ली से जुड़े हुए; त्वचा सामान्य टोड के मुकाबले चिकनी, कम ग्रंथि युक्त; कपाल चिकना, कम ग्रंथियां; अधोभाग खुरदुरे पर

ठोड़ी और गला चिकने, बच्चे हलके भूरे **व्यवहार और आवास** : विभिन्न जलवायु का अभ्यस्त पर सूखे और गर्म इलाकों में अधिक सामान्य; रात्रिचर; प्रायः अकेला रहता है; गीली मिट्टी या रेत में आसानी से सुरंग बना लेता है **भोजन** : कीड़े–मकोड़े **प्रजनन** : वर्षा ऋतु के आरम्भ से; पीले–हरे अंडे चमकदार लड़ियों में दिये जाते हैं, टेडपोल काले, शरीर पर चाँदी के रंग के दाग; बच्चे 1 से.मी. से छोटे **(प्लेट 59, चित्र 433)**

ओर्नेट माईक्रोहाईलिड *माईक्रोफाईला ओर्नेटा*

लम्बाई 25 से.मी.

वितरण : मध्य और दक्षिण राजस्थान **पहचान** : पीत–भूरे शरीर पर गहरे भूरे या गुलाबी रंग का विशिष्ट आकार इसकी मुख्य पहचान है, आंखों के पीछे से शुरू होकर गर्दन पर संकरा होकर यह आकार पुनः कंधे और पीठ से जांघों तक चौड़ा हो जाता है; पैरों पर गहरी भूरी पट्टियां; अधोभाग सफेद, गला और सीना धब्बेदार, प्रजनन काल में नर का गला काला **व्यवहार और आवास** : सबसे छोटे मेंढकों से एक; सुंदर और रंगीन; सूखे और नम स्थानों में रह सकता है, पोखरों और तालाबों के सूखते पानी या नमी में; चपल; छायादार और नम स्थानों पर सारे साल पाया जाता है; अधिक गर्मी और सूखे में ग्रीष्म निद्रा में चला जाता है **भोजन** : चींटियां और छोटे कीड़े **प्रजनन** : पूरे वर्षाकाल में; बहुत से नर आवाज करते हैं और मादा इसके सहारे उपयुक्त नर को ढूंढती है; अंडे सपाट पारदर्शी पुंज में दिये जाते हैं, टेडपोल भी पारदर्शी होते हैं, इनके सिर पर सुनहरा हीरे के आकार का निशान होता है, एक झुंड में पानी की सतह पर तैरते हैं, बच्चे लगभग 0.9 से.मी. लम्बे **(प्लेट 59, चित्र 434)**

मार्बल्ड बेलून फ्राग *उपेरोडोन सिस्टोमा*

लम्बाई 5.5 से.मी., नर छोटा

वितरण : मध्य, पूर्व और दक्षिण राजस्थान में **पहचान** : जैतूनी हरा या गुलाबी पीत–भूरा रंग, ऊपरी भाग पर गहरे भूरे धब्बे और छितराये गोले, प्रजनन काल में नर का गला काला और नीचे का होंठ पीला; छोटा आकार **व्यवहार और आवास** : भूमि के अंदर रहते हैं, दीमकों और चींटियों के सुरंगनुमा घोंसलों में; प्रजनन काल में ही जमीन के ऊपर दिखते हैं, जमीन खोदने में माहिर, इसके लिये पैर की कड़ी गांठ का उपयोग करते हैं, नम भूमि इनके जीवित रहने के लिये आवश्यक, इसलिये सूखे मौसम में गहराई

में पाये जाते हैं, भूमि पर धीरे–धीरे चलते हैं या उछालते हैं, अच्छे तैराक नहीं **भोजन** : दीमक और जमीन में रहने वाली चींटियां **प्रजनन** : प्रजनन काल बरसात के साथ, नर की आवाज बकरी के मिमियाने जैसी; अंडे एक साथ पिंड या ढेर में, टेडपोल हरे–भूरे, सफेद पूंछ पर गहरी खड़ी रेखायें, अच्छे तैराक **(प्लेट 59, चित्र 435)**

कौमन ट्री फ्राग *पोलीपेडेटस (रेहकोफोरस) मेक्यूलेट*

लम्बाई नर 5 से.मी., मादा 7.9 से.मी.

वितरण : दक्षिण पूर्व और दक्षिण राजस्थान **पहचान** : ऊपर का शरीरपीत–भूरा या धूसर–सफेद; जांघ के पिछले भाग में गहरी भूरी पट्टी पर पीले गोले; कुछ हद तक आवास के अनुसार रंग परिवर्तन की क्षमता; थूथन छोटा, भोथरा; कर्ण झिल्ली (टिम्पेनम) आँख के तीन चौथाई आकार की; हाथ की पहली और दूसरी अंगुली बराबर; पैर की अंगुलियों पर तीन–चौथाई झिल्ली; हाथ व पैर की अंगुलियां सिरे पर फैली हुई गोल; ऊपर की त्वचा चिकनी, पेट की खुरदुरी **व्यवहार और आवास** : नम जंगल या बाग–बगीचों में पेड़ पर रहने वाला मेंढक; रात्रिचर; पानी को सोख कर एकत्रित रखने की क्षमता; तैरने की क्षमता होने के बाद भी पानी से दूर ही रहते हैं **भोजन** : कीड़े **प्रजनन** : वर्षा ऋतु में; तालाब, चट्टानों, नम मिट्टी, घास या पेड़ों पर अंडे देते हैं, सफेद झाग का बना हुआ 6.5–9.2 से.मी. व्यास का घोंसला तिनके, लकड़ी आदि के सहारे से चिपका रहता है; टेडपोल लगभग 50 दिन में बच्चे बन जाते हैं **(प्लेट 59, चित्र 436)**

स्किट्टरिंग फ्राग *यूफ्लिक्टिस (राना) सायनोफ्लिक्टिस*

लम्बाई मादा 6 से.मी., नर छोटे

वितरण : सम्पूर्ण राजस्थान **पहचान** : ऊपर का शरीर पीत–धूसर, जैतूनी–भूरा, गहरे रंग के धब्बे पूरे शरीर और पैरों पर; जांघ के पीछे एक गहरे किनारों वाली सफेद पट्टी; अधोभाग सफेद और चिकना, उस पर काली धारियां या, धब्बे; थूथन गोलाकार; बगल में कंधे के पीछे से जांघ तक मस्सों की एक रेखा; ऊपर की त्वचा मस्सेदार; आँख के पीछे से कंधे तक एक सिलवट **व्यवहार और आवास** : सामान्य; सभी प्रकार के वातावरण में रहने की क्षमता; तालाब, पोखरों के स्थिर पानी में बिना गतिविधि के तैरता रहता है; पानी की सतह पर छपछपा कर चलने की क्षमता के कारण इसका नाम पड़ा; दिन व रात को बराबर चपल; गंदे और हलके खारे पानी में रहने

की क्षमता **भोजन** : कीड़े, मेंढक, छिपकली आदि पानी की सतह से उछल कर पकड़ता है और वापस पानी में आ जाता है **प्रजनन** : नर की ध्वनि ग्रन्थि प्रजनन काल में सफेद–नीली; स्थिर पानी में झाग में अंडे देते हैं, टेडपोल भूरे, पूंछ पर धब्बे; बच्चे 1.7–1.9 से.मी. लम्बे **संरक्षण महत्व** : वन्यजीव सुरक्षा अधिनियम – शेड्यूल 4 **(प्लेट 59, चित्र 437)**

इंडियन पौन्ड फ्राग *यूफ्लिक्टिस (राना) हेक्साडेक्टाईलस*

लम्बाई (वयस्क मादा) 13से.मी. नर छोटे

वितरण : मध्य राजस्थान **पहचान** : बड़ा आकार, थूथन चपटा, इंडियन बुल फ्राग से अलग पहचान – पिछले पंजे की अंगुलियों का सिरे तक झिल्ली से जुड़ा होना और पीठ पर लम्बवत सिलवटों का न होना; शरीर घास जैसा हरा या जैतूनी हरा, अधिकतर पीठ पर पीली धारी; एक पतली काली रेखा आँख से कंधे तक; अधोभाग और बगल सफेद या पीलापन लिये हुए; कान का पर्दा (टिम्पेनम) आँख के बराबर; हाथ की पहली और दूसरी अंगुली लगभग बराबर; ऊपरी भाग की त्वचा चिकनी, गले, बगल और गुदा पर खुरदरी **व्यवहार और आवास** : जलाशय और जलीय वनस्पति से भरे तालाब, पोखर आदि, जहाँ इसका हरा रंग सुरक्षा प्रदान करता है; छुप कर रहता है; मेंढकों में सर्वाधिक जलीय **भोजन** : कीड़े–मकोड़े, ड्रेगनफ्लाई, छोटे मेंढक, घोंघे और छोटे सांप **प्रजनन** : वर्षा के आरम्भ से; अंडे धान के खेतों, जलीय वनस्पति के बीच दिये जाते हैं, टेडपोल से हाल ही बने बच्चे 1.7–2.7 से.मी. लम्बे और जैतूनी हरे, गहरे धब्बों के साथ **संरक्षण महत्व** : वन्यजीव सुरक्षा अधिनियम – शेड्यूल 4 **(प्लेट 60, चित्र 438)**

इंडियन बुल फ्राग *हैप्लोबैट्रैकस (राना) टाईगेरिनस*

लम्बाई (वयस्क मादा) 16 से.मी., नर छोटे

वितरण : लगभग सम्पूर्ण राजस्थान, बहुत गर्म और सूखे क्षेत्रों को छोड़ कर **पहचान** : थूथन भोथरा लम्बा, मुंह के आगे तक; ऊपर का शरीर जैतूनी हरा या भूरा, हलकी पृष्ठभूमि पर गहरे धब्बे; हाथों की पहली अंगुली दूसरी से लम्बी; तीसरी अंगुली को छोड़ कर पीछे के पंजे की अंगुलियां झिल्ली से जुड़ी हुई; त्वचा कोमल या मामूली खुरदरी, पीठ पर लम्बवत सिलवटें, एक सिलवट आँख के पीछे से कंधे तक **व्यवहार और आवास** : भारत के मेंढकों में सबसे बड़ा, स्थायी या अस्थायी जलाशयों पर या उनके

नम किनारों की घास या गड्ढों में पाया जाता है; प्रजनन काल में इनकी भारी सांगीतिक आवाज प्रत्येक जल स्रोत पर रात भर सुनाई देती है; लम्बे और कठोर ग्रीष्म ऋतु में जलाशयों का पानी सूख जाने पर अकेले या झुंड में ग्रीष्मकालीन निद्रा में चले जाते हैं **भोजन** : सर्वहारी कीड़े, छोटे मेंढक, सांप, पक्षी, सांढा, टोड **प्रजनन** : प्रजनन काल वर्ष के आरम्भ से, इस समय में नर का रंग पीला, ध्वनि–ग्रन्थि बढ़ी हुई और नीली; अंडे जल की सतह पर देते हैं जो समय के साथ डूब जाते हैं, टेडपोल सर्वहारी, मच्छर आदि के लारवा खाते हैं **संरक्षण महत्व** : वन्यजीव सुरक्षा अधिनियम–शेड्यूल 4 **(प्लेट 60, चित्र 439)**

इंडियन क्रिकेट फ्राग *लिम्नोनेक्टिस ख्फेजेरवार्या (राना), लिम्नोकैरिस*

लम्बाई औसत 3.5 से.मी., अधिकतम नर 5.1 से.मी., मादा 6.4 से.मी.

वितरण : लगभग सम्पूर्ण राजस्थान, अति सूखे भाग को छोड़ कर **पहचान** : छोटा आकार, सामान्यतः धूसर या भूरा रंग जिस पर गहरे धब्बे, होंठ और पैरों पर गहरी धारियां; रीढ़ पर एक हलके रंग की पट्टी; अधोभाग सफेद; पैर की अंगुलियों का जुड़ाव झिल्ली से बहुत कम, तीन अंगुलियां आधी लम्बाई तक जुड़ी चौथी अलग; ऊपर की त्वचा पर लम्बवत ग्रन्थि–सलवटें, छोटी और अलग–अलग; अधोभाग चिकने **व्यवहार और आवास** : अधिकतर खुले जल क्षेत्रों पर, नदी, धान के खेत, पोखर, तालाब, बगीचे आदि; खतरे की आहट पर पानी में कूद जाता है **भोजन** : कीड़े **प्रजनन** : बरसात के साथ, नर गलफड़े फुला कर लगातार झींगुर जैसी आवाज करता है, इसलिये इसका नाम 'झींगुर मेंढक'; अंडे झागदार कैप्सूल में, मादा कई लड़ियां घास के तिनकों पर लटका देती है; टेडपोल लम्बे, शरीर अंडाकार, पूंछ के साथ लम्बाई 2.6–2.7 से.मी. **संरक्षण महत्वः** वन्यजीव सुरक्षा अधिनियम – शेड्यूल 4 **(प्लेट 60, चित्र 440)**

इंडियन बरोईंग फ्राग *स्फिरोथीका (राना) ब्रेविसेप्स*

लम्बाई मादा 4.3–6.5 से.मी. (औसत 5.6 से.मी.), नर 4.1–5.6 से.मी. (औसत 4.8 से.मी.)

वितरण : मरु भूमि को छोड़ कर लगभग सम्पूर्ण राजस्थान **पहचान** : पृष्ठ भाग गहरा या पीला–भूरा, धूसर, प्रायः पीले या सफेद धब्बे; अधोभाग

सफेद; होंठ पर रेखायें; जांघ का अंदरूनी भाग धब्बेदार; अक्सर रीढ़ पर पीली पट्टी; थूथन छोटा और गोलाकार, कर्ण झिल्ली (टिम्पेनम) स्पष्ट, आँख के व्यास का तीन–पाँचवाँ भाग; पैरों की एक से तीन तक और पांचवी अंगुली झिल्ली से दो तिहाई तक जुड़ीं; चौथी अंगुली आधी ही जुड़ी; पीठ की त्वचा चिकनी या हलकी खुरदरी, पेट और जांघ की अधिक खुरदरी, गला और छाती चिकने, कभी–कभी ऊपर के शरीर पर ग्रन्थियां **व्यवहार और आवास** : भूमि के अंदर बिल बना कर रहता है, मिट्टी के अंदर रहने के कारण इसके बारे में अधिक जानकारी नहीं; प्रजनन काल में भूमि के ऊपर रहता है **भोजन** : कीड़े **प्रजनन** : प्रजनन काल में नर के गलफड़े विकसित, आवाज 'अवांग–अवांग' दूर तक सुनाई पड़ती है; अंडे बर्तन में भरे पानी में, पोखर, गड्ढों, चट्टानी दरारों या कहीं भी छिछले या गहरे पानी में; टेडपोल तल पर रहते और भोजन प्राप्त करते हैं, बच्चे 0.8–1 से.मी. लम्बे **संरक्षण महत्व** : वन्यजीव सुरक्षा अधिनियम – शेड्यूल 4 **(प्लेट 60, चित्र 441)**

नोट: स्फिरोथीका रोलन्डी भी पूर्व राजस्थान से रिपोर्ट किया गया है।

मत्स्य

राजस्थान में पायी जाने वाली 160 मत्स्य प्रजातियों में से वे 14 प्रजातियाँ जो कि आई.यू.सी.एन. द्वारा संकटग्रस्त की श्रेणी में रखी गई हैं या/और स्थानिक (इंडेमिक) या देशज (नेटिव) हैं।

माहसीर (नहरम) *टोर टोर*

संरक्षण महत्व : आई.यू.सी.एन. – लगभग संकट में; देशज (नेटिव)

अधिकतम लम्बाई 150 से.मी., वजन 68 किलो, वर्तमान सामान्य औसत लम्बाई 17.5 से.मी.; मीठे पानी की झीलें और नदियां; 15 मीटर की गहराई तक; सर्वभक्षी–शैवाल, जलीय वनस्पति, जलीय कीड़े, झींगे आदि **(प्लेट 61, चित्र 442)**

काली (डेक्कन) माहसीर *टोर खुदरी*

संरक्षण महत्व : आई.यू.सी.एन. – संकट मेंयदेशज

मीठे पानी की तेज बहाव वाली नदियां; अधिकतम लम्बाई 50 से.मी., वर्तमान में सामान्य औसत लम्बाई 18.5 से.मी.; भोजन में जलीय वनस्पति, कीड़े, झींगे और घोंघे **(प्लेट 61, चित्र 443)**

गोल्डन माहसीर (कोरचूला,चादू) *टोर पुटीटोर*

संरक्षण महत्व : आई.यू.सी.एन. – संकट में; देशज

अधिकतम लम्बाई 275 से.मी., सामान्यतः 183 से.मी., वर्तमान में सामान्य औसत लम्बाई 30 से.मी.; ठंड़े मीठे पानी की तेज बहाव वाली चट्टानी नदियां, जहाँ पानी का ऑक्सीजन करण होता रहता है; भोजन में मछलियां और जलीय कीड़े–मकोड़े, झींगे आदि; ऊपर व नीचे के जबड़े बराबर के, शरीर सुनहरा, ऊपर का भाग धूसर सुनहरा और पूंछ लालाभ–पीली; पृष्ठीय कांटे 2, मुलायम 8, पूंछ के नीचे कांटे 2, मुलायम 5; एक आड़ी रेखा – आड़ी रेखा पर 25–28 शल्क **(प्लेट 61, चित्र 444)**

सभी माहसीर प्रायः चट्टानी क्षेत्र में तेज बहने वाली नदियों में रहती हैं और प्रजनन काल में अंडे देने के लिये बहाव की उलटी दिशा में चढ़ती हैं, इनके मुंह पर 'बार्बेल' के दो जोड़े होते हैं, ऊपर के 'रोस्ट्रल' बार्बेल छोटे और नीचे के 'मेक्सिलरी' लम्बे होते हैं, ये विश्व भर के 'एंगलर्स' (बंसी से मछली पकड़ने का खेल) में खेल के लिये उपयुक्त मछलियों का सर्वप्रिय समूह है।

पंगूसिआ लेबिओ *लेबिओ पंगूसिआ*

संरक्षण महत्व : आई.यू.सी.एन.– लगभग संकट में; देशज

लम्बाई अधिकतम 90 से.मी., औसत 60 से.मी.; मीठे पानी की नदियों, झीलों, तालाबों में रहती है; शरीर लम्बोतर, ऊपर का भाग, अधोभाग के मुकाबले अधिक गोलाकार उभरा हुआ; मुंह छोटा, लटकता हुआ, मुंह के छोर पिंडवत; आंखें छोटी, होंठ मोटे; एक छोटा बार्बेल, होंठ की सलवट में दबा हुआ; पृष्ठ फिन का आरम्भ सिर के ऊपर से, पेक्टोरल फिन का फैलाव पेल्विक फिन तक नहीं; बगल की रेखा पर 40–43 शल्क; ऊपर का रंग भूरा–धूसर, बगल से लेकर अधोभाग तक पीत सफेद; भोजन शैवाल और जलीय सूक्ष्म जीव।

डेक्कन लेबिओ *लेबिओ पोटेल*

संरक्षण महत्व : आई.यू.सी.एन. – संकट में; स्थानिक (इंडेमिक)

लम्बाई औसत 30 से.मी.; पश्चिमी घाट और दक्षिण भारत की स्थानिक मछली, नदियों व अन्य जलधाराओं में मिलती है; बगल की रेखा पर 39–40 शल्क अन्यथा पंगूसिआ लेबिओ जैसी ही; आई.यू.सी.एन. प्राकृतिक रूप में इसके उत्तर भारत में पाये जाने को सामान्य नहीं मानता पर अनेक विशेषज्ञ राजस्थान में इसकी उपस्थिति दर्ज कर चुके हैं।

अरूली बार्ब *पन्टिअस अरुलिअस*

संरक्षण महत्व : आई.यू.सी.एन. – संकट में; स्थानिक (इंडेमिक)

वयस्क लम्बाई 12 से.मी.; पृष्ठ भाग पर गहरी भूरी, हरापन लिये हुए, बगल में रंग हलका और अधोभाग सफेद; मध्य शरीर पर वस्ति (पेल्विक)

सुफने के ऊपर काला धब्बा, दूसरा काला धब्बा गुदा भाग के सुफने के ऊपर और तीसरा धब्बा पूंछ के सुफने के मूल पर; सुफने पारदर्शी और चमकीले; बड़ी नदियों और झीलों की निवासी; सर्वभक्षी; शांत और सामूहिक; बड़े क्षेत्र में सीमित स्थानों पर पाई जाती है; अक्वेरियम में पालने के लिये प्राकृतिक आवास से पकड़ी जाने के कारण संकट में **(प्लेट 61, चित्र 445)**

सिल्वर कार्प *हाईपथेलमिक्थिस मोलिट्रिक्स*

संरक्षण महत्व : आई.यू.सी.एन.– लगभग संकट में; प्रवर्तित (इन्ट्रोड्यूस्ड)

लम्बाई – औसत 60–100 से.मी., अधिकतम 140 से.मी.; हलका हरा–भूरा चाँदी जैसा रंग; पीठ पर कांटे 1–3, कोमल कांटे 6–7, गुदा भाग पर कांटे 1–3, कोमल कांटे 10–14; गाल पर बार्बेल नहीं; गलफड़े पतले; ऐसी नदियों में रहती है जहाँ जल स्तर घटता–बढ़ता रहता है; प्रजनन नदियों में ही; भोजन को पानी से सीधे गलफड़ों के माध्यम से छान कर गृहण करते हैं, शैवाल, सूक्ष्म जीव (फाईटोप्लेंकटन और जूप्लेंक्टन) आदि; यह मछली पालन उद्योग के लिये अतिमहत्वपूर्ण है, इसे भारत में प्रवर्तित किया गया है और यहीं से ये प्राकृतिक जलाशयों में पहुंच गई हैं **(प्लेट 62, चित्र 446)**

स्नो ट्राऊट (असैला) *सीजोथोरेक्स रिचार्डसोनी*

संरक्षण महत्व : आई.यू.सी.एन. – असुरक्षित; देशज

लम्बाई अधिकतम 60 से.मी.; शरीर लम्बा, पतला और मजबूत, सिर शंकु के आकार का; शरीर पर छोटी चाँदी के रंग के शल्क; पेट के शल्क हलके भूरे; ऊपर चमकीला धूसर रंग नीचे चाँदी जैसा; गाल पर 4 बार्बेल (गलमुच्छ); पहाड़ी नदियों और झरनों की निवासी; प्रायः हिमालय की नदियों में पाई जाती है; चट्टानों के बीच तेज बहाव में; राजस्थान में दुर्लभ, दक्षिण राजस्थान में पाई गई है; शाकाहारी – शैवाल और जलीय वनस्पति; प्रजनन अप्रैल–मई और सितम्बर–अक्टूबर में **(प्लेट 62, चित्र 447)**

बटर कैटफिश *ओम्पोक बाईमेकुलेटस*

संरक्षण महत्व : आई.यू.सी.एन.– लगभग संकट में; देशज

लम्बाई 45 से.मी.; रंग चकत्तेदार भूरा या चाँदी जैसा; पृष्ठीय फिन छोटा, 4 मुलायम रेखायें; गुदा भाग का फिन लम्बा 54–74 मुलायम रेखायें;

पूंछ का फिन गहराई तक विभाजित; पेक्टोरल के फिन पर 12–14 रेखायें और छोटे पेल्विक पर 7–8; आँख छोटी; शरीर पर दो गहरे गोले, एक पेक्टोरल फिन के पीछे और दूसरा पूंछ के फिन के आधार पर; नर अधिक पतले; नदियों, मीठे पानी की जल धाराओं, तालाब और झील में मिलती हैं, मूलतः दक्षिण भारत की मछली।

पाबदा कैटफिश (गोदाली) *ओम्पोक पाबदा*

संरक्षण महत्व आई.यू.सी.एन. – लगभग संकट में; देशज

लम्बाई 24 से.मी.; मध्यम आकार, छोटे पृष्ठीय फिन पर 4 रेखायें, पूंछ का फिन विभाजित; आँख मुंह के ठीक पीछे; छोटे गलमुच्छ (बार्बेल), पेक्टोरल फिन तक लम्बे; गुदा भाग का फिन लम्बा 48–54 रेखायें; नर पतले, इनके पेक्टोरल कांटे का पिछला किनारा दांतेदार; ताजे पानी की नदियां और बड़ी जलधारायें, ठहरे हुए पानी में प्रायः नहीं; मूलतः गंगा और ब्रह्मपुत्र नदी की मछली **(प्लेट 62, चित्र 448)**

लान्ची *वैलेगो अट्टू*

संरक्षण महत्व : आई.यू.सी.एन.– लगभग संकट में; देशज

अधिकतम लम्बाई 240 से.मी., सामान्यतः 75 से.मी.; मीठे पानी की नदियां, झीलें और तालाब; सिर चौड़ा, थूथन चपटा, शरीर लम्बा और दबा हुआ; मुंह गहराई तक फटा हुआ, किनारे आंखों के पीछे तक खुले हुए, बार्बेल के दो जोड़े, जबड़े का बार्बेल बहुत लम्बा; आंखें छोटी; पृष्ठीय सुफना (फिन) छोटा, गुदा भाग का बहुत लम्बा; बड़ी, अतिभक्षी और मांसाहारी 'कैटफिश'; पानी के किनारे की मिट्टी की सुरंगों या कीचड़ में रहती है; मछलियां, झींगे और घोंघे आदि खाती है; बरसात के पहले प्रजनन; उपयोगी मछली प्रजातियों के लिये हानिकारक; मजबूत जबड़े और दांतों से आक्रमण करती है, मनुष्य पर भी **(प्लेट 62, चित्र 449)**

गेन्गेटिक एलिआ (पतंगा) *एलिआ कोईला*

संरक्षण महत्व : आई.यू.सी.एन.– लगभग संकट में; देशज

लम्बाई अधिकतम 30 से.मी., ओसत 18 से.मी.; मीठे या हलके खारे पानी में रह सकती है, प्रायः बड़ी नदियों या उनसे जुड़े हुए तालाब आदि

में; सतह से मध्यम गहराई के पानी में; सामूहिक; मुंह पर बार्बेल के 4 जोड़े; पूंछ का फिन विभाजित, नीचे का भाग बड़ा; शरीर लम्बोतर, चपटा; ऊपर का जबड़ा नीचे के जबड़े से लम्बा; पीठ पर फिन नहीं; पेक्टोरल फिन विकसित, पेल्विक फिन छोटा, गुदा भाग का फिन बड़ा; रंग चाँदी जैसा या सफेद; प्रजनन बरसात के मौसम में; खाने के लिये बहुत अधिक मात्रा में पकड़े जाने के कारण संकट में **(प्लेट 62, चित्र 450)**

ड्वार्फ गौंछ (बिलघेंघरा) *बगेरिअस बगेरिअस*

संरक्षण महत्व : आई.यू.सी.एन.– लगभग संकट में; देशज

लम्बाई 20 से.मी.; बड़ी और मझोली नदियों की निवासी; छोटे आकार की गौंछ जिसको लेकर विशेषज्ञ सहमत नहीं हैं, वर्तमान में ऐसा माना जा रहा है कि यह पूर्वी एशिया में पाई जाती है और भारत में बगेरिअस यारेल्ली गौंछ ही मिलती है।

गौंछ *बगेरिअस यारेल्ली*

संरक्षण महत्व : आई.यू.सी.एन.–लगभग संकट में; देशज

लम्बाई 200 से.मी. तक; तेज बहाव वाली बड़ी नदियों के तल में पत्थरों के पीछे और पटपड़ों (रैपिड्स) में पाई जाती है; वस्ति भाग का सुफना अधिकतर अंतिम पृष्ठीय मुलायम कांटे के मूल के नीचे से आरम्भ होता है; गुदा भाग के सुफने के ऊपर चर्बीदार सुफनाय 4–5 लम्बे न्यूरल कांटे; आँख गोल; भोजन–छोटी मछलियां, झींगे और जलीय कीड़े; प्रजनन बरसात के पहले।

आई.यू.सी.एन. की वन्यजीवों के लिये संकट श्रेणियां

क्रिटिकल्ली एन्डेन्जर्ड – चरम संकट में

एन्डेन्जर्ड – संकट में

वल्नरेबल – असुरक्षित

निअर थ्रेटन्ड – लगभग संकट में

सूचीः सामान्य नाम

(ब्रेकेट में चित्र संख्या अंकित है)

सन्दर्भ ग्रन्थ

- कौम्पेक्ट हैंडबुक ऑफ द बर्ड्स ऑफ इंडिया एंड पाकिस्तान – सलीम अली और एस डिल्लन रिप्ले, बॉम्बे नैचुरल हिस्ट्री सोसायटी
- द बुक ऑफ इंडियन मेमल्स – एस एह प्रेटर, बॉम्बे नैचुरल हिस्ट्री सोसायटी
- द बुक ऑफ इंडियन रेप्टाइल्स एंड एम्फीबिअन्स – जे सी डैनिएल, बॉम्बे नैचुरल हिस्ट्री सोसायटी
- बर्ड्स ऑफ राजस्थान – राकेश व्यास, बॉम्बे नैचुरल हिस्ट्री सोसायटी
- वाटरबर्ड्स ऑफ एशिया – संपादन कोईचिरो सोनोबे और शुन्जी उशुई, वाईल्ड बर्ड सोसायटी ऑफ जापान
- पाकेट गाईड बर्ड्स ऑफ द इंडियन सबकौन्टिनेन्ट – रिचार्ड ग्रिमेट्ट, कैरल और टिम इन्स्किप, आक्सफोर्ड यूनिवर्सिटी प्रेस
- बर्ड्स ऑफ द इंडियन सबकौन्टिनेन्ट – रन्जीत मनकदन, जे सी डैनिएल और निखिल भोपले, बॉम्बे नैचुरल हिस्ट्री सोसायटी
- द फाउना ऑफ ब्रिटिश इंडिया इन्क्लुडिंग बर्मा एंड सीलोन, जार्ज ए बोलिंजर, टेलर एंड फ्रान्सिस, बर्लिन
- फानल हेरिटेज ऑफ राजस्थान, इंडिया – संपादन : बी के शर्मा, सीमा कुलश्रेष्ठ और असद रफी रहमानी, स्प्रिन्गर
- द वाइल्ड्लाइफ प्रोटेक्शन एक्ट 1972 – नटराज पब्लिशर्स
- फील्ड गाइड टु फ्रेशवाटर टर्टल्स एंड टोरटोइज ऑफ इंडिया – फहमीदा हनफी, डब्ल्यू डब्ल्यू एफ

पत्र और पत्रिकायें

- जर्नल ऑफ बॉम्बे नेचुरल हिस्ट्री सोसायटी, बॉम्बे नैचुरल हिस्ट्री सोसायटी
- ब्युसेरौस, बॉम्बे नैचुरल हिस्ट्री सोसायटी
- मिस्टनेट, बॉम्बे नैचुरल हिस्ट्री सोसायटी
- न्यूजलेटर फौर बर्डवाचर्स, बंगलुरु
- इंडियन बर्ड्स, न्यू ओर्निस फाउन्डेशन, हैदराबाद
- फाउना ऑफ इकोसिस्टम्स ऑफ इंडिया, जूलोजिकल सर्वे ऑफ इंडिया
- अंगुलेट्स ऑफ इंडिया, एंविस, वाइल्ड्लाइफ इंस्टीट्यूट ऑफ इंडिया
- जर्नल ऑफ थ्रेटन्ड टैक्सा, कोयम्बटूर
- जूप्रिंट जर्नल, कोयम्बटूर

Other Related Books

Biodiversity of Ranthambhore Tiger Reserve Rajasthan

V. Singh & A.K. Shrivastava

The present book on the Biodiversity of Ranthambhore Tiger Reserve deals with 539 species of higher plants and 361 species of animals (vertebrates). Besides geographical position and topography, the abiotic components, viz. geology, soils, water, climatic conditions etc., which determine the composition of biota in an ecosystem, have been discussed in details. Correct and valid names have been adopted for the floral and faunal elements along with local and English names. The keys have been provided for plant species from infra-specific to family level for easy identification. The short diagnostic description, phenology, ecology and distributional aspects have been provided under each plant species. Besides statistical analysis of floral composition, the phytogeographical and biological spectra have also been worked out to determine the routes of migration and phytoclimate respectively. Bioperspective value of the Reserve has been assessed to determine the economic potentiality and sustainable utilization of bioresources. The faunal diversity includes vertebrate fauna only, arranged in a classified manner. The shelter and feeding habits along with dependency of fauna on vegetation have been provided to determine plant-animal relationship and flow of energy. Details about endemic and threatened species of plants and animals, along with causes of threats, have been given for proper management of the Reserve.

About 107 colour photographs of habitat and plants and animals with 36 illustrations of plant species have been provided. Several maps, pie charts, graphs, figures etc, along with data-tables, are appended to illustrate the findings. It is hoped that the book will prove a milestone in the management of the Reserve.

978-81-7233-492-3 | 415 pp.

धरा और उदधि: उपयोगी संसाधन

(Earth and Ocean : Useful Resources)

दुर्गादत्त ओझा

धरा और उदधि अर्थात् पृथ्वी और सागर हमारे महत्वपूर्ण एवं बहुपयोगी संसाधन हैं जिन पर हमारा न केवल जीवन वरन् सामार्थिक विकास भी आश्रित है। इस कारण सम्पूर्ण विश्व के वैज्ञानिक सागर से संबंधित विषयों पर शोधकार्यों में सक्रिय रूप से संलग्न हैं। पृथ्वी को रत्नगर्भा तथा सागर को रत्नाकर की संज्ञा यथार्थ में ही दी गई हैं। ऐसा आकलन किया गया है कि जब मानव के लिए पृथ्वी पर संसाधन समाप्त हो जायेंगे तो सभी आवश्यकताओं की पूर्ति समुद्री भण्डार ही करेंगे।

धरा और उदधि: उपयोगी संसाधन विषयक पुस्तक में सरल एवं सुबोध शैली में, रंगीन एवं श्वेत-श्याम चित्रों से सुसज्जित विशिष्ट तकनीकी जानकारी, यथा - पृथ्वी के रोचक तथ्य, खनिज एवं ऊर्जा संसाधन, सागर की उत्पत्ति, देश के समुद्री अनुसंधान संस्थानों की देश के विकास में महत्वपूर्ण भूमिका तथा इनकी महत्वपूर्ण जनोपयोगी उपलब्धियाँ, सागर की प्रदूषण से रक्षा, जलवायु परिवर्तन एवं अनेकानेक महत्त्वपूर्ण रोचक विषयों पर खोजपरक जानकारी उपलब्ध करवाने का सुप्रयास किया गया है। निस्संदेह इससे प्रबुद्ध पाठक अवश्य लाभान्वित होंगे।

978-81-7233-946-3 | 232 pp.

for more details visit website : www.scientificpub.com